KB189737

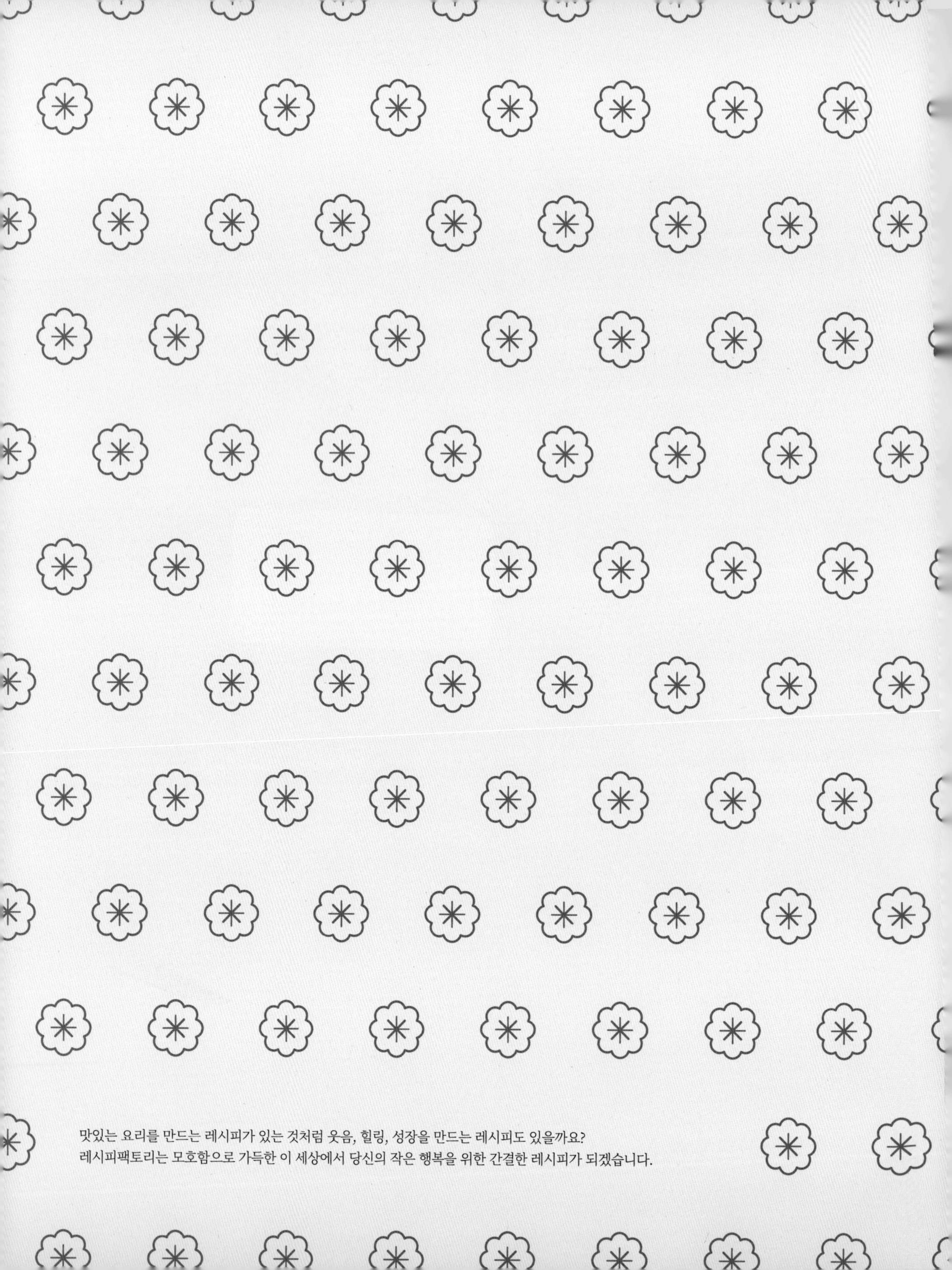

맛있는 요리를 만드는 레시피가 있는 것처럼 웃음, 힐링, 성장을 만드는 레시피도 있을까요?
레시피팩토리는 모호함으로 가득한 이 세상에서 당신의 작은 행복을 위한 간결한 레시피가 되겠습니다.

우리가 진짜
제대로 알고 싶은
전통 & 모던
한식 디저트 129가지

진짜 기본 한식 디저트 책

PROLOGUE

‘밥 배와 디저트 배는 따로 있다’라는 말을 종종 듣게 됩니다. 아무리 배가 불러도 디저트는 놓칠 수 없다는 점을 많은 이들이 공감하고 있지요. ‘치우다, 정리하다’라는 뜻의 프랑스어 ‘데세르비르(Desservir)’에서 유래한 디저트는 본래 식사가 끝난 후 먹는 후식을 의미하지만, 오늘날에는 그 의미가 한층 확장되었습니다.

출출할 때 즐기는 간식이나 차와 곁들이는 다과, 혹은 특별한 순간을 위한 별식 등 다양한 모습으로 자리 잡고 있으며, 무엇보다 일상에 작은 즐거움을 더하는 중요한 요소로 인식되고 있습니다.

이러한 흐름 속에서 다양성을 중시하는 MZ세대를 중심으로 한식 디저트가 큰 사랑을 받는 것은 자연스러운 현상입니다. 제철 재료에서 얻은 건강한 단맛과 조화로운 풍미를 지닌 한식 디저트는 서양 디저트와는 또 다른 매력을 선사하지요.

특히 뉴트로 트렌드는 한식 디저트의 독창성을 더욱 부각시키는 계기가 되었습니다. 크림을 올린 개성주악, 약과를 얹은 구움과자, 인절미 토스트 등 전통 디저트를 현대적으로 재해석한 메뉴는 SNS나 영상 콘텐츠를 통해 알려지면서 세계적으로도 큰 사랑을 받고 있습니다.

세계가 주목하는 전통&모던 한식 디저트의 모든 것을 담았습니다

이렇듯 새로운 미식 트렌드로 자리 잡은 한식 디저트의 세계로 이제 여러분을 초대합니다.
이 책의 메뉴들은 우리 전통 디저트인 떡과 한과에 누구나 친근하게 다가갈 수 있도록 하는 것에 주안점을 두었습니다. 재료와 조리법을 현대에 맞게 재해석해 한식 디저트를 처음 접하는 분들부터 색다른 디저트를 찾는 미식가까지, 모두가 즐길 수 있는 내용으로 구성했습니다.

'진짜 기본' 시리즈에 걸맞게 기초를 탄탄하게 짚는 것으로 시작해, 기본 방식을 지키되 좀 더 쉬운 방법으로 대체하여 일상에서도 부담 없이 만들어볼 수 있도록 구성했습니다. 또한 전반적인 트렌드를 반영하기 위해 노력했습니다.

SNS나 카페에서 인기 있는 퓨전 메뉴를 선별해 K-디저트 챕터의 '모던 한식 디저트'로 소개했으며, 점점 더 많은 사람들이 관심을 갖고 있는 건강에 관한 부분을 놓치지 않기 위해 쌀가루를 현미나 흑미 등 식이섬유 함량이 높은 재료로 대체하는 방법, 당류를 줄이는 방법을 '한식 디저트 Q&A'와 레시피 구석구석 적힌 팁으로 다루었습니다.

K-디저트로 함께 소개한 '쌀 베이킹'은 고유의 식문화를 현대적인 방식으로 확장하는 의미를 지닙니다. 쌀은 우리의 주식으로, 떡과 한과뿐만 아니라 다양한 형태의 디저트로 변주될 수 있는 가능성을 충분히 지니고 있습니다.
특히, 최근에는 글루텐프리(Gluten-free) 식단과 건강한 먹거리에 대한 관심이 높아지면서, 밀가루를 대체하는 쌀이 디저트 재료로 주목받고 있습니다. 서양식 베이킹 기법과 쌀의 특성을 접목해 특유의 맛과 식감을 살린 쌀 베이킹 메뉴로 한식 디저트의 영역을 더욱 확장하고자 합니다.

<진짜 기본 한식 디저트책>은 전통 간식과 K-디저트라는 다채로운 세계에서 독자 여러분과 함께 새로운 미식 여정을 떠나고자 합니다.
그 여정을 통해 단순한 디저트를 넘어, 우리 문화가 녹아 있는 한식 디저트의 깊이 있는 매력을 발견하고, 한국의 전통과 현대가 어우러진 달콤한 이야기를 음미하는 특별한 경험을 누리시길 바랍니다.

2025년 3월, 저자 정희선

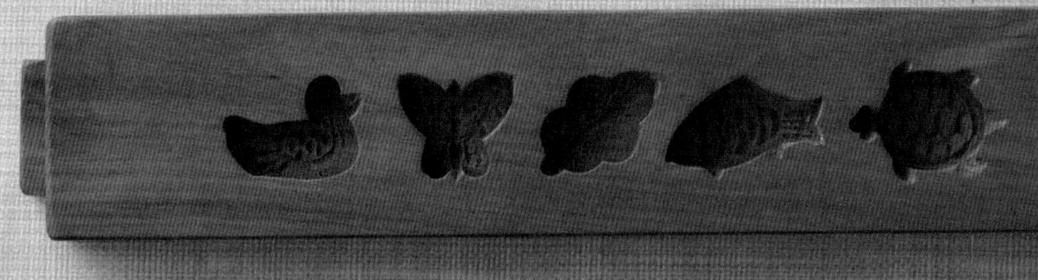

<진짜 기본 한식 디저트책>에 도움을 주신 20명의 독자 기획단

권지현 박미경 박진희 선영주 안미정 이가영 이영희 이주희 이지아 장진영
남혜현 박유신 서정랑 신혜숙 오세나 이선현 이은희 이지선 이혜원 황지유

CONTENTS

떡

한과

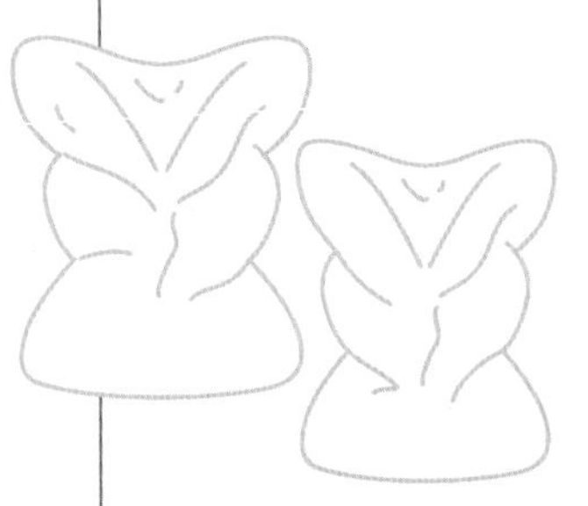

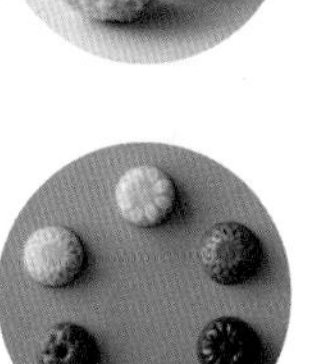

❀ K-디저트

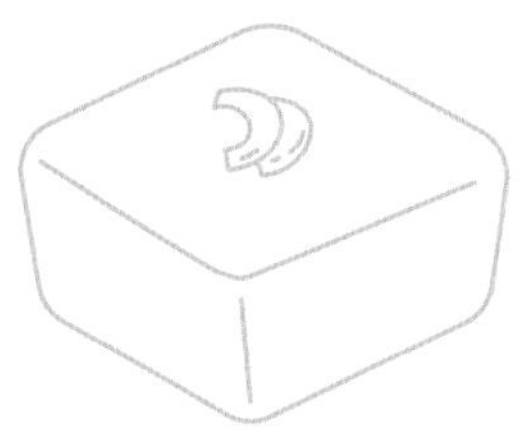

강정

모던 한식 디저트

쌀 베이킹

이 책의 레시피 구성

2 꼭 필요한 정보를 알차게
메뉴를 만들었을 때 나오는 분량(개수), 조리 시간, 보관 기간, 보관법을 알려드립니다. 조리 시간은 계량 후 만들기부터 완성까지의 시간입니다. 건조, 당침, 재우기 등 시간이 오래 걸리는 과정은 따로 표시해 두었으니 참고하세요.

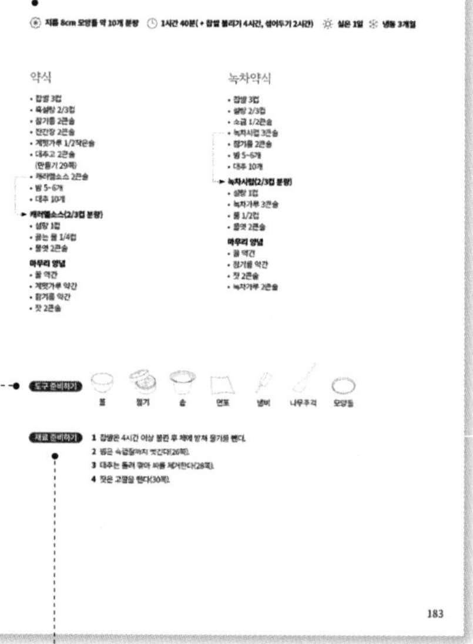

1 메뉴 소개
미리 읽어두면 유용한 기본 정보와 유래, 특징 등의 내용이 담겨있어요. 메뉴를 고를 때 참고하면 도움이 된답니다.

4 재료 준비하기
재료 손질, 물 끓이기, 유산지 깔기 등 본격적인 시작에 앞서 꼭 필요한 준비 과정을 재료 준비하기에서 알려드립니다.

3 도구 준비하기
레시피를 만들 때 필요한 도구를 한눈에 확인할 수 있도록 일러스트로 표시했습니다.

❺ 상세한 과정 사진
한식 디저트를 처음 만들어보는 사람도
그대로 따라 할 수 있도록 매 과정마다
사진과 자세한 설명을 담았습니다.

★ 오븐 예열 표시 오븐 예열

오븐을 사용하는 경우, 레시피를 따라 하다
예열을 시작해야 하는 시점에 오븐 예열 표시를
넣었습니다. 단 오븐에 따라 예열 시간이
조금씩 차이 날 수 있으니 참고해주세요.

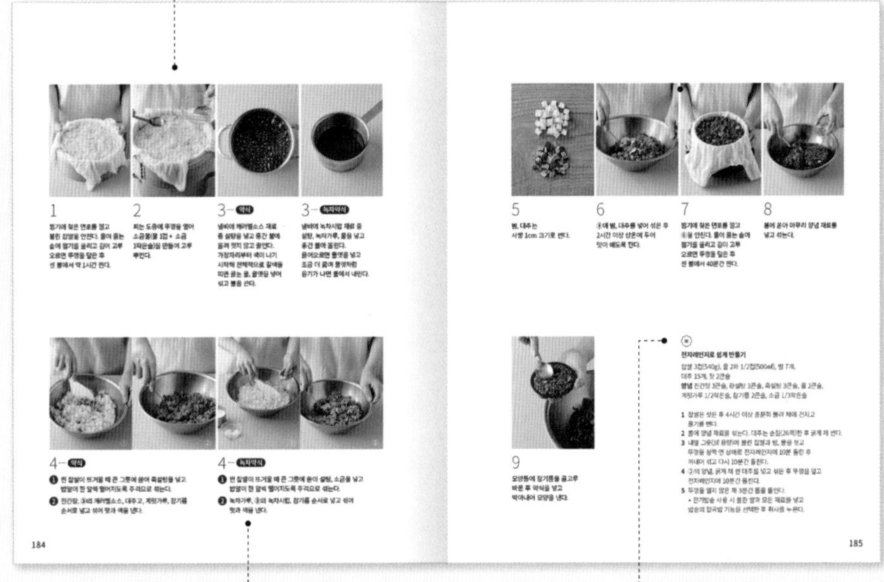

❼ 유용한 팁
한식 디저트 메뉴를 더 쉽게 만드는
방법, 색다르게 만드는 방법 혹은
레시피에 대해 궁금할 만한 내용을
팁으로 정리해 담았습니다.

❻ 응용 레시피로 다채롭게
기본 메뉴에 맛, 모양 등의 변주를
더한 응용 레시피도 알아보기
쉽게 실었으니, 사진을 따라가며
차근차근 만들어보세요.

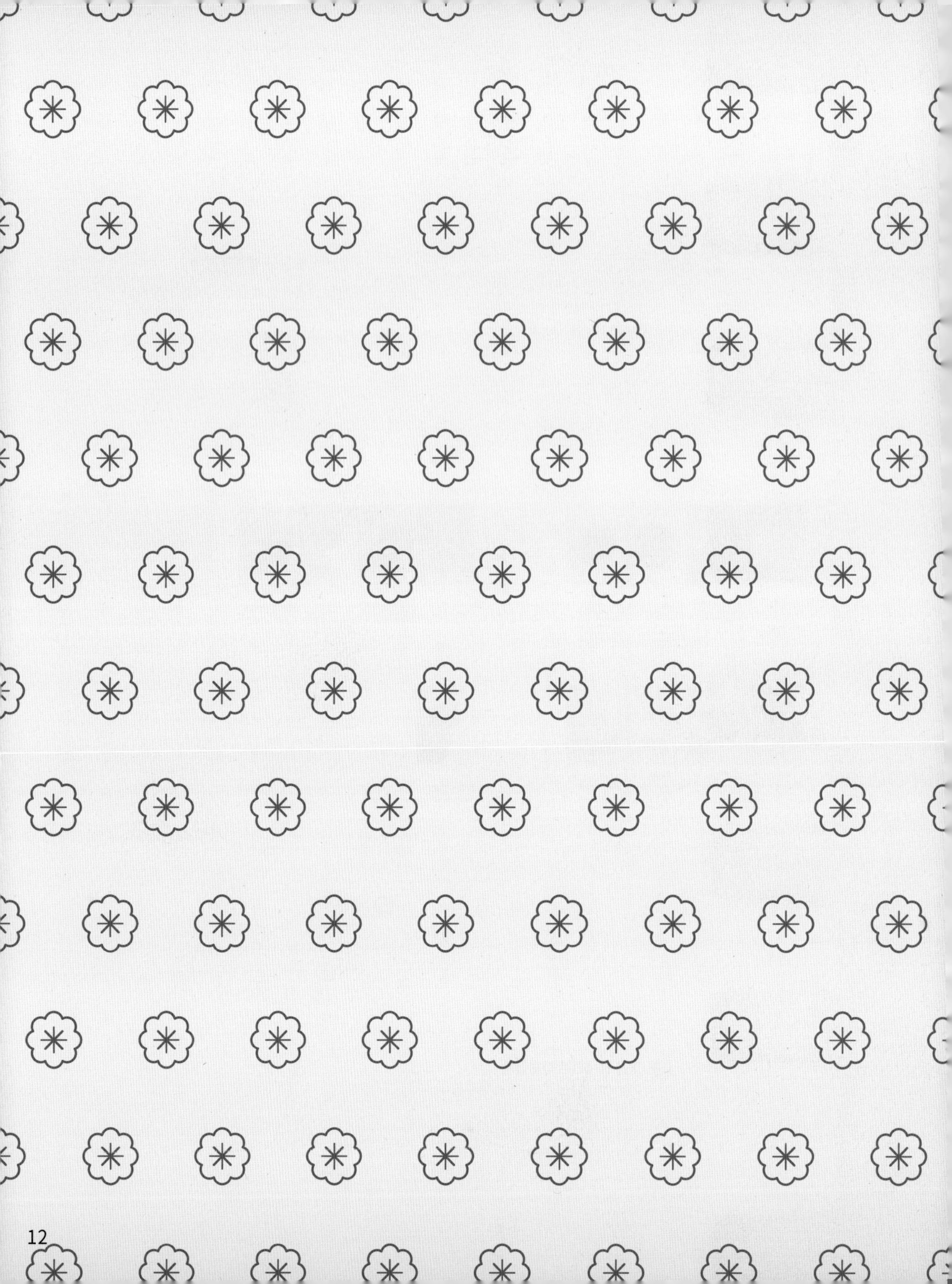

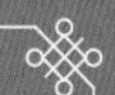

기본 가이드

한식 디저트를 만드는 것은 기본 재료와 도구를
제대로 이해하고 다루는 데서 시작됩니다.
떡의 주재료인 쌀가루, 고물과 앙금을 준비하는 과정부터
다양한 부재료를 손질하고 도구를 관리하는 방법까지
꼭 알아야 할 기본적인 준비와 팁을 담았습니다.

이 책에 소개한 한식 디저트 이해하기

한식 디저트로 사랑받는 떡과 한과는 과거에는 후식보다 다과상에 올려 차와 함께 먹거나 절기, 제례, 혼례, 연회와 같은 특별한 날에 준비하는 음식이었습니다. 서양의 디저트가 인기를 끌면서 함께 사랑받게 된 한식 디저트를 이 책에서는 3개의 영역으로 나누어 기본부터 응용까지 모두 소개했습니다.

떡

- 멥쌀이나 찹쌀 등을 곱게 빻은 쌀가루에 수분을 더해, 찌거나 지지는 등의 조리법으로 만드는 한식 대표 디저트. 흑미가루, 현미가루, 도토리가루, 쑥가루 등을 섞거나 고물, 소, 고명 등으로 맛, 향, 영양을 더하기도 한다.
- 떡의 역사는 신석기시대에 곡물을 갈아 구워 먹던 것에서 시작되어, 청동기와 철기시대에 시루의 등장으로 찌는 떡이 보편화되며 발전했다. 삼국시대 이후 농업 발달과 불교 확산으로 떡이 제례와 절기 음식으로 자리 잡았다.
- 조선시대에는 채소, 과일, 한약재 같은 부재료나 단맛을 내는 조청, 꿀을 사용하고 치자, 수리취, 오미자로 화려하게 색을 내면서 조리법과 종류가 더욱 다양해졌다.

한과

- 떡이 주로 쌀가루로 만든다면, 한과는 밀가루, 곡물 가루에 꿀, 엿, 설탕 등을 섞어 기름에 튀기거나 뭉쳐서 모양을 내고, 과채의 열매·뿌리를 당에 조려 만드는 것이 일반적이다.
- 과거 일부 한과는 자연물을 본떠 만들었다고 해서 조과(造果)라고 불리기도 했다. 과자(菓子)라는 말도 본래는 과일을 뜻했으나, 과일이 없는 계절에 곡물로 과일 모양을 만들어 제수로 사용하던 것이 현재 사용하는 의미로 변했다.
- 고려시대에 불교와 차 문화의 성행으로 전통 과자가 크게 발달해 제례, 혼례, 연회 등의 필수적인 음식으로 자리 잡으며 발전했다.

K-디저트

- 한국의 전통 디저트에 현대적인 감각이 결합된 디저트를 의미한다.
- 넓은 의미에서 K-디저트는 한국 전통 디저트인 떡, 한과를 포함하며, 좁은 의미에서는 한식 디저트의 재료, 조리법 등을 현대적으로 재해석해 만든 누구나 편하게 즐길 수 있는 퓨전 디저트를 뜻한다.
- SNS의 발달로 새로움과 다양성을 추구하는 글로벌 트렌드와 국내 카페 문화의 성장이 맞물리며, K-디저트는 창의적이고 독창적인 방향으로 빠르게 발전하고 있다.

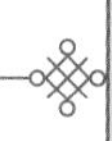

떡은 조리법에 따라 5가지로 나눠요

구 분	정 의	특 징	이런 떡이 있어요
찌는 떡	곡물 가루를 시루나 찜기에 담아 솥 위에 얹고 증기로 쪄내는 떡으로 2가지 종류가 있다. ① **설기떡(무리병)** 쌀가루로 고물 없이 만든 것. ② **켜떡(고물떡)** 쌀가루와 고물을 켜켜이 쌓아 찐 것.	• 쌀가루의 입자가 촉촉하게 살아 있는 부드럽고 살짝 쫀득한 식감이다. • 안쳐서 찌면 완성되므로 비교적 만들기 쉽다.	백설기, 쑥버무리, 각색편, 단호박편, 오색편, 석탄병, 잡과병, 콩설기, 상추시루떡, 녹두찰편, 깨찰편
빚는 떡	쌀가루를 익반죽(뜨거운 물로 반죽)하여 모양을 내어 빚어서 만드는 떡.	• 다양한 모양과 디자인으로 만들 수 있다. • 소를 넣어 맛을 더하는 경우가 많다.	오색송편, 밤송편, 감자송편, 경단, 오메기떡
치는 떡	쌀가루나 알곡을 익힌 후, 절굿공이로 쳐서 만드는 떡.	• 찰기가 생기고 표면이 매끄러워질 때까지 한참 찧어 완성하기 때문에 쫀득하고 찰기가 있다.	인절미, 삼색단자, 쑥개떡, 가래떡, 절편, 바람떡
지지는 떡	팬에 기름을 두르고 쌀가루 반죽을 빚어 지진 떡.	• 지질 때 모양을 유지하기 위해 쌀가루를 익반죽하는 것이 일반적이다. • 기름에 구워 구수한 맛과 향이 있으며 겉이 바삭하면서 속은 부드럽다.	화전, 부꾸미, 웃지지, 계강과, 삼색주악, 개성주악
약주를 넣은 떡	쌀가루에 물을 줄 때나 반죽할 때 약주(발효주)를 사용한 떡.	• 약주의 발효 성분이 반죽을 부풀게 하거나, 특유의 은은한 단맛과 산미를 더해 독특한 풍미와 질감이 있다.	대추약편, 증편

한과는 조리법, 모양에 따라 5가지로 나눠요

구분	정의	특징	이런 한과가 있어요
유밀과	밀가루 반죽을 기름에 튀겨 만드는 과자.	• 꿀, 조청 등을 묻혀 단맛을 더하며 기름에서 배어나는 고소한 맛이 특징이다. • 의례나 전통 행사에 자주 사용된다.	궁중약과, 개성약과, 만두과, 매작과
다식	곡물가루, 송홧가루 등의 재료에 꿀, 조청 등을 섞어 틀에 찍어 만든 과자.	• 찍어내는 틀의 모양에 따라 다양한 문양을 넣어 만들 수 있다. • 모양과 맛이 고급스럽다.	삼색다식, 약선다식
정과	과일, 뿌리채소 등을 엿이나 꿀에 절여 만든 과자.	• 재료 본연의 풍미를 느낄 수 있다. • 보존성이 높다. • 전통 다과 상차림에서 주로 사용된다.	인삼정과, 생강정과, 사과정과, 금귤정과, 무화과정과, 연근정과, 무정과, 도라지정과
숙실과	과일과 뿌리채소를 익혀 만든 과자로 2가지 종류가 있다. ① **초(楚)** 원물 형태 그대로 쪄서 꿀, 조청 등에 조린 것. ② **란(卵)** 익힌 재료를 찧어 꿀로 반죽한 후 원물 형태대로 빚어 만든 것.	• 재료 본연의 형태와 풍미에 자연스러운 단맛을 더해 만든다. • 조리 후 모양과 색감을 유지해 장식용으로도 사용된다.	율란, 강란, 조란, 당근란, 호박란, 귤란, 유자란, 밤초, 대추초
엿강정	곡물, 견과류를 주재료로 하고, 엿이나 꿀을 묻힌 후 굳혀 만드는 과자.	• 고소하고 바삭한 곡물과 달고 쫀득한 엿이 어우러진다.	오색 쌀강정, 깨엿강정, 잣박산, 호두강정

K-디저트는 특성에 따라 2가지로 구분해요

구분	정의	특징	이런 디저트가 있어요
모던 한식 디저트	전통 한식 디저트의 고유한 재료와 조리법을 바탕으로 현대적으로 발전시킨 메뉴.	• 현대 디저트에 사용하는 재료를 활용해 누구나 부담 없이 즐길 수 있다. • 최신 디저트 트렌드가 반영되어 있다.	토마토 치즈설기, 오레오쿠키 떡케이크, 팥티라미수, 올리브정과, 커피 마블양갱, 와인배숙
쌀 베이킹	전통 한식 디저트의 대표 재료인 쌀가루를 밀가루 대신 사용해 만든 제과류 메뉴	• 글루텐이 들어있지 않아 밀가루로 만든 제과류에 비해 먹었을 때 속이 편하다.	라이스 롤케이크, 당근 쌀케이크, 쌀카스텔라, 초콜릿 찹쌀구겔호프, 레몬 쌀마들렌

쌀가루 준비하기

씹을수록 달고 고소한 떡의 맛을
좌우하는 습식 쌀가루,
쌀 베이킹에 사용하는 건식 쌀가루를
소개합니다.

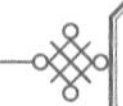

습식 쌀가루 주로 떡에 활용

- 물에 불린 쌀을 빻아 만든 쌀가루로, 떡가루로도 불린다.
- 수분 함량이 높아 촉촉한 질감을 유지하며 찰기와 점성이 좋아 떡을 만들기에 적합한 재료이다.
- 습식 쌀가루를 가정에서 빻기는 어렵기 때문에 쌀을 씻어 불리고(과정①), 가루를 체에 내리는(과정④) 과정은 직접 하되 나머지 과정은 방앗간에 소금과 함께 가지고 가서 진행하는 방법을 소개한다.

쌀 고르기

쌀은 입자가 고르고, 색이 희고 윤기가 나는 것이 좋다. 오래된 쌀은 맛과 향, 찰기가 떨어지므로 가능하면 도정한 지 오래되지 않은 햅쌀을 선택해 쌀가루를 만드는 것이 좋다.

습식 쌀가루 만들기 (집, 방앗간)

55~60컵 분량 / 냉동 보관 3개월

쌀(멥쌀, 찹쌀, 흑미, 현미) 4kg, 소금 60g(천일염, 토판염, 호염 등), 쌀가루에 주는 물 2와 1/2컵(500㎖)

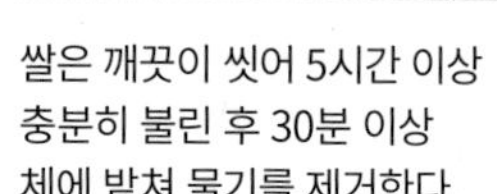
쌀은 깨끗이 씻어 5시간 이상 충분히 불린 후 30분 이상 체에 밭쳐 물기를 제거한다.

쌀 빻는 기계를 이용하여 소금을 더해 분쇄한다.
* 멥쌀은 기계에 2회 빻는데 첫 번째는 소금을 넣어 빻고, 두 번째는 쌀가루에 물을 주어 빻는다.
* 찹쌀은 소금을 넣고 1회만 빻는다.

물을 주고 잘 비빈 후 다시 빻는다.

가루를 중간체에 두어 번 내린다.
* 필요한 만큼 소분해 냉동 보관하고, 사용 하루 전 냉장실에 넣어 해동한다.
* 쌀가루가 너무 차가우면 떡이 잘 익지 않으니 충분히 해동한 후 실온에 잠시 두어 냉기를 뺀다.

떡 종류에 따라 다르게 준비하기

가루 낼 때 소금을 넣지 않는 경우

두텁떡, 두텁편처럼 간장으로 간을 하는 떡의 경우, 쌀을 빻을 때 소금을 넣지 않는다.

더 고운 쌀가루를 만들어야 하는 경우

증편과 같이 부풀려 가벼운 식감을 만들어야 하는 경우에는 쌀가루를 빻을 때 물을 주지 않고 2번 곱게 빻은 후, 고운체에 내려 고운 쌀가루를 만든다.

가래떡, 절편, 바람떡 등 치는 떡을 만들 경우에는 물을 주고 곱게 빻은 후, 중간체에 내려 고운 쌀가루를 만든다.

시판 소포장 습식 쌀가루 활용하기

쌀을 4kg씩 불려 방앗간에서 빻는 과정이 부담스럽다면, 온라인에서 1kg 단위로 소포장된 습식 쌀가루를 구입할 수 있다.

냉동 습식 쌀가루 구매 시 3가지 체크 포인트

① 멥쌀인지 찹쌀인지
② 빻는 과정에서 물을 주었는지
③ 소금이 들어갔는지
이 사항을 체크해 필요에 맞는 쌀가루를 구매하고, 떡을 만들 때 물과 소금의 양을 조절한다.

상온 습식 쌀가루 사용 시 2가지 체크 포인트

특수 제조하여 상온 보관이 가능한 시판 습식 쌀가루를 구매한다면 아래 사항을 참고해 사용한다.

① 포장지에 적힌 양만큼 물을 준 후 수분량을 체크해(45쪽) 부족한 만큼 물을 더한다.
② 30분 이상 충분히 찐 후 잘 익었는지 확인한다(40쪽). 덜 익었을 경우 10~20분 추가로 찐다.

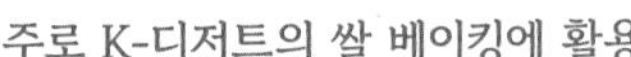

건식 쌀가루

주로 K-디저트의 쌀 베이킹에 활용

- 쌀을 곱게 빻은 후 수분을 완전히 제거한 가루로 잘 변질되지 않아 보관이 편리하다.
- 주로 요리나 쌀 베이킹을 할 때 사용한다.
- 떡을 만들기에는 적합하지 않는데, 수분을 제거하는 과정에서 쌀 특유의 향기롭고 고소한 풍미가 사라지는 데다 수분 흡수력이 낮아져 잘 뭉치지 않기 때문이다.

건식 쌀가루 vs. 박력, 강력 쌀가루

박력, 강력 쌀가루는 빵이나 과자, 케이크 등을 만들 때 밀가루를 대체하기 위해 첨가물을 더하거나 특수한 방식으로 가공한 것으로, 이 책에서는 사용하지 않았다.
K-디저트의 '쌀 베이킹' 챕터에서는 일반 건식 쌀가루를 사용한다.

(✳)

멥쌀 vs. 찹쌀

- **멥쌀** 찰기가 적고 고슬고슬한 질감을 가지고 있다. 전분 성분 중 아밀로스(Amylose) 함량이 높아 부드럽고 담백한 맛이 특징이다.
- **찹쌀** 찰기가 많아 끈적거리면서 쫄깃한 질감을 만들어낸다. 쫀득한 특성이 있는 아밀로펙틴(Amylopectin) 함량이 높다.

고물과 앙금 만들기

'고물'은 떡의 겉면에 뿌리거나 묻히는 재료를 의미합니다. **'앙금'**은 곡물이나 열매의 부드러운 부분을 삶아 으깬 뒤, 꿀이나 물엿 등을 더해 달게 반죽한 것으로 한식 디저트에서는 주로 속에 넣는 **'소'**로 사용합니다. 한 번에 넉넉히 만들면 냉동해 오래 사용할 수 있으니, 직접 만들어보세요.

팥고물과 팥앙금

팥은 떡을 만들 때 가장 널리 사용되는 재료로, 고물이나 앙금을 만드는 데 자주 쓰인다. 특유의 고소하고 달큼한 맛과 향, 포슬포슬한 질감이 특징이며, 껍질의 붉은빛은 전통적으로 나쁜 기운을 쫓는 상징으로 여겨져 혼례나 생일 등 잔치에서 빼놓지 않는 재료였다.

팥 고르기

알이 고르고 크기가 일정하며, 윤기 있는 붉은색을 띠는 것이 신선한 팥이다. 표면이 거칠거나 깨진 것은 골라내는 것이 좋다.

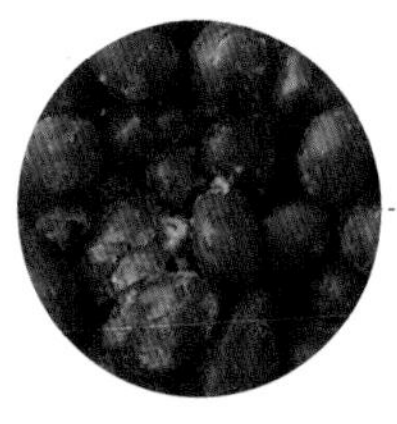

통팥고물 만들기 **10컵 분량 / 냉동 보관 3개월**

팥 800g, 물 10컵 이상, 소금 1과 1/2큰술

⋆ 마지막 팥 삶은 물은 버리지 말고 남겨두었다가 팥앙금, 팥앙금가루를 만들 때 쓴다.

1

팥을 깨끗이 씻는다. 냄비에 팥과 잠길 만큼의 물을 넣고 센 불에서 끓어오르면 물을 따라 버린다.
⋆ 팥을 처음 삶은 물에 설사를 유발하는 사포닌 성분이 녹아나니, 이때 나온 물은 버리는 것이 좋다.

2

다시 냄비에 물을 팥 위로 2~3cm 올라올 만큼 붓고 센 불에 끓인다.

3

물이 팥 아래로 졸아들면 다시 찬물을 팥 위로 2~3cm 올라올 만큼 더해 끓인다. 이 과정을 2~3번 반복해 팥이 완전히 물러지도록 약 40분간 삶은 후 약한 불로 줄여 10분간 뜸 들인다. ⋆ 마지막 찬물을 더할 때 소금을 함께 넣어 섞는다.

팥앙금 만들기 **2컵 분량 / 냉동 보관 6개월**

통팥고물 2와 1/2컵, 꿀 5큰술(또는 올리고당), 소금 1/4작은술

1 통팥고물을 뜨거울 때 굵은체에 내린다.

2 체에 남은 팥껍질에 팥 삶은 물(20쪽)을 조금씩 부어가며 남아 있는 앙금까지 모두 체에 내린다.
* 팥 삶은 물이 없다면 생수를 사용한다.

3 면포를 두 장 겹쳐 놓고 걸려져 나온 앙금의 물기를 꼭 짠다.

4 볼에 ③의 앙금, 꿀, 소금을 넣고 골고루 섞는다.

팥앙금가루 만들기 **3컵 분량 / 냉동 보관 3개월**

통팥고물 2와 1/2컵, 소금 1/2작은술, 설탕 3~4큰술

1 통팥고물을 뜨거울 때 굵은체에 내린다.

2 체에 남은 팥껍질에 팥 삶은 물(20쪽)을 조금씩 부어가며 남아 있는 앙금까지 모두 체에 내린다.
* 팥 삶은 물이 없다면 생수를 사용한다.

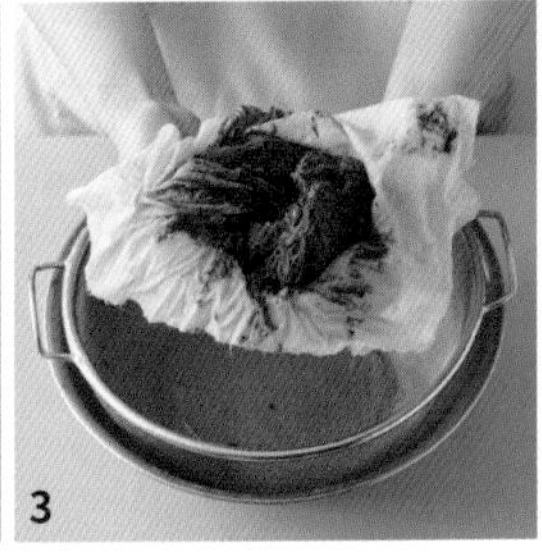

3 면포를 두 장 겹쳐 놓고 걸려져 나온 앙금의 물기를 꼭 짠다.

4 달군 팬에 ③의 앙금, 소금을 넣고 중약 불에서 볶아 보슬보슬해질 때까지 수분을 날린다. 한 김 식혀 설탕을 넣고 섞는다.

거피팥고물과 백앙금

껍질이 얇은 검은팥의 껍질을 벗긴 것을 '거피팥'이라 부르며, 붉은팥과는 종류가 다르다. 밝은 상아빛을 띠며, 고운 질감과 부드럽고 담백한 맛이 특징이다. 거피팥고물은 만드는 과정에서 손이 많이 가기 때문에 귀한 재료로 여겨진다. 백앙금은 거피팥 대신 동부콩, 흰강낭콩, 병아리콩 등으로 만들기도 한다.

거피팥 고르기

알의 크기와 모양이 일정한 것을 고르고 표면이 거칠거나 깨진 것, 벌레 먹거나 곰팡이가 핀 것은 골라내는 것이 좋다.

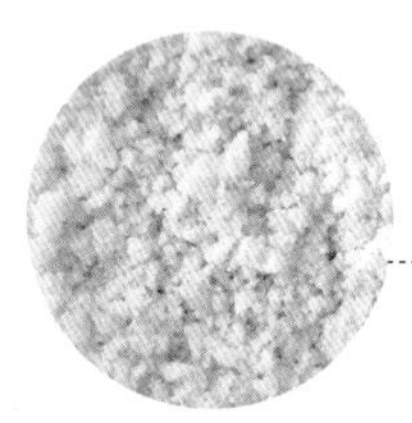

거피팥고물 만들기 **6컵 분량 / 냉동 보관 3개월**

거피팥 2컵, 소금 2작은술

1

거피팥은 깨끗이 씻어 3시간 이상 물에 불린다.
* 불린 후에 검은 껍질이 남아 있으면 제거해야 뽀얗고 고운 고물을 만들 수 있다.

2

찜기에 젖은 면포를 깔고 거피팥을 안쳐 센 불에서 찐다. 알갱이를 손으로 눌렀을 때 완전히 으깨어질 때까지 40분 이상 푹 무르게 찐다.

3

볼에 거피팥, 소금을 넣고 섞은 후 절굿공이로 찧는다.

4

달군 팬에 넣고 중약 불에서 고물이 고슬고슬해질 때까지 20~30분간 볶는다.

백앙금 만들기 **3컵 분량 / 냉동 보관 6개월**

거피팥고물 3과 1/2컵, 꿀 5큰술(또는 올리고당), 설탕 2큰술, 소금 1/2작은술

볼에 모든 재료를 넣고 섞는다. * 앙금이 한 덩어리로 뭉쳐지면서 너무 질어지지 않게 고물의 상태에 따라 꿀의 양을 조절한다.

녹두고물

고운 노란색과 은은한 맛으로 널리 사용하는 재료이다.
삶아 으깨어 고물을 만들어 사용하는 경우가 많으며,
담백하고 깔끔한 맛 덕분에 다양한 떡과 잘 어울린다.

녹두 고르기

껍질이 매끄럽고 알맹이가 깨끗한 황녹색인 것을 고른다.
벌레 먹거나 색이 변한 것은 피하도록 하고,
고물로 만들 녹두는 '타갠 녹두', '깐 녹두'라 부르는
반 쪼개진 것을 구매하는 것이 껍질 벗기기에 편리하다.
마트나 재래시장에서 쉽게 구할 수 있다.

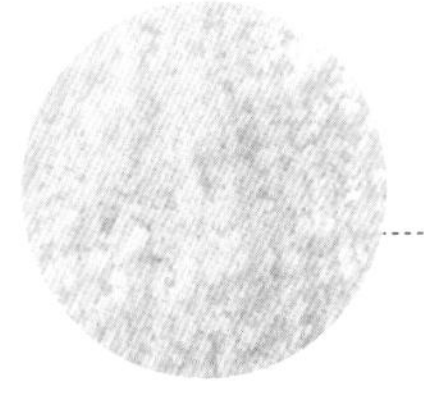

녹두고물 만들기 **6컵 분량 / 냉동 보관 3개월**

깐 녹두 2컵, 소금 2작은술

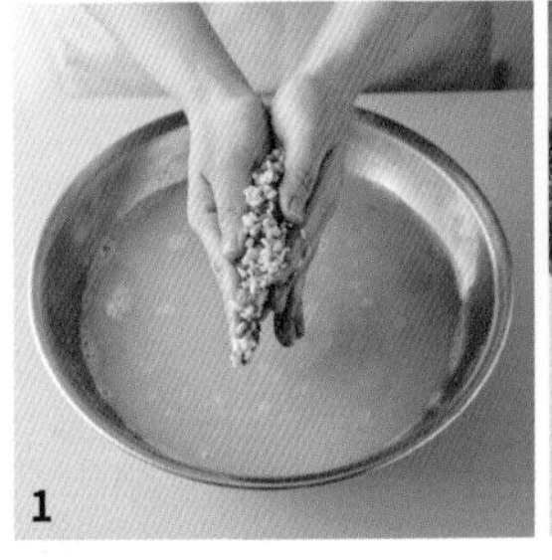

1 녹두는 깨끗이 씻어
5시간 이상 물에 불린 후
손으로 비벼 껍질을 벗긴다.

2 물 위에 뜨는 껍질을 체에
밭쳐 걷어낸 후 물만
다시 녹두에 부어
남은 껍질을 벗길 때 사용한다.
* 녹두 불린 물을 버리지 않고
재사용해야 녹두 고유의 풍미가
남아 고물의 맛이 좋다.

3 찜기에 젖은 면포를 깔고
녹두를 안쳐 센 불에서 찐다.
녹두 알갱이가 완전히
으깨어질 때까지 40분 이상
푹 무르게 찐다.

4 볼에 쪄낸 녹두와 소금을 넣고
섞은 후 절굿공이로 찧는다.

5 굵은체에 내려 고물을 만든다.
* 고물이 질면 달군 팬에 볶아
수분을 날린 후 쓴다.

볶은 콩가루 준비하기

백태를 볶아 곱게 분쇄한
것으로 구하기 쉬우니 구매해서
사용하는 것을 추천한다.
떡 고물로 쓰거나 꿀로 반죽해
다식을 만들 때 사용한다.

깨고물

시럽과 함께 볶아 엿강정을 만들거나 곱게 빻아서 고물로 쓰기도 한다.
'검은깨'는 고소한 맛과 진한 풍미를, '참깨'는 은은한 고소함과 부드러운 질감을 더한다.
참깨는 거친 식감과 살짝 씁쓸한 맛, 어두운 빛을 내는 겉껍질을 물에 불려 벗긴 '실깨'로 가공해 사용하면 한층 품위 있는 한식 디저트를 완성할 수 있다.

깨 고르기

윤기가 나고 고소한 향이 강한 것, 색이 뚜렷한 것을 고른다.

검은깨고물 만들기 3컵 분량 / 냉동 보관 3개월

검은깨 3컵, 올리고당 2큰술

1 검은깨를 맷돌믹서에 곱게 간다.

2 내열용기에 담아 올리고당을 넣고 섞는다.

3 김이 오른 찜기에 넣어 5분간 찐다.

4 면포나 키친타월에 ③의 검은깨가루를 놓고 덮은 후 꾹꾹 눌러 보송보송해지도록 기름기를 뺀다.

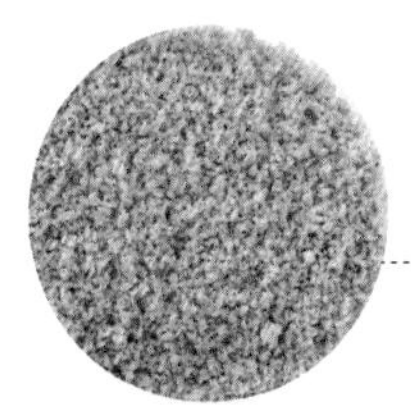

실깨고물 만들기 **3컵 분량 / 냉동 보관 3개월**

참깨 3컵

1

참깨는 물에 담가 2시간 이상 불린 후 손으로 비벼 껍질을 대강 벗긴다.

2

푸드프로세서에 넣고 물을 자작하게 부은 후 1초 간격으로 끊어가며 2~3번 돌린다.

* 많은 양의 실깨를 만들 때는 불린 깨를 면자루에 넣어 뜨거운 물에 3분 담갔다가 꺼내어 방망이로 가볍게 약 30번 두드려 껍질을 벗긴다.

3

볼에 깨를 넣고 물을 부어 위로 뜨는 껍질을 물과 함께 따라 버린다.

4

남은 깨는 팬에 넣고 센 불에서 물기가 없어지고 하얗게 될 때까지 볶은 후 약한 불로 줄여 깨가 통통한 실깨가 될 때까지 볶는다. 맷돌믹서에 곱게 간다.

카스텔라고물

부드럽고 달콤한 맛으로 널리 사랑받는 카스텔라고물. 전통 고물은 아니지만 인절미, 경단, 떡케이크 등에 고물로 많이 사용한다. 사용할 때 바로바로 만드는 것이 좋으며, 다른 고물과 달리 떡가루와 함께 찌면 볼품없이 뭉치게 되므로 떡을 익힌 후에 묻혀야 한다.

카스텔라고물 만들기

1

카스텔라 겉면의 갈색 부분을 떼어낸다.

2

굵은체에 문질러가며 내린다.

* 카스텔라에 수분이 많으면 포장지를 벗겨 약 20분간 실온에 두어 약간 건조시켜서 사용한다.

부재료 손질하기

한식 디저트에 맛과 향, 모양을 더해주는 다양한 부재료를 소개합니다.
간단한 재료 손질법과 몇 가지 장식 만드는 방법을 알아두면
보다 품격 있는 한식 디저트를 완성할 수 있습니다.

밤

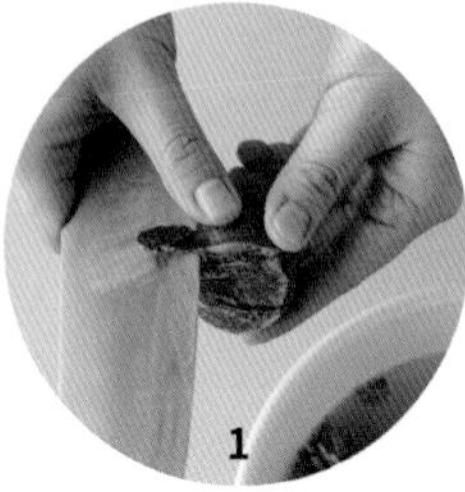

고르기

껍질이 윤기 있고 단단하며, 손에 들었을 때 묵직한 것을 고른다.
벌레 먹은 흔적이 없고, 껍질의 색상이 균일한 것이 신선하다.

손질하기

1 밤의 단단한 겉껍질을 칼로 벗긴다.
2 밤을 찬물에 담가둔 채로 칼로 속껍질을 벗기고, 속껍질과 껍질 벗긴 밤을 함께 물에 잠시 담가둔다. * 속껍질에 들어 있는 탄닌(Tannin) 성분이 물에 우러나 껍질 벗긴 밤의 변색과 밤의 맛있는 성분이 빠져나가는 것을 막아준다.

밤채 만들기

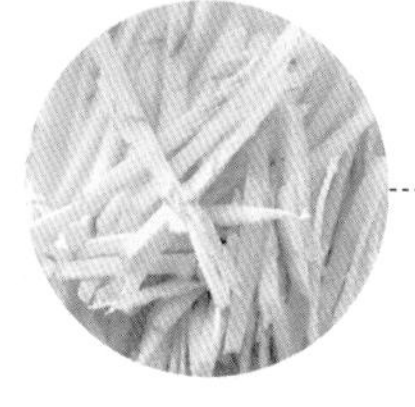

1 손질한 밤을 얇게 슬라이스한다.
* 슬라이서 아래에 찬물을 받쳐 슬라이스한 밤을 바로 물에 담그면 밤의 변색을 막을 수 있다.

2 밤 슬라이스를 여러 장 겹쳐놓고 최대한 곱게 채 썬다.
* 밤 슬라이스를 찬물에 담가놨다면 채 썰기 전 키친타월로 물기를 완전히 제거한다.

곶감

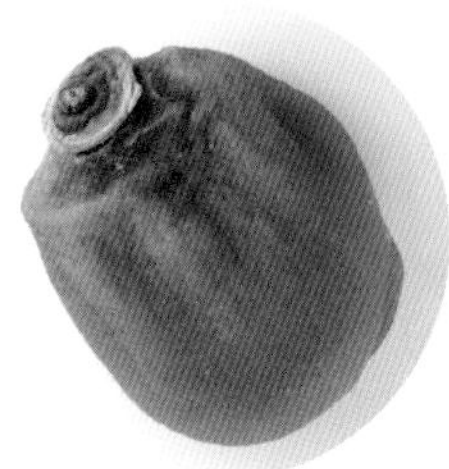

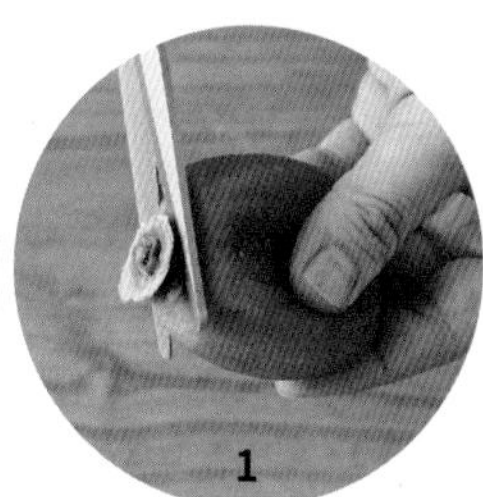

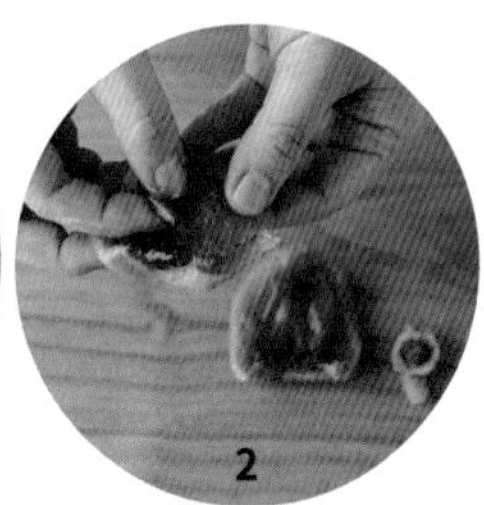

고르기

색이 균일한 주황빛을 띠고, 표면에 곰팡이가 없으며 속이 말랑한 것이 좋다.
너무 딱딱하거나 바짝 마른 곶감은 손질이 어려울 수 있다.

손질하기

1 가위로 곶감 꼭지를 잘라낸다.
2 반으로 자른 후 넓게 펼쳐 씨를 뺀다.

곶감오림 만들기

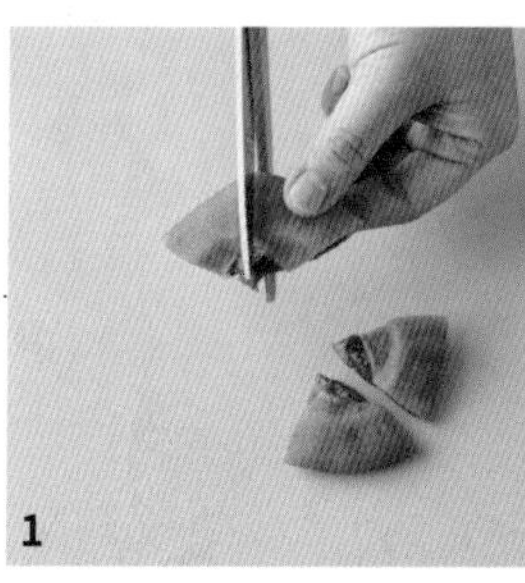

곶감을 꼭지가 위를 보도록
납작하게 누르고
가위로 꼭지를 잘라낸 후
4등분한다.

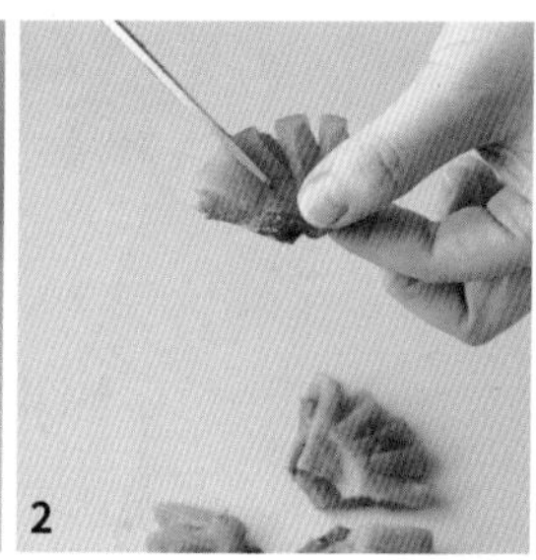

0.5cm 간격으로
가위집을 4개 넣는다.

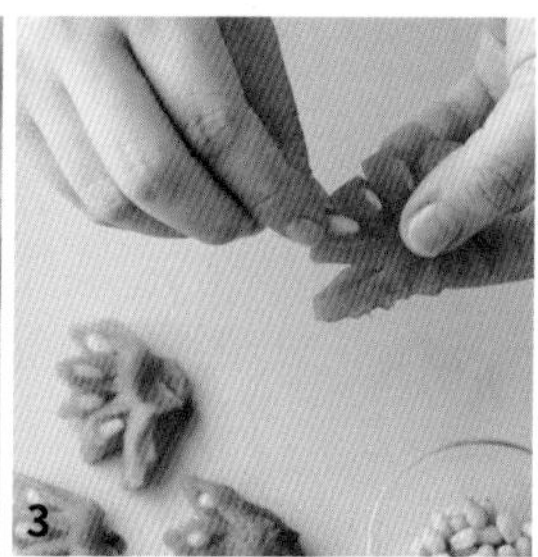

자른 부분에 잣을 하나씩 꽂아
펼친다.

대추

고르기

껍질이 비교적 매끈한 것이 좋으며 색이 검거나 지나치게 말라 딱딱한 것보다는 붉고 속이 꽉 차 말랑한 것을 고른다.

손질하기

1 대추에 칼을 넣어 씨를 중심으로 돌려 깎는다.

2 씨를 분리한다.
* 대추 씨는 버리지 않고 두었다가 즙청시럽을 끓일 때 넣거나 대추 씨가 충분히 잠길 만큼의 물을 넣고 삶아 대추고를 만들 때 사용한다(29쪽).

대추말이꽃 만들기

1 손질한 대추를 펼쳐 밀대로 살살 밀어 편다.

2 꼭지가 있던 쪽이 양옆을 향하게 두고 빈틈없이 돌돌 만다.

3 말린 단면이 보이도록 0.1cm 두께로 썬다.
* 너무 마른 대추는 씻어서 청주를 고루 뿌린 후 면포를 덮고 3시간 정도 두면 부풀어서 주름이 펴지고 만지기 쉽게 된다.

대추채 만들기

손질한 대추를 여러 장 겹쳐놓고 곱게 채 썬다.

대추꽃 만들기

손질한 대추를 도마에 펼쳐놓고 작은 꽃모양 틀로 찍어 모양을 낸다.

대추가루 만들기

1 손질한 대추를 적당한 크기로 썬다.

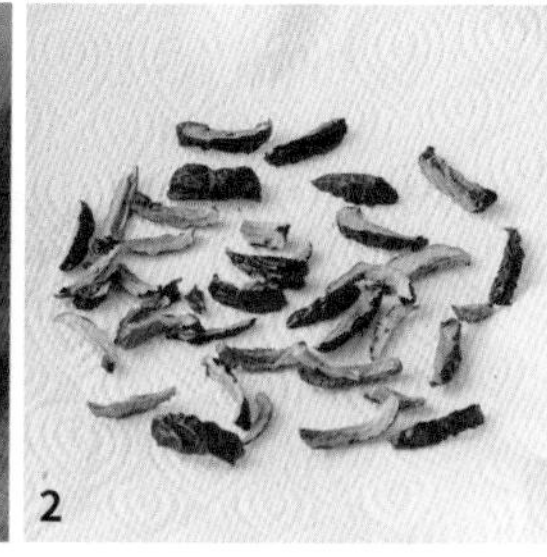

2 실온에서 말리거나 건조기를 40°C로 맞춰 약 1시간 말린다.

* 대추를 곱게 갈기 위한 과정으로, 번거롭다면 냉동해서 단단하게 만들어도 좋다.

3 맷돌믹서에 넣고 곱게 간다.

* 뚜껑에 랩을 한 겹 씌워 갈면 대추가루가 뚜껑에 묻어나지 않아 손실이 적고 세척이 간편하다.

대추고 만들기

1 전기밥솥에 대추, 잠길 만큼의 물을 넣고 취사를 누른다.

* 압력솥에 넣고 중간 불에서 부드러워질 때까지 푹 고아도 된다.

2 뜨거울 때 나무주걱으로 으깨어가며 중간체에 내린다.

* 대추 씨 삶은 물을 조금씩 부어가며 내린다.

3 체에 내린 대추를 냄비에 담아 약한 불에 올리고 고추장 정도의 농도가 될 때까지 수분을 날려가며 졸인다.

* 넉넉히 만들어 밀폐 용기에 담아 냉동하면 6개월 동안 사용 가능하다.

잣

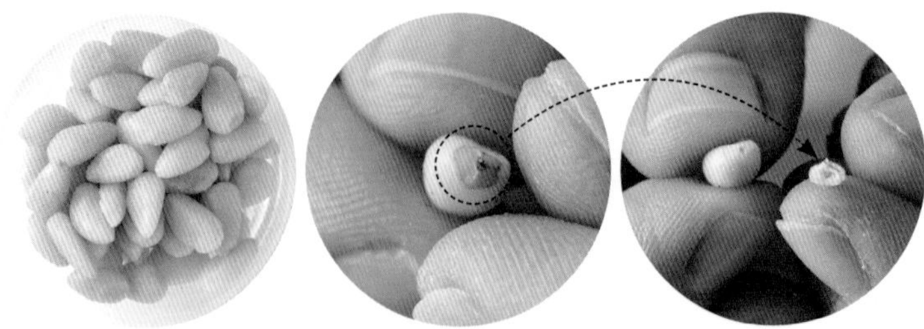

고르기

알이 크고 색이 밝으며 고소한 향이 강한 것이 좋고, 눅눅하거나 색이 누렇게 변한 잣은 신선도가 떨어지니 고르지 않는다.

손질하기

손으로 고깔을 떼어낸다.

비늘잣 만들기

1 손질한 잣을 젖은 면포에 싸서 약 10분간 둔다.
* 젖은 면포로 감싸둬야 잣이 쪼개지지 않는다.

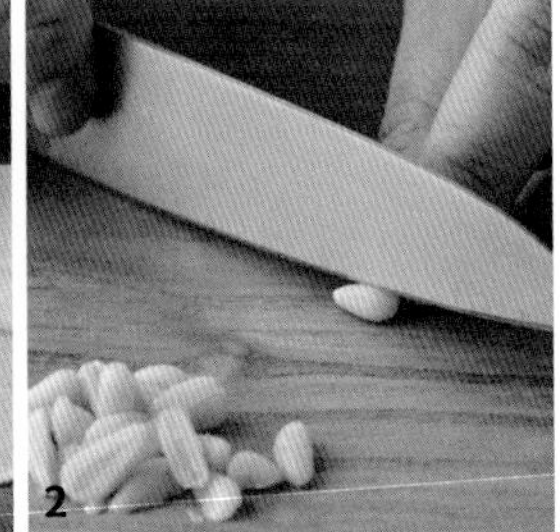

2 잣을 길게 반으로 가른다.

잣가루 만들기

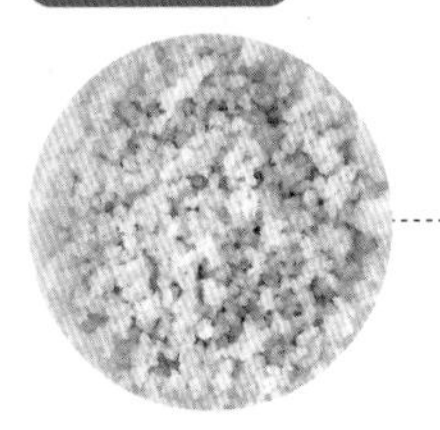

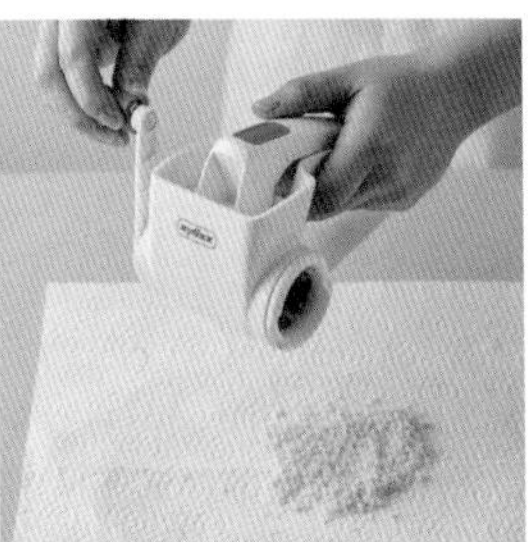

손질한 잣을 키친타월을 깔고 곱게 다진다.
* 치즈 그라인더를 이용하면 편리하다.

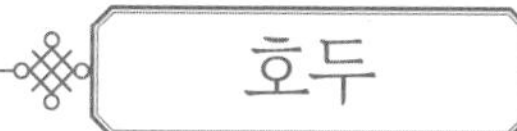

호두

고르기

밝고 고른 갈색을 띠고 고소한 향이 나는 것을 고른다.
반태를 구입할 경우 많이 부서지지 않고 형태가 고른 것이 좋으며
눅눅하거나 쓴맛이 나는 것은 오래된 것이므로 사용하지 않는다.

손질하기

1 끓는 물에 호두를 넣고 센 불에서 3~4분간 데친다.
2 꼬치를 이용해 질긴 껍질이나 섬유질을 떼어낸다.
* 흔히 사용하는 수입산 호두의 경우 속껍질이 두껍지 않으므로 벗기지 않고 사용한다.

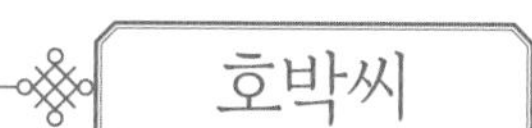

호박씨

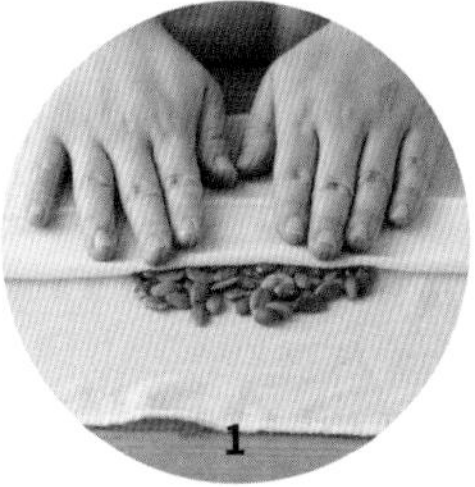
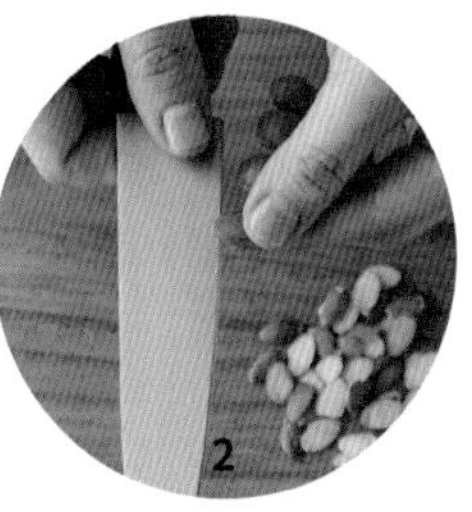

고르기

색이 밝은 녹색을 띠고 윤기가 나며 먹었을 때 고소한 맛이 진하게 나는 것을 고른다.
만져봤을 때 눅눅하거나 색이 누런 것은 고르지 않는 게 좋다.

손질하기

1 호박씨를 젖은 면포에 싸서 약 10분간 둔다.
2 끝부분에 칼집을 넣고 반으로 가른다.

단호박

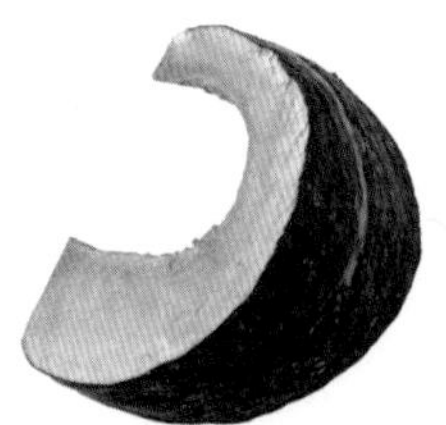

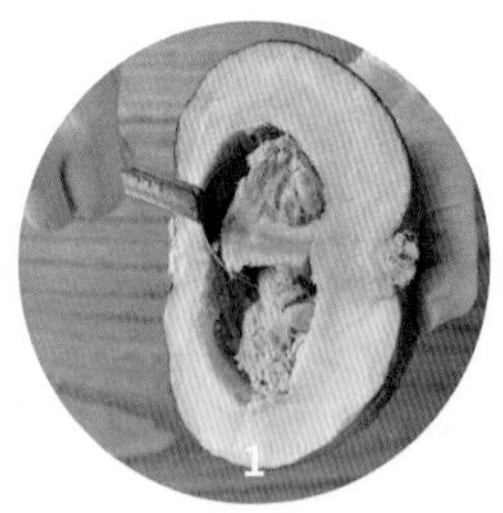

고르기

껍질이 단단해 흠이나 무른 부분이 없고 짙은 녹색을 띠며,
과육의 노란 빛이 선명한 것을 고른다.

손질하기

1 단호박을 반으로 잘라 숟가락으로 씨를 파낸다.
2 손으로 잡기 편한 크기로 썬 후 도마에 놓고 칼로 껍질을 잘라낸다.

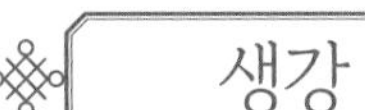

생강

고르기

껍질이 매끄럽고 밝은 황갈색을 띠며 지나치게 메마른 것보다는 촉촉하고 단단한 것을 고른다. 10~12월이 제철이라 이때 가장 신선한 생강을 구할 수 있다.

손질하기

흙을 깨끗하게 씻어낸 후 과도나 숟가락으로 겉면을 긁어 껍질을 벗긴다.

생강즙 만들기

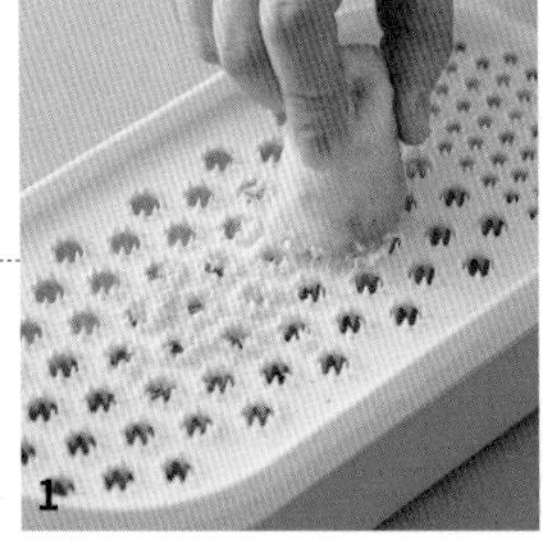

손질한 생강을
강판에 곱게 간다.

간 생강을 젖은 면포에 싸서
꼭 쥐어 즙을 짜낸다.

석이버섯

고르기

색이 검고 버섯의 형태를 유지하고 있는 것이 좋고, 이물질이 많이 붙어 있거나 지나치게 딱딱한 것, 많이 부서진 것은 품질이 떨어진다.

손질하기

1 석이버섯은 뜨거운 물에 담가 부드러워질 때까지 20분간 불린다.
2 튀어나온 배꼽(돌기)은 잘라낸 후, 체 뒷면에 석이버섯 안쪽을 문질러 초록색 이끼와 잡티를 긁어낸다. 맑은 물이 나올 때까지 씻고 물기를 꼭 짠다.

석이채 만들기

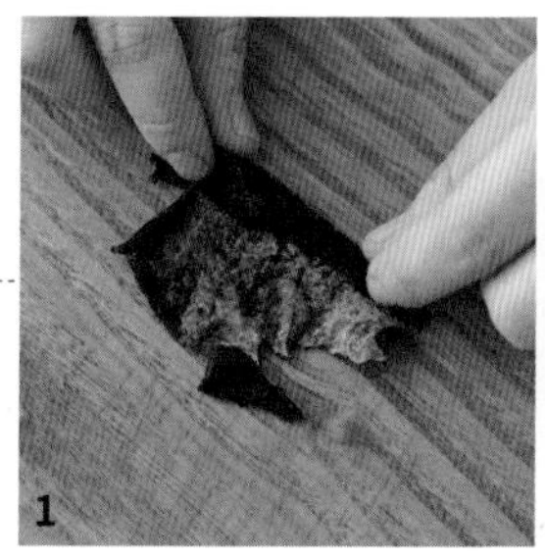

1 손질한 석이버섯을 돌돌 만다.

2 약 0.1cm 두께로 최대한 곱게 썬다.

석이가루 만들기

손질한 석이버섯을 물기 없이 바짝 말린 후 맷돌믹서에 넣고 간다.

색과 장식 재료 준비하기

자연의 색과 멋을 더하는 재료들은 한식 디저트의 완성도를 높여줍니다.
다양한 색내기 재료와 윤기와 단맛을 내는 재료, 세련된 멋을 더하는 장식 재료를 함께 알려드립니다.

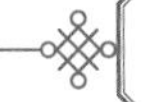

색내기 재료

분홍색

체리에이드가루 발색력이 좋고 열에 강한 편이다. 쌀가루나 밀가루에 섞을 때는 물과 1:3 비율로 섞어 체리에이드물을 만들어 사용한다.

비트즙 본래 상태는 강한 붉은빛을 띠지만 수분과 함께 100°C 이상으로 가열하면 갈색으로 변할 수 있다. 다식처럼 가열 조리하지 않는 한과의 색내기에 사용한다.

자색고구마가루 자색고구마를 말려 분쇄해 얻은 가루로 진한 보라색을 띤다.

오미자청 오미자에 설탕을 더해 담근 청으로 다른 색내기 재료에 비해 당도, 수분이 많고 색이 연한 편이라 떡, 반죽 등에 쓰기 보다는 쌀강정의 색을 낼 때 사용한다.

노란색

치자물 맑고 또렷한 노란색을 내는 재료로 따뜻한 물 1/4컵에 말린 치자꽃 1개를 쪼개 넣고 우려내 준비한다.

호박가루 호박을 말려 분쇄해서 얻은 가루로 떡가루에 섞어 노란색을 낸다.

녹색

쑥가루 쑥을 바짝 말려 분쇄한 것으로 자연스러운 녹색을 낼 때 사용하고, 진한 색과 쑥 본연의 맛을 내기 위해서 데친 쑥을 함께 섞어 쓰기도 한다.

파래가루 맑은 초록빛을 내는 재료로 특유의 해조류 향이 난다. 향이 강하므로 떡보다는 강정, 매작과 등 한과에 사용하는 것이 좋다.

갈색

코코아가루 떡가루에 섞어 갈색을 내는 재료로 사용한다. 설탕, 분유 등이 섞인 코코아가루는 쌀가루의 호화를 방해하므로 100% 코코파우더로 사용하도록 한다.

계핏가루 향이 매우 강한 편으로 떡가루, 시럽 등에 섞어 향을 더할 때 많이 사용한다.

윤기와 단맛 재료

조청, 물엿, 꿀

한식 디저트에 단맛과 윤기를 더하는 재료.
조청은 쌀엿의 풍미와 부드러운 단맛을,
물엿은 반지르르한 윤기와 깔끔한 단맛을,
꿀은 향긋하고 진한 단맛을 더해주니 필요에 맞게 사용한다.

장식 재료

말린 꽃, 식용금박

한식 디저트에 얹어 장식하는 재료로 전통적인 고명과는 색다른 느낌을 더할 수 있다.
말린 꽃은 푸른 수레국화(또는 콘플라워)를 주로 사용하며,
붉은 천일홍도 온라인에서 구할 수 있어, 냉동실에 보관하여 사용한다.
식용금박은 소량만 올려도 고급스러운 분위기를 낼 수 있는 특별한 재료이다.
매우 얇아 손으로 만지면 구겨지거나 찢어지기 쉬우니 끝이 뾰족한 젓가락이나 핀셋을 사용해 장식한다.

기본 도구 구비하기

한식 디저트를 조리하거나 형태를 잡을 때 사용하는 도구들을 소개합니다.
집에 있는 것을 활용해도 좋고, 필요한 경우 대부분 온라인몰에서 쉽게 구할 수 있습니다.

계량컵, 계랑스푼

- 떡, 한과를 만들 때는 무게보다 부피 계량을 주로 하기 때문에 계량컵과 계량스푼이 필수 도구이다.

물솥

- 떡을 익힐 때 쓰는 도구. 찜기 밑에 받쳐 안에 채운 물을 끓이며 김을 올려 사용한다.
- 열을 효율적으로 전달하기 위해 스테인리스 또는 알루미늄 같은 금속으로 제작하는 경우가 많다.
- 찜기에 맞는 크기를 사용해야 김이 새지 않아 떡을 제대로 찔 수 있다.
- 물솥이 없다면 찜기와 크기가 맞는 깊은 냄비로 대체할 수 있다.

체

- 쌀가루, 고물 등의 입자를 곱게 만들기 위해 사용하며 즙청, 당절임 후 여분의 시럽을 거르는 채반으로도 사용한다.
- 용도에 맞게 크기나 체의 굵기를 선택해 사용한다. 고물을 내릴 때는 굵은체(어레미)를, 쌀가루를 빻거나 물을 준 후에는 중간체를, 입자가 고운 쌀가루를 써야 하는 경우 또는 밀가루를 체에 내릴 때는 고운체를 사용한다.

면포

- 떡이나 고물을 찔 때 찜기에 깔면 재료가 찜기에 직접 닿는 것을 막고, 형태를 유지하며 수분과 열을 골고루 전달받을 수 있게 한다.
- 수분이 있는 재료를 짜낼 때 액체만 걸러내는 역할도 한다.
- 사용 후에는 잔여물이 남지 않도록 깨끗하게 빨고 뜨거운 물에 삶은 후 완전히 건조시켜 보관한다.

시루, 찜기

- 둘 다 떡가루를 안치고 물솥에 얹어 떡을 찔 수 있는 도구이다.
- 현대에는 시루본(시루와 시루밑 물솥을 붙이는 밀가루 반죽)을 붙여 사용해야 해서 다소 번거로운 시루보다 사용하기 편리하고 가격이 저렴한 찜기를 사용하는 경우가 많다.
- 두 가지 모두 사용 하루 전부터 물에 담가 수분을 먹인 후 반나절 동안 말려 사용한다.
  * 대나무찜기는 가벼워 물에 잘 가라앉지 않으므로 무거운 것을 위에 올려 담가둔다.
- 대나무찜기가 아닌 스텐찜기를 사용한다면 뚜껑에 맺힌 물방울이 떨어져 떡을 적실 수 있으니 젖은 면포로 찜기 뚜껑을 감싼 후 덮는다.

시루

찜기

떡비닐

- 막 쪄낸 떡을 치대거나 모양을 잡을 때, 강정의 모양을 잡을 때 주로 사용한다.
- 약과나 쿠키, 타르트 등의 반죽을 휴지시킬 때 감싸는 용도로 사용하기에도 편리하다.
- 사용 전 식용유나 참기름, 꿀 등을 발라 떡이나 반죽이 들러붙지 않게 한다.

스크레이퍼

- 떡가루를 평평하고 고르게 안치거나 떡을 자를 때 스크레이퍼를 사용한다.
- 떡을 자를 때 칼을 사용하면 붙기 쉬우니 비교적 덜 붙는 플라스틱 스크레이퍼를 사용하면 편리하다.

실리콘시트

- 촘촘한 구멍이 뚫린 시트. 떡가루를 찜기에 안칠 때 가루나 고물이 아래로 떨어지는 것을 막고 떡을 꺼낼 때 아랫면이 매끄럽게 찜기에서 잘 떨어지도록 하기 위해 사용한다.
- 사용하는 찜기의 크기에 맞게 고르거나 재단해서 사용한다.

밀대

- 쪄낸 떡 또는 반죽을 밀거나 볶아낸 강정을 평평하게 밀어 모양을 잡는 용도로 사용한다.
- 찰기가 강한 떡에 사용할 때는 식용유나 참기름을 바른다.

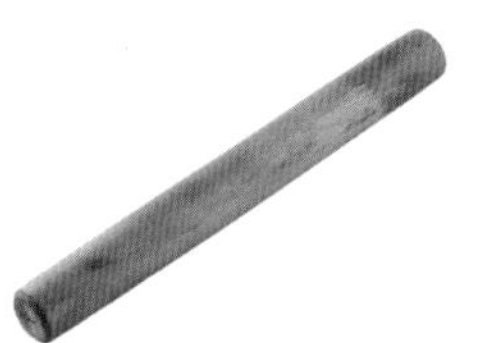

고무주걱, 나무주걱

- 재료를 섞을 때 사용하는 주걱은 용도에 맞는 종류를 선택한다.
- 부드러운 재료를 골고루 섞을 때는 고무주걱을, 단단한 재료를 으깨어가며 섞거나 체에 내릴 때, 팬에 고물이나 강정을 볶을 때는 나무주걱을 사용하는 것이 좋다.

절굿공이

- 절편, 가래떡, 인절미 등의 떡을 찧어 매끈하게 만들 때 사용한다.
- 율란, 당근란, 호박란 등 숙실과를 만들기 위해 익힌 재료를 찧을 때도 사용한다.

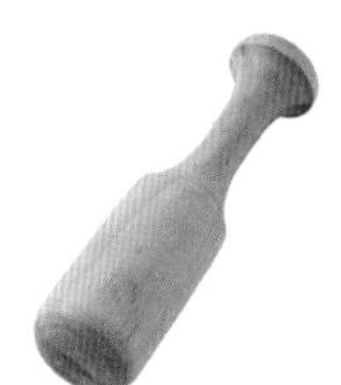

떡살

- 주로 절편을 만들 때 사용하는 도장 형태의 도구로 떡에 모양을 찍을 수 있다.
- 나무 떡살보다는 플라스틱 떡살이 좀 더 관리하기 편하며, 사용할 때는 식용유나 참기름을 발라 떡에 붙지 않게 한다.

다식판, 누름봉

- 다식을 박아낼 때 사용하는 틀로 정교한 꽃, 길상문자 문양을 새겨 만든다.
- 상하단을 조립해서 사용하며 판에 다식 반죽을 채운 후 누름봉으로 힘을 주어 누르면 박아낸 다식을 온전한 형태 그대로 분리할 수 있다.

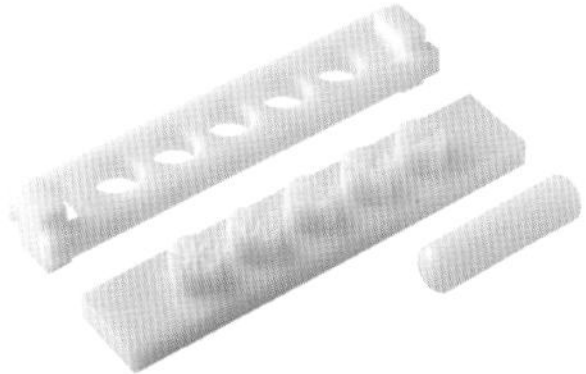

구름떡틀

- 구름떡을 만들 때 고물을 묻힌 떡을 떼어 담고 모양을 잡을 때 사용한다.
- 끈적한 찰떡이 들러붙지 않도록 비닐을 깔고 사용한다.
- 사용 후 틀의 각진 틈에 이물질이 남지 않도록 세척해 건조시킨 후 보관한다.

증편틀

- 방울증편을 만들 때 사용하는 작은 금속틀이다.
- 완성된 떡을 쉽게 빼낼 수 있도록 반죽을 붓기 전 식용유를 소량 바른다.

약과틀

- 약과 반죽을 일정한 모양으로 눌러 성형할 때 사용하는 도구이다.
- 나무나 실리콘으로 제작되며, 사용 전 약간의 식용유를 발라 반죽이 매끈하게 떨어지도록 한다.

강정틀

- 강정을 볶은 후 굳힐 때 사용하는 틀로 사이즈를 가늠할 수 있도록 눈금이 그려져 있다.
- 알맹이가 큰 쌀강정은 1~1.5cm 정도의 높이가 있는 것을 사용하고, 알맹이가 작은 깨엿강정은 0.6~0.8cm 정도의 두께가 얇은 강정틀을 사용한다.
- 끈적한 강정의 특성상 작업을 편하게 하기 위해 떡비닐을 깔고 사용한다.

실리콘틀

- 양갱, 오란다, 무스케이크 등의 모양을 잡을 때 사용하는 도구로 다양한 형태 중 용도에 맞는 것을 골라 사용한다.
- 식용유 등의 이형제를 따로 바르지 않아도 제품이 틀에서 매끄럽게 분리된다.

푸드프로세서, 맷돌믹서

- 재료를 곱게 갈 때 사용하기 편리한 도구이다.
- 푸드프로세서는 수분이 있는 재료를 갈아 퓌레 형태로 만들 때 쓴다.
- 맷돌믹서는 마르고 단단한 재료를 갈아 고운 가루를 낼 때 쓴다.

푸드프로세서 맷돌믹서

그 밖의 K-디저트용 도구

원형팬 머핀팬

타르트팬 사각팬

핸드믹서 거품기 스패튤러

테프론시트 짤주머니 모양깍지

나무로 만든 도구 관리·보관하기

한식 디저트를 만들 때 자주 사용하게 되는 나무로 만든 도구는 제대로 보관하지 않으면 변형, 곰팡이, 또는 갈라짐이 생길 수 있어 주의해야 한다. 사용 후 세제를 사용하지 않고 부드러운 솔로 재료의 잔여물을 제거하여 미지근한 물로 씻은 후 그늘에서 완전히 건조시켜 통풍이 잘 되는 장소에 보관하는 것이 좋다. 특히 떡살, 다식판, 약과틀 등은 식물성 기름을 천에 묻혀 얇게 바른 후 닦아내면 더 오래 사용할 수 있다.

한식 디저트 Q&A

기본 원리부터 재료, 보관까지. 한식 디저트를 처음 만들어보는 분들이
궁금해하실 만한 질문을 모아 답해드립니다.

익히지 않은 멥쌀가루와 찹쌀가루, 겉모습만 보고도 구분할 수 있나요?

A 멥쌀가루와 찹쌀가루를 익혔을 때는 차이가 확연하지만 익히지 않은 상태에서는 구분하기 어렵습니다. 만약 멥쌀가루와 찹쌀가루를 구분해야 한다면 가장 쉬운 방법은 요오드 용액을 사용하는 것입니다. **약국에서 쉽게 구할 수 있는 요오드 용액을 쌀가루에 한두 방울 떨어뜨려 보세요.** 찹쌀가루에 떨어뜨리면 요오드 용액의 색인 갈색을 유지하지만, 멥쌀가루에 떨어뜨리면 청보라색으로 변합니다. 이는 두 쌀의 전분 구조가 달라서 생기는 차이입니다.

떡을 만들 때 쌀가루 대신 현미, 흑미가루를 써도 되나요?

A 가능합니다. 동일한 양으로 대체할 수 있지만, 현미나 흑미에는 식이섬유가 많아 백미에 비해 호화가 잘 안됩니다. 이 때문에 떡이 쫄깃하고 부드럽기보다는 뚝뚝 끊어지고 거친 식감이 날 수 있습니다. 단독으로 사용하기보다는 **일반 쌀가루와 현미 또는 흑미가루를 약 2:1 비율로 섞어 사용**하면 식감과 영양을 동시에 잡을 수 있습니다.

설탕이나 물엿 같은 당류를 줄여도 괜찮나요?

A 단맛이 부담스럽다면 줄여도 괜찮습니다. 한식 디저트 종류별 당류 줄이는 방법을 소개합니다.

떡 **떡에 들어가는 설탕은 생략해도 떡이 만들어지는 데 큰 영향을 주지 않습니다.** 단, 소금을 넣지 않으면 아무 맛도 나지 않으니, 두텁떡, 두텁편, 증편을 제외한 모든 떡을 만들 때 소금은 꼭 넣도록 합니다.

정과 정과에 사용하는 물엿은 재료의 수분을 빼기 위한 것으로, 단맛을 줄이기 위해 물엿을 줄이는 것은 큰 의미가 없습니다. 정과의 단맛을 줄이고 싶다면 **시럽에 당침하는 시간을 짧게 잡고, 대신 건조 시간을 늘려 수분을 날립니다.**

주악, 약과 등 즙청시럽에 사용하는 조청은 풍미를 더해주므로 본연의 맛을 느끼려면 그대로 사용하는 편이 좋습니다. 덜 달게 먹고 싶다면 **즙청을 5~10분 정도로 짧게 해도 됩니다.**

호박란, 귤란 등 재료 자체의 단맛이 충분하다면 설탕의 양을 줄여도 됩니다. 하지만 뭉쳐서 모양을 내기엔 어려울 수 있으니, **더 오래 조려 수분을 날리는 것이 좋습니다.**

이 밖에 **설탕이나 물엿을 대체 감미료로 바꾸는 방법도 있습니다.** 요즘에는 올리고당, 자일리톨, 말티톨 등 다양한 대체 감미료가 있으니 기호에 맞게 골라보세요. 단, 당류는 맛뿐 아니라 색과 보존성, 질감에도 영향을 주므로 레시피를 크게 변경할 때는 소량씩 여러 번 테스트해 보세요.

떡이 잘 익었는지는 어떻게 확인하나요?

A **설기떡, 켜떡** 젓가락으로 **떡 중앙을 찔렀을 때 흰 쌀가루가 묻어나는지** 확인합니다.

절편, 인절미, 단자 **떡 중앙을 살짝 벌렸을 때 익지 않은 흰 쌀가루가 보이는지** 확인합니다.

익힌 떡을 찜기에서 뒤집어 옮길 때 부서지는 이유가 뭔가요?

A 떡가루에 섞은 부재료의 입자가 너무 큰 경우, 떡가루에 수분이 부족해 제대로 익지 않은 경우 떡이 부서질 수 있습니다. 특히 멥쌀가루를 사용한 설기떡을 만들 때 이런 일이 일어나기 쉽습니다. **떡가루에 필요한 만큼 물을 주고, 떡을 충분히 익히고, 찐 후에는 한 김 식힌 후 뒤집어 담는 과정(49쪽)을 따라 찜기에서 접시로 조심스럽게 옮깁니다.**

떡은 어떻게 보관하나요?

A 떡은 만든 당일 바로 먹는 것이 가장 좋습니다. 만약 바로 먹지 않는다면 **비닐랩으로 빈틈없이 밀착시켜 감싼 후 다시 지퍼백이나 밀폐 용기에 넣어 냉동**해야 합니다. 이렇게 얼린 떡은 종류에 맞는 방법으로 해동하면 갓 만든 떡처럼 맛있게 먹을 수 있습니다.

멥쌀 떡 실온에서 해동하면 떡이 딱딱하게 굳어 먹기 어려워지니, 비닐랩 포장을 벗겨 **찜기에 다시 찌거나 전자레인지에 데웁니다.** 전자레인지를 사용할 때는 떡의 수분이 너무 많이 날아가지 않도록 접시에 담아 뚜껑을 덮고 1분씩 끊어서 상태를 봐가며 해동합니다.

찹쌀 떡 **실온에서 해동**해도 원래의 말랑함을 어느 정도 되찾습니다. 찹쌀은 열을 가하면 퍼지는 성질이 있어 오히려 다시 찌거나 전자레인지에 데우면 찜기, 접시에 들러붙어 먹기 어려울 수 있습니다.

천연재료로 색을 낼 때, 양은 어떻게 가늠하나요?

A 천연재료를 쌀가루에 섞었을 때, 수분과 열이 더해지면 색이 더 진해진다는 것을 염두에 두고 처음 재료를 섞을 때 **완성품에서 내고자 하는 색보다 조금 연한 색을 만드는 것이 좋습니다.** 색내기 재료를 소량 넣고 색을 확인하면서 점차 늘려가면 실패 확률이 적습니다.

개성주악, 성공 비결이 궁금해요!

A 개성주악의 동그란 모양과 겉이 바삭하면서도 쫄깃한 식감을 만들기 위해서는 반죽부터 튀기는 과정까지 세심해야 합니다. **막걸리는 가급적 유통기한이 가장 최근인 것을 사용하고, 약 45°C 정도로 데워 넣으면 효모가 활성화되어 반죽이 잘 부풉니다.** 반죽을 빚어 모양을 잡은 뒤, **겉면에 식용유를 살짝 바르고 냉동실에서 10~15분 굳히면 튀길 때 모양이 깔끔하게 유지**됩니다. 튀길 때는 자주 뒤집어주는 것이 모양과 색을 예쁘게 내는 비결입니다.

쌀강정을 만들 때 실패하지 않으려면 어떻게 해야 하나요?

A 쌀강정은 튀밥을 제대로 만드는 것에서 시작합니다. **쌀을 삶아 물기를 완전히 제거하고 40°C 안팎의 건조기에서 말리거나, 집에서는 선풍기를 이용해 바짝 말립니다.** 제대로 말린 쌀은 **200°C 고온의 튀김 기름에서 빠르게 튀기면** 잘 부풀어 오른 튀밥이 만들어집니다. **볶을 때는 거미줄 같은 실이 생기기 시작하는 순간을 놓치지 않는 게 중요합니다.** 이때 강정틀로 옮겨 모양을 잡으면 95%는 성공입니다. 너무 오래 볶으면 설탕이 굳어 강정이 딱딱해질 수 있고, 덜 볶으면 시럽이 눅눅하게 남아 바삭한 강정이 만들어지지 않습니다.

정과는 왜 재료마다 만드는 방법이 다른가요?

A **재료마다 수분 함량, 크기, 조직이 달라서 가열 시간과 당 농도를 다르게 설정해야 합니다.** 연근처럼 단단한 재료, 생강처럼 향이 강한 재료 등 각각의 특성에 맞춰서, 식감을 유지하면서 수분을 빼내고 당을 흡수시키는 방법을 택해야 합니다.

쌀가루로 베이킹할 때와 밀가루로 베이킹할 때, 어떤 차이가 있나요?

A 밀가루에는 글루텐이 있어 반죽을 치댈수록 탄력이 생깁니다. **쌀가루에는 글루텐이 없어서 베이킹에 사용하면 비교적 약한 조직을 갖게 됩니다.** 그래서 전분이나 찹쌀가루를 약간 섞어 반죽의 점성을 보완하면 밀가루와 비슷한 질감을 낼 수 있습니다. 쌀 베이킹 레시피는 반죽법과 굽는 온도, 시간 등을 조절해야 하니, 레시피를 꼼꼼히 확인한 후 시도하시길 바랍니다.

떡

대표적인 한식 디저트인 떡은 아주 오랜 옛날부터 지금까지 계절에 따라, 각종 잔치나 의례, 제례에 따라 만들어온 음식입니다. 이웃과 나눠 먹는 정표(情表)로 쓰여왔으며 찌는 떡, 치는 떡, 빚는 떡, 지지는 떡 등이 있습니다.

떡의 기본 요소 4가지

떡가루(쌀가루) 18~19쪽

- 멥쌀, 찹쌀 등 곡물을 빻아 만든 가루로, 떡의 맛과 식감을 결정짓는 중요한 요소이다.
- 수분을 촉촉하게 더해 찌거나 삶아 익히면 서로 엉겨 붙으면서 떡 특유의 찰기 있는 식감을 만들어낸다.
- 흑미가루, 현미가루, 도토리가루, 쑥가루 등을 섞어 맛과 향, 영양을 더하기도 한다.

고물 20~25쪽

- 떡의 겉면을 감싸거나 묻혀서 맛과 질감을 더하는 요소이다.
- 떡가루 사이사이에 넣어 켜를 만들기도 하고, 인절미나 단자 등을 만들 때 마무리 단계에 가볍게 굴려 겉면에 묻히기도 한다.
- 붉은팥, 거피팥, 녹두, 깨 등을 주재료로 사용한다. 떡이 서로 끈끈하게 들러붙는 것을 방지하는 역할도 하기 때문에 수분, 기름기를 최소화하여 보송보송하게 만든다.

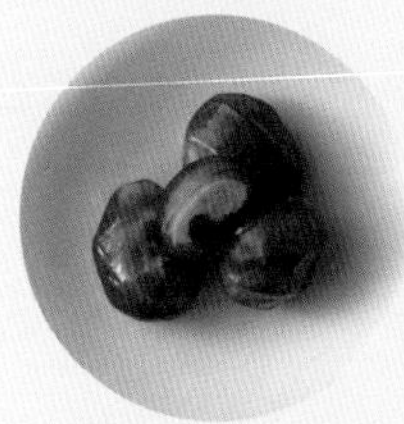

소 21~22쪽

- 떡의 속을 채우는 요소로, 송편, 단자, 부꾸미 등의 속에 채워 넣어 맛과 식감을 더한다.
- 주로 앙금이나 곱게 다진 재료를 작은 공모양으로 빚어 넣거나 숟가락으로 적당량을 떠 넣는다.

고명 26~32쪽

- 떡을 아름답게 장식하고 맛과 향을 더하는 요소로, 떡 만들기의 가장 마지막 순서에서 윗부분에 올린다.
- 대추, 곶감, 잣, 석이버섯, 호박씨 등을 썰거나 모양을 내서 사용한다.

떡 만들기 기본 테크닉 9가지

01 쌀가루에 물 주기

- 떡을 익히려면 수분과 열이 필요하기 때문에 쌀가루에 적당량의 물을 넣고 비벼 섞어 수분량을 맞추는 물 주기 작업은 떡을 만들 때 꼭 거쳐야 하는 과정이다.
- 물 주기가 덜 된 쌀가루를 찌면 떡이 익지 않아 날가루가 남거나 부스러지고, 물 주기가 과한 쌀가루를 찌면 떡이 질게 된다.
- 레시피에서 안내한 물의 양을 무조건 따르기보다, 물을 준 후 상태를 확인해 수분이 부족한 경우에는 물을, 과도한 경우에는 쌀가루를 조금씩 더해가며 수분량을 맞춘다.

이렇게 하세요

1 쌀가루를 볼에 담고 숟가락으로 물을 떠 넣는다.

2 쌀가루를 손바닥을 맞대 비벼가며 뭉친 데가 없도록 골고루 섞는다.

3 쌀가루를 한 손에 담고 세게 쥐어 수분량을 확인한다.

수분량 확인하기

수분량이 적당할 때
세게 쥐면 쌀가루에 손가락 자국이 남으면서 뭉쳐진다. 3번 정도 낮게 던져 다시 받았을 때 쌀가루 덩어리가 약간씩 부서진다.

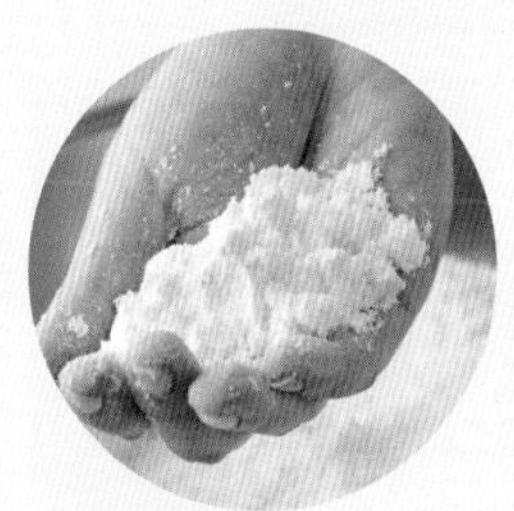

수분량이 부족할 때
세게 쥐어도 쌀가루가 뭉쳐지지 않는다.

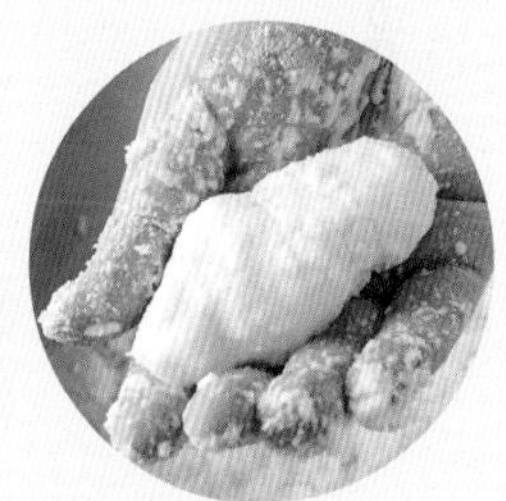

수분량이 많을 때
쌀가루를 세게 쥐었을 때 단단하게 뭉쳐지며 여러 번 낮게 던져 다시 받아도 부서지지 않는다.
* 절편, 가래떡 등 치는 떡은 이 정도 수분량이 적당하다.

쌀가루, 고물 체에 내리기

- 쌀을 빻은 후나 쌀가루에 물을 준 후, 또는 고물을 만들 때 체에 내리는 과정이다.
- 덜 빻아져 입자가 굵은 가루나 불순물, 수분 때문에 뭉쳐진 가루 덩어리를 걸러내게 된다.
- 고물을 내릴 때는 굵은체(어레미)를, 쌀가루를 빻거나 물을 준 후에는 중간체를, 입자가 고운 쌀가루를 써야 하는 경우 또는 밀가루를 체에 내릴 때는 고운체를 사용한다.

이렇게 하세요

체에 맞는 볼을 받치고
손가락 안쪽으로 문질러가며 내린다.
* 체에 내리는 가루의 양이 많을 경우
체에 한 번에 부어 내리면 작업이 더디게
진행되니 조금씩 나눠가며 붓는다.

설탕, 부재료 섞기

- 물을 준 쌀가루에 설탕이나 잘게 썬 부재료를 섞는 과정이다.
- 가루를 체에 한 번 내린 후 진행하기 때문에 가루가 다시 뭉치지 않도록 가볍게, 골고루 섞어야 한다.
- 설탕은 습기를 빨아들이는 성질이 있어 쌀가루에 미리 섞으면 떡이 잘 익지 않을 수 있으니, 찜기에 안치기 직전에 섞는다.

이렇게 하세요

손가락을 갈퀴 모양으로 세워
볼에 담긴 가루에 얹고
원을 그려가며 골고루 섞는다.

찜기에 안치기

- 떡을 찌기 전 찜기에 떡가루를 담는 과정을 뜻한다.
- 떡을 만드는 방식이나 사용하는 떡가루의 성질에 따라 적합한 방식을 택해 떡가루를 찜기에 안친다.

이렇게 하세요 **설기, 고물떡 등 찌는 떡**

1 찜기 크기에 맞는 실리콘시트를 깔고 쌀가루를 담는다.

2 스크레이퍼를 사용해 쌀가루 윗면을 평평하게 정리한다.

이렇게 하세요 **절편, 가래떡 등 치는 떡**

찜기 크기에 맞는 실리콘시트를 깔고 쌀가루를 담는다.

⋆ 절편은 떡가루를 쪄서 익힌 후 절굿공이로 치는 과정을 거치기 때문에 스크레이퍼로 평평하게 만들지 않아도 된다.

이렇게 하세요 **인절미, 단자, 구름떡 등 찹쌀떡**

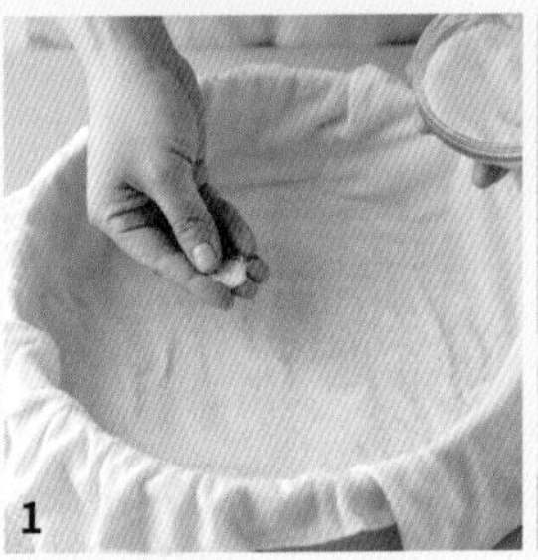

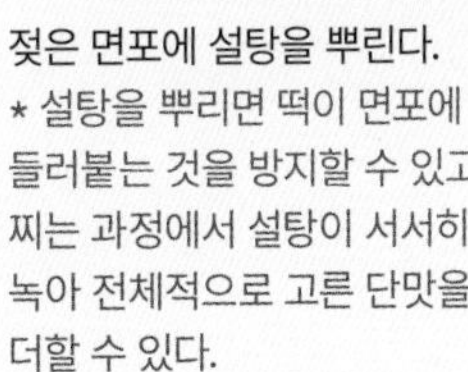

1 젖은 면포에 설탕을 뿌린다.

⋆ 설탕을 뿌리면 떡이 면포에 들러붙는 것을 방지할 수 있고, 찌는 과정에서 설탕이 서서히 녹아 전체적으로 고른 단맛을 더할 수 있다.

2 물을 준 찹쌀가루를 한 줌씩 쥐어 안친다.

⋆ 찹쌀가루는 익으면서 입자가 끈끈하게 엉겨 붙어 김이 통하지 않게 된다. 쌀가루를 주먹 쥐어 안쳐 덩어리 사이로 김이 통과할 수 있도록 공간을 만들면 골고루 익힐 수 있다.

05 익반죽하기

- 떡가루에 끓는 물을 부어 반죽하는 방법이다.
- 부분적으로 익으면서 식감이 보다 쫄깃하고 부드러워지며, 삶거나 찔 때 모양이 잘 유지된다.

이렇게 하세요 **송편, 경단, 부꾸미 등**

1 쌀가루에 끓는 물을 조금씩 떠 넣는다.

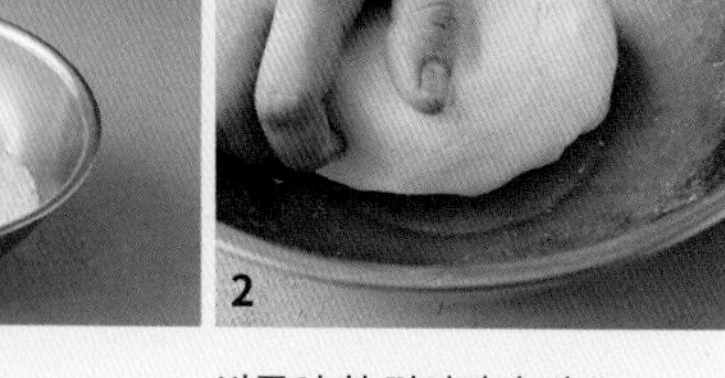

2 반죽이 한 덩어리가 되고 표면이 매끈해질 때까지 치댄다.

06 칼금 넣기

- 설기류 떡을 쉽게 자를 수 있도록 찌기 전 미리 칼금을 넣는 과정을 뜻한다.
- 쌀가루보다 입자가 큰 부재료가 떡가루에 섞여 있는 경우에는 큰 입자가 걸려 칼날을 곧게 움직일 수 없으므로 칼금을 넣지 않는다.

이렇게 하세요 **설기떡**

깨끗한 커터칼의 날을 길게 꺼내 원하는 위치에 비스듬하게 넣고 위아래로 움직여가며 칼금을 넣는다.
* 최대한 얇은 칼로 반듯하게 움직여 자른다.

07 찌기

- 찜기에 안친 쌀가루를 물이 끓는 솥에 올려 익히는 과정을 뜻한다.
- 찜기를 솥에 올린 후 내용물 위로 김이 고루 오르는 것이 확인되면 뚜껑을 덮고, 그때부터 타이머를 켜고 안내한 시간만큼 찐다.

이렇게 하세요

완성된 떡 뒤집어 담기

- 쪄낸 떡은 뜨겁고 부드럽기 때문에 설기, 찰편 등의 떡을 찜기에서 온전히 꺼내 접시로 옮기려면 몇 단계의 과정을 거쳐야 한다.

이렇게 하세요 **설기, 찰편 등**

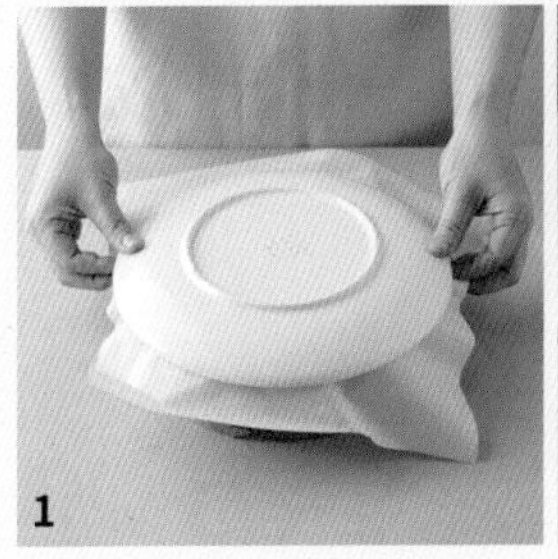

1 떡을 찌고 한 김 식힌다. 찜기 위에 유산지, 찜기보다 넓은 둥근 접시를 순서대로 덮는다.

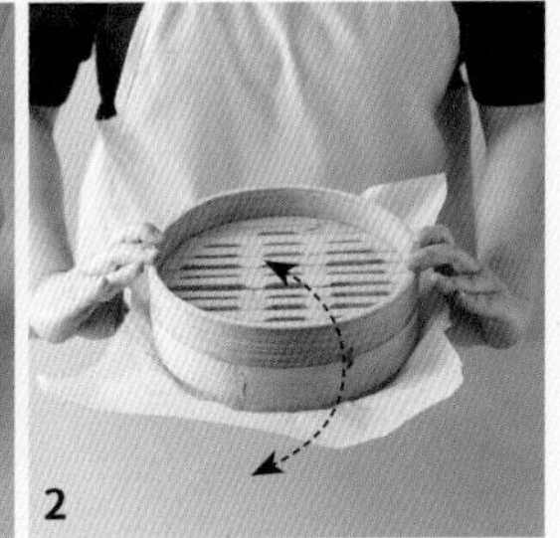

2 접시와 찜기를 동시에 잡고 빠르게 뒤집는다.

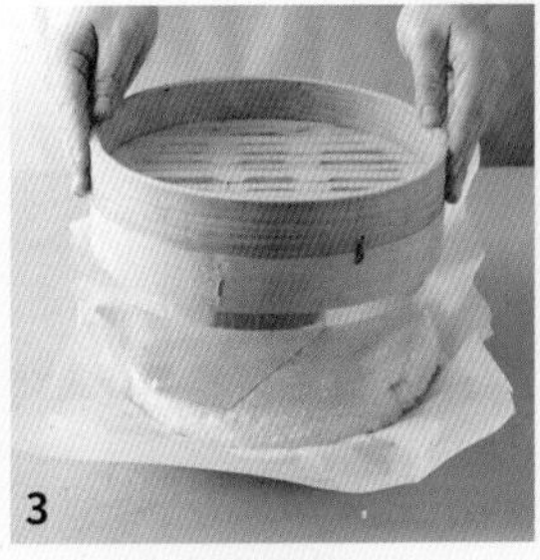

3 찜기를 살살 흔들어 뺀다.

4 실리콘시트를 떼어낸다.

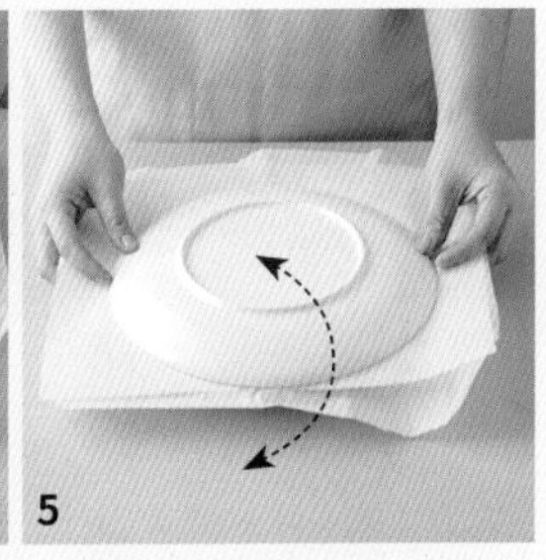

5 실리콘시트가 붙어 있던 면에 다른 유산지, 접시 순으로 덮어 다시 전체를 뒤집은 후 위의 유산지와 접시를 제거한다.

튀기기

- 튀김용 식용유의 양은 튀김솥의 크기에 따라 차이가 날 수 있으며, 개성주악, 약과 등은 튀김솥의 4~5cm 높이, 오색 쌀강정의 튀밥은 7~8cm 높이까지 채운다.
- 기름 온도에 따라 제품의 완성도가 크게 좌우될 수 있으니 반죽을 이용해 온도 확인하는 방법을 알아둔다.
  * 기름 온도가 너무 높다면 끓이지 않은 기름을 조금 넣어 온도를 낮춘다.

기름 온도 이렇게 확인하세요 **개성주악, 궁중약과, 매작과, 오색 쌀강정 등**

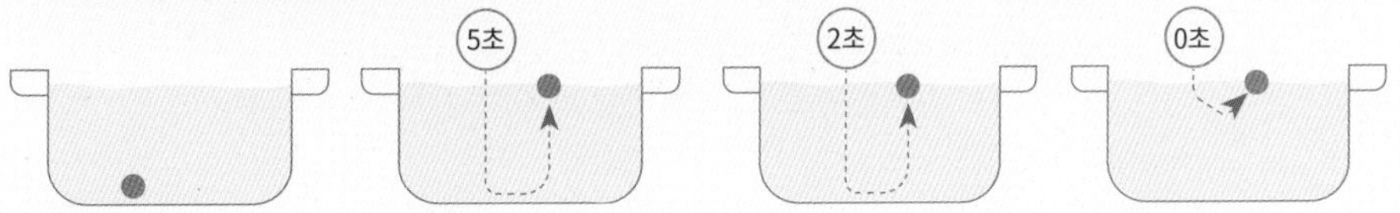

140~150°C
튀김 반죽이 바닥에 그대로 가라앉아 있고 반죽 주변으로 기포가 발생하는 정도

160°C
튀김 반죽이 바닥까지 가라앉았다가 5초 후 천천히 떠오르는 정도

170°C
튀김 반죽이 바닥까지 가라앉았다가 2초 후 바로 떠오르는 정도

200°C
튀김 반죽이 가라앉지 않고 바로 떠오르는 정도

백설기 / 콩설기 / 블루베리설기 / 커피설기 / 사탕설기 / 캐러멜설기

• 레시피 52쪽

백설기는 하얀 쌀가루에 설탕을 섞어 켜를 만들지 않고 찐 떡으로 무리떡, 무리병이라고도 부릅니다. 순수함의 의미를 가지고 있어 어린 아이의 백일, 첫돌에 꼭 챙겼으며, 전통 의례에도 많이 쓰입니다. 백설기에 다양한 재료를 더해 응용하는 방법도 함께 소개합니다.

커피설기
사탕설기
캐러멜설기

지름 25cm, 높이 6cm 원형 찜기 1개 분량 · 40분 · 실온 1일 · 냉동 3개월

백설기

- 습식 멥쌀가루 7컵
- 물 7~9큰술
- 설탕 7큰술

콩설기

- 습식 멥쌀가루 7컵
- 물 7~9큰술
- 설탕 7큰술
- 검은콩 1/2컵

블루베리설기

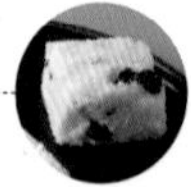

- 습식 멥쌀가루 7컵
- 물 7~9큰술
- 설탕 7큰술
- 건블루베리 1/2컵

커피설기

- 습식 멥쌀가루 7컵
- 물 7~9큰술
- 설탕 7큰술
- 커피가루 2큰술

사탕설기

- 습식 멥쌀가루 7컵
- 물 7~9큰술
- 설탕 4~5큰술
- 알사탕 5알

캐러멜설기

- 습식 멥쌀가루 7컵
- 물 7~9큰술
- 설탕 4~5큰술
- 밀크캐러멜 10개

도구 준비하기

볼

중간체

찜기

솥

실리콘시트

스크레이퍼

재료 준비하기

1 **콩설기** 검은콩을 8시간 이상 불린 후 잠길 만큼의 물을 넣고 20~25분간 삶는다.
2 **사탕설기** 사탕을 사방 0.5cm 크기로 부순다.
3 **캐러멜설기** 밀크캐러멜을 사방 0.5cm 크기로 썬다.
4 **커피설기** 물을 따뜻하게 데워 커피가루를 녹인다.

1 — 백설기

멥쌀가루에 물을 주고(45쪽) 중간체에 내린 후 설탕을 넣고 가볍게 섞는다.

1 — 콩설기

멥쌀가루에 물을 주고(45쪽) 중간체에 내린 후 설탕과 검은콩을 넣고 가볍게 섞는다.

1 — 블루베리설기

멥쌀가루에 물을 주고(45쪽) 중간체에 내린 후 설탕과 건블루베리를 넣고 가볍게 섞는다.

1 — 커피설기

멥쌀가루에 커피가루를 섞은 물을 주고(45쪽) 중간체에 내린 후 설탕을 넣고 가볍게 섞는다.

1 — 사탕설기

멥쌀가루에 물을 주고(45쪽) 중간체에 내린 후 설탕과 알사탕을 넣고 가볍게 섞는다.

1 — 캐러멜설기

멥쌀가루에 물을 주고(45쪽) 중간체에 내린 후 설탕과 캐러멜을 넣고 가볍게 섞는다.

2

찜기에 실리콘시트를 깔고 쌀가루를 채운다. 스크레이퍼로 윗면을 평평하게 정리한다.

* 백설기, 커피설기는 커터칼을 사용해 원하는 모양으로 칼금을 넣는다 (48쪽).

3

물이 끓는 솥에 찜기를 올려 가루 위로 김이 고루 오르면 뚜껑을 덮는다. 센 불로 약 20분간 찐 후 불을 끄고 5분간 뜸 들인다. 한 김 식힌 후 접시를 이용해 뒤집어 담는다(49쪽).

쑥버무리

멥쌀가루에 신선한 햇쑥을 섞어 향긋한 풍미를 그대로 즐길 수 있는 쑥버무리는
쑥을 듬뿍 넣고 자연스럽게 만드는 것이 특징입니다.

지름 25cm, 높이 6cm 원형 찜기 1개 분량 | 40분 | 실온 1일 | 냉동 3개월

- 습식 멥쌀가루 7컵
- 생쑥 100g
- 물 7~9큰술
- 설탕 7큰술

도구 준비하기

볼

중간체

찜기

솥

실리콘시트

1

멥쌀가루에 물을 주고(45쪽)
중간체에 내린 후 쑥, 설탕을 넣고
가볍게 섞는다.

2

찜기에 실리콘시트를 깔고
①을 소복하게 채운다.

3

물이 끓는 솥에 찜기를 올려
가루 위로 김이 고루 오르면
뚜껑을 덮는다.
센 불로 약 20분간 찐 후
불을 끄고 5분간 뜸 들인다.
먹기 좋게 담아 낸다.

각색편

• 레시피 58쪽

밤채, 대추채, 석이버섯, 비늘잣 등 화려한 고명을
색색의 쌀가루 위에 수놓듯 얹어 쪄낸 떡입니다.
혼례나 회갑연과 같은 잔치에서 높이 쌓아 올려, 풍요와 번영의 의미로 사용되었습니다.

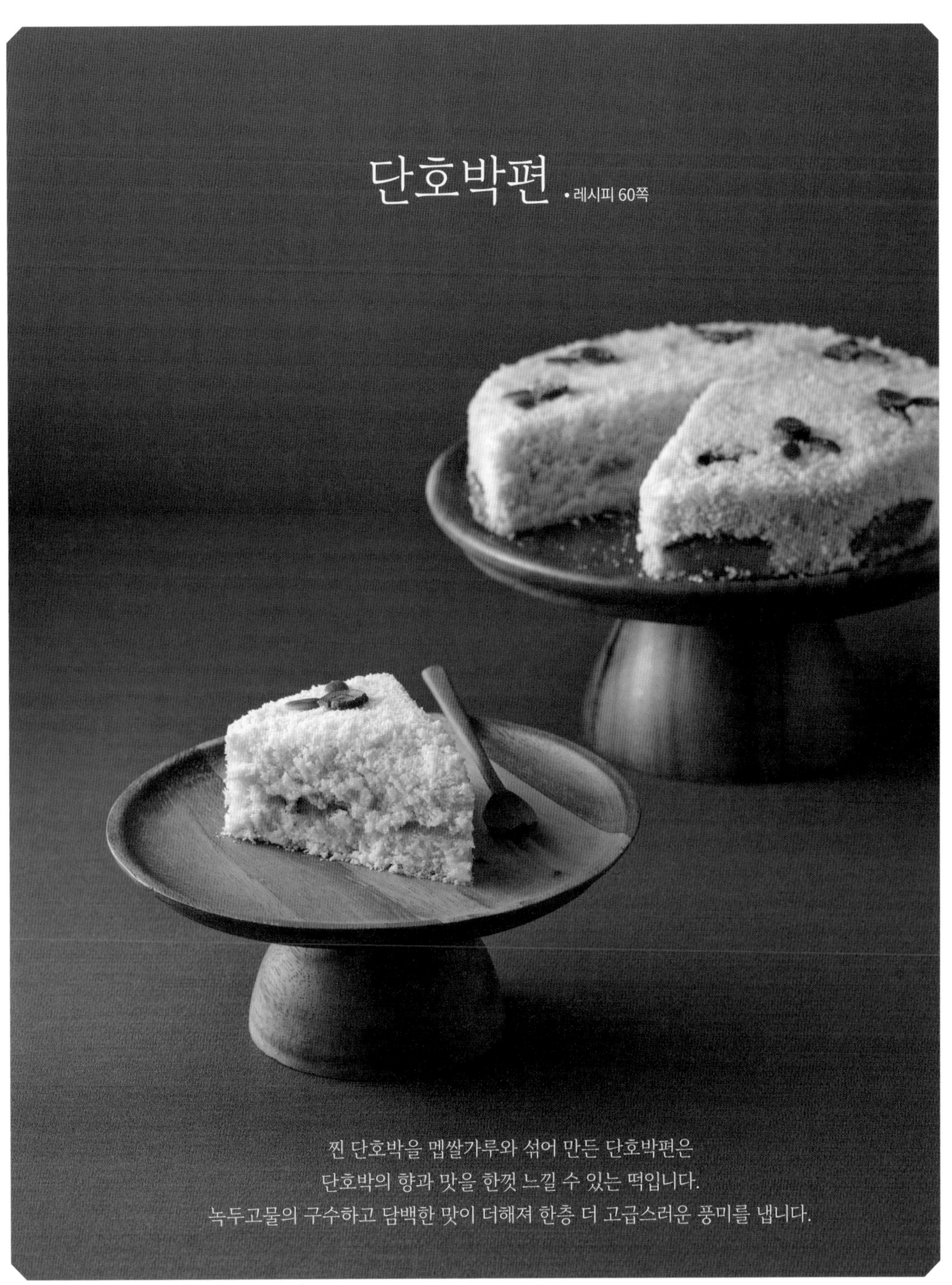

단호박편

• 레시피 60쪽

찐 단호박을 멥쌀가루와 섞어 만든 단호박편은
단호박의 향과 맛을 한껏 느낄 수 있는 떡입니다.
녹두고물의 구수하고 담백한 맛이 더해져 한층 더 고급스러운 풍미를 냅니다.

지름 25cm, 높이 6cm 원형 찜기 3개 분량　40분　실온 1일　냉동 3개월

각색편

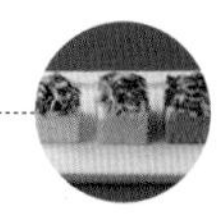

- 습식 멥쌀가루 21컵
- 물 12~18큰술
- 꿀 9큰술
- 설탕 12큰술
- 호박가루 1큰술
- 쑥가루 2/3큰술

고명

- 밤채 약간(만들기 26쪽)
- 대추채 약간(만들기 29쪽)
- 석이채 약간(만들기 33쪽)
- 비늘잣 약간(만들기 30쪽)

도구 준비하기

볼

중간체

찜기

솥

실리콘시트

스크레이퍼

세 가지 색을 모두 만들기 어렵다면?

멥쌀가루만으로 만든 흰색,
호박가루를 넣은 노란색, 쑥가루를 넣은 초록색 중
마음에 드는 한 가지 색을 골라 만들어도 좋다.

1 — 고명 준비

1. 밤은 속껍질까지 벗긴 후 곱게 채 썬다.
2. 대추는 돌려 깎아 씨를 제거한 후 곱게 채 썬다.
3. 석이버섯은 뜨거운 물에 불려 뒷면의 불순물을 긁어낸 후 돌돌 말아 곱게 채 썬다.
4. 잣은 고깔을 제거하고 젖은 면포로 잠시 덮어놨다가 길게 반으로 썬다.

2

멥쌀가루를 7컵씩 나눠
각각 볼에 담은 후
하나는 그대로 두고, 2개는 각각
호박가루, 쑥가루를 넣고 섞는다.

3

②의 각각의 떡가루에 물 4~6큰술씩,
꿀 3큰술씩을 넣어 수분을 주고(45쪽)
중간체에 내린 후 설탕 4큰술씩을 넣고
섞는다.

4

찜기에 실리콘시트를 깔고
쌀가루를 각각 안친다.
스크레이퍼로 윗면을 평평하게 정리한다.
* 커터칼을 사용해 원하는 모양으로
칼금을 넣는다(48쪽).

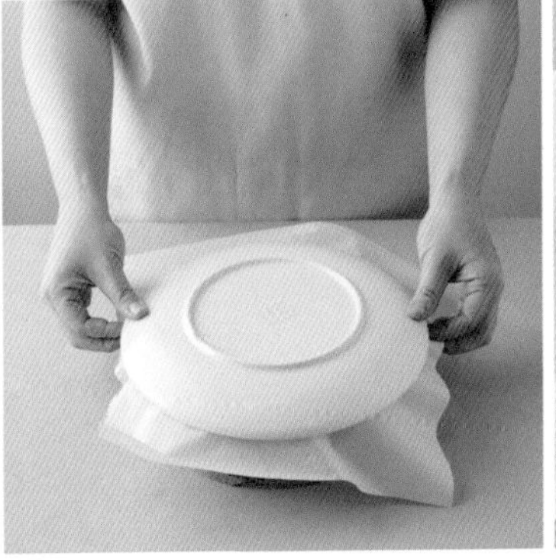

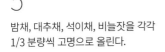

5

밤채, 대추채, 석이채, 비늘잣을 각각
1/3 분량씩 고명으로 올린다.

6

물이 끓는 솥에 찜기를 올려
가루 위로 김이 고루 오르면
뚜껑을 덮는다. 센 불로 약 20분간
찐 후 불을 끄고 5분간 뜸 들인다.
한 김 식힌 후 접시를 이용해
뒤집어 담는다(49쪽).

7

먹기 좋은 크기로 썰어
세 가지 색을 함께 담는다.

지름 25cm, 높이 6cm 원형 찜기 1개 분량 | 40분 | 실온 1일 | 냉동 3개월

단호박편

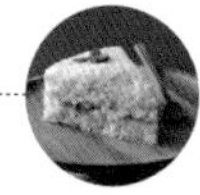

- 습식 멥쌀가루 7컵
- 손질한 단호박 100~120g
- 설탕 6큰술
- 녹두고물 3컵(만들기 23쪽)

장식

- 단호박 70g
- 설탕 2큰술
- 대추말이꽃 약간(만들기 28쪽)
- 호박씨 1큰술

도구 준비하기

볼

굵은체

찜기

솥

실리콘시트 스크레이퍼

재료 준비하기

1 떡가루용 단호박(100~120g)은 반 잘라 씨를 파내고 껍질을 벗긴다(32쪽).

2 호박씨는 얇게 반 가른다(31쪽).

1

떡가루용 단호박은 찜기에 넣고 김 오른 솥에 올려 센 불로 40분간 푹 무르도록 찐다.

2

장식용 단호박(70g)은 껍질째 0.4cm 두께로 썰어 볼에 담고 설탕(2큰술)을 뿌려 약 20분간 절인 후 체에 밭쳐 물기를 제거한다.

* 이때 체 아래로 떨어진 수분은 ⑤에서 물주기용으로 쓴다.

3

①의 찐 단호박을 한 김 식혀 볼에 넣고 숟가락으로 으깬다.

4

멥쌀가루에 ③을 넣고
손으로 골고루 비벼가며 섞는다.

5

단호박을 모두 섞은 후에도
수분량이 부족하다면 물을 1큰술씩
더해가며 수분량을 맞춘다(45쪽).
굵은체에 내리고 설탕(6큰술)을
섞는다.

6

찜기에 실리콘시트를 깔고
녹두고물 1/2 분량을 고르게 편 후
②의 단호박 중에서 예쁜 것을 골라
찜기 벽면에 세워 꽂는다.

7

⑤의 떡가루 1/2 분량을 찜기에 안친
후 남은 ②의 단호박을 올린다. 다시
남은 가루를 안친 후 스크레이퍼로
윗면을 평평하게 정리하고, 숟가락으로
가장자리를 정리하듯 툭툭 누른다.
* 가장자리를 누르면 완성 후 옆면의
장식이 찜기 벽면에서 쉽게 떨어져
떡에 온전히 붙어 나온다.

8

남은 녹두고물을 평평하게
안친다.

9

물이 끓는 솥에 찜기를 올려 가루 위로
김이 고루 오르면 뚜껑을 덮는다.
센 불로 약 20분간 찐 후 불을 끄고
5분간 뜸 들인다. 한 김 식힌 후
접시를 이용해 뒤집어 담는다(49쪽).
대추말이꽃, 호박씨로 장식한다.

무지개떡(오색편)

• 레시피 64쪽

무지개떡이라고 흔히 불리는 오색편.
떡가루를 다섯 가지 색으로 물들이고 켜켜이 쌓아 찌면
고운 색이 돋보여 축하용 떡으로 이용하기에 좋습니다.
떡가루 사이사이, 짙은 색의 쌀가루를 뿌려 경계선을 또렷하게 구분하면
더욱 정갈한 모양으로 완성됩니다.

 지름 25cm, 높이 6cm 원형 찜기 1개 분량 40분 실온 1일 냉동 3개월

무지개떡

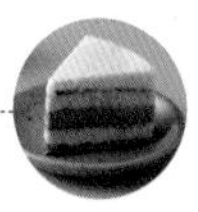

- 습식 멥쌀가루 16컵
- 호박가루 1작은술
- 쑥가루 1작은술
- 체리에이드물 1큰술(만들기 34쪽)
- 코코아가루 1작은술
- 물 11~21큰술
- 꿀 5큰술
- 설탕 11큰술
- 잣가루 5큰술(만들기 30쪽)
- 대추가루 5큰술(만들기 29쪽)

도구 준비하기

볼

중간체

찜기

솥

실리콘시트

스크레이퍼

+ 두꺼운 도화지, 펜, 자, 커터칼, 스테이플러

떡의 단면을 예쁘게 만들려면?

종이틀의 눈금 간격을 일정하게 그리고, 각색의 가루를 찜기에 담을 때 스크레이퍼로 높이를 최대한 평평하게 눈금 높이에 맞추도록 한다. 이 과정을 정성껏 할수록 떡의 단면이 깨끗하게 나온다.

1

도화지나 마분지에 1.5cm 간격으로 선을 6개 길게 긋고 첫 번째, 여섯 번째 선에 자를 대고 칼로 자른다.

2

찜기 내부 크기에 맞게 동그랗게 말아 위아래를 스테이플러로 고정해 종이틀을 만든다.

3

5개의 볼을 준비한다. 멥쌀가루를 4개의 볼에는 3컵씩, 1개의 볼에는 4컵을 담는다. 3컵씩 담은 볼에는 각각 호박가루, 쑥가루, 체리에이드물을 넣고, 4컵을 담은 볼에는 코코아가루를 넣고 섞는다.

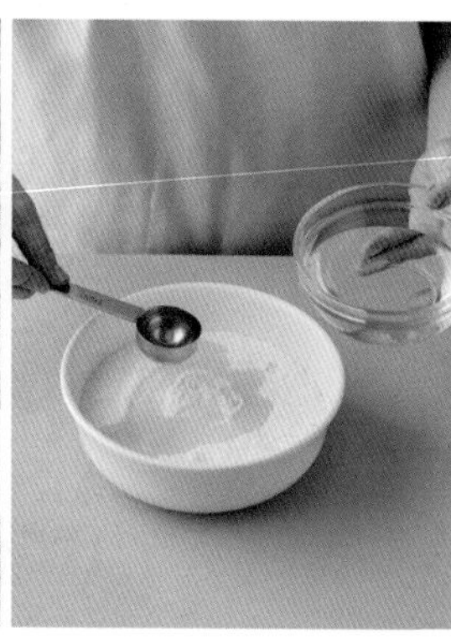

4

각각의 가루에 물 2~4큰술, 꿀 1큰술을 넣고 비벼 섞어 물을 주고(45쪽) 중간체에 내린 후 각각 설탕 2큰술을 넣고 가볍게 섞는다.

* 갈색 쌀가루에는 물과 설탕을 1큰술씩 더 넣는다.

5

찜기에 실리콘시트를 깔고 ②의 준비한 종이틀을 올린다. 눈금 1칸에 맞춰 갈색 쌀가루를 3컵 넣고 스크레이퍼로 펼친다.

6

잣가루, 대추가루 1/4 분량을 고루 뿌린다.

7

노란색 쌀가루를 종이틀의 눈금 1칸에 맞춰 담고 스크레이퍼로 펼친 후 남은 갈색 쌀가루 1컵의 일부를 중간체를 사용해 얇게 뿌린다.

* 갈색 쌀가루가 층을 구분하는 경계선 역할을 한다.

8

다시 남은 잣가루, 대추가루의 1/3 분량을 골고루 뿌린다.

9

⑦~⑧의 과정을 초록색, 분홍색 쌀가루로 반복한다.

* 남은 갈색 쌀가루, 잣가루, 대추가루를 모두 사용한다.

10

마지막으로 흰색 쌀가루를 넣고 스크레이퍼로 평평하게 정리한다.

* 커터칼을 사용해 원하는 모양으로 칼금을 넣는다 (48쪽).

11

물이 끓는 솥에 찜기를 올려 가루 위로 김이 고루 오르면 뚜껑을 덮고, 센 불로 15분간 찐다. 종이틀을 살살 흔들어 위로 빼내고 중간 불에서 15분 더 찐 후 불을 끄고 5분간 뜸 들인다.

* 종이틀이 찜기 위로 올라오면 뚜껑은 살짝만 덮는다. 떡이 잘 익으면 수축하면서 종이틀 눈금 한 칸 아래로 내려간다.

12

한 김 식힌 후 접시를 이용해 뒤집어 담는다(49쪽).

석탄병

• 레시피 68쪽

애석할 석惜, 감탄할 탄惜, 떡 병餠. 너무 맛있어서 먹기가 아깝다는 뜻을 가진 떡으로 감, 편강, 유자 등이 들어간 궁중, 양반가의 떡입니다. 조선 후기에 쓰여진 생활백과 《규합총서》에서 '강렬한 맛이 차마 삼키기 아까운 고로 석탄병이니라'고 했을 만큼 맛이 좋고 격이 높은 떡 중 하나입니다.

잡과병 • 레시피 70쪽

밤, 대추, 곶감, 진피(말린 귤 껍질) 등 여러 과실을
섞어 만든 떡이라 잡과병이라고 합니다.
다른 떡에 비해 만들기가 쉽고, 어떤 과일을 넣는지에 따라 다른 맛과 향을
내기 때문에 계절의 특색을 담을 수 있습니다.
단, 떡이 질어지지 않게 하려면 잘 말린 과일을 넣는 것이 좋습니다.

지름 25cm, 높이 6cm 원형 찜기 1개 분량 | 40분 | 실온 1일 | 냉동 3개월

석탄병

- 습식 멥쌀가루 7컵
- 시판 감가루 1/2컵
- 계핏가루 1작은술
- 시판 편강 15g
- 꿀 3큰술
- 물 4~6큰술
- 설탕 4큰술
- 잣가루 3큰술(만들기 30쪽)
- 밤 5개
- 대추 10개
- 유자청 건더기 2큰술
- 녹두고물 3컵(만들기 23쪽)

고명

- 대추꽃 약간(만들기 29쪽)

도구 준비하기

볼

중간체

찜기

솥

실리콘시트 맷돌믹서

재료 준비하기

1 시판 편강을 맷돌믹서에 곱게 갈아 편강가루 약 1과 1/2큰술을 준비한다.

2 밤은 속껍질까지 벗긴다(26쪽).

3 대추는 돌려 깎아 씨를 제거한다(28쪽).

1

손질한 밤과 대추는 사방 0.5cm 크기로 썰고 유자청 건더기는 잘게 다진다.

2

멥쌀가루에 감가루, 계핏가루, 편강가루, 꿀을 넣어 섞고 물을 준다 (45쪽).

⋆ 시판 감가루가 없을 경우, 곶감을 잘게 잘라 건조기에 바짝 말린 후 맷돌믹서에 곱게 갈아 준비한다.

3

중간체에 내린다.

4

③의 가루에 ①의 재료, 설탕,
잣가루를 넣고 고루 섞는다.

5

찜기에 실리콘시트를 깔고
녹두고물 1/2 분량을 고르게 편다.

6

④의 떡가루를 안치고 스크레이퍼로
윗면을 평평하게 정리한 후
남은 녹두고물을 골고루 얹는다.

7

물이 끓는 솥에 찜기를 올려 가루 위로
김이 고루 오르면 뚜껑을 덮는다.
센 불로 약 20분간 찐 후 불을 끄고
5분간 뜸 들인다. 한 김 식혀 접시를
이용해 뒤집어 담고(49쪽), 원하는
모양으로 썬 후 대추꽃을 드문드문 올려
장식한다.

편강을 직접 만들려면?

생강정과(만들기 223쪽)를 만들 때,
마무리 단계에서 꼬치에 끼우지 않고
설탕을 묻힌 후 물기 없이 바짝 말리면
편강이 완성된다. 이것을 맷돌믹서에 곱게
갈아 석탄병 재료로 사용할 수 있다.

지름 25cm, 높이 6cm 원형 찜기 1개 분량 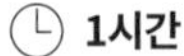 1시간 실온 1일 냉동 3개월

잡과병

- 습식 멥쌀가루 7컵
- 흑설탕 1/3컵
- 계핏가루 1작은술
- 물 6~7큰술

부재료
- 곶감 3개
- 밤 5개
- 대추 10개
- 진피(말린 귤 껍질) 30g(2개 분량)
- 설탕 3큰술
- 물 3큰술
- 꿀 3큰술

고명
- 곶감오림 1쪽(만들기 27쪽)

도구 준비하기

볼

중간체

찜기

솥

실리콘시트

스크레이퍼

냄비

맷돌믹서

재료 준비하기

1 곶감은 꼭지를 잘라낸 후 반으로 갈라 씨를 빼낸다(27쪽).
2 밤은 속껍질까지 벗긴다(26쪽).
3 대추는 돌려 깎아 씨를 제거한다(28쪽).
4 잣은 고깔을 뗀다(30쪽).

1

곶감, 대추는 굵게 채 썰고 밤은 4~6등분한다.

2

대추는 설탕(1큰술), 물(1큰술), 꿀(1큰술)을 넣어 섞는다. 중간 불에서 시럽이 약 1큰술 남을 때까지 섞어가며 윤기 나게 조린 후 체에 밭친다.

3

밤은 설탕(1큰술), 물(1큰술), 꿀(1큰술)을 넣어 섞는다. 중간 불에서 시럽이 약 1큰술 남을 때까지 섞어가며 윤기 나게 조린 후 체에 밭친다.

4

진피는 부드러워질 때까지
물에 잠시 담갔다 건진 후
설탕(1큰술), 물(1큰술),
꿀(1큰술)을 넣어 섞는다.
중간 불에서 시럽이 약 1큰술
남을 때까지 섞어가며 윤기 나게
조린 후 체에 밭친다.

5

멥쌀가루에 흑설탕, 계핏가루를
넣어 골고루 섞은 후
물을 주고(45쪽) 중간체에 내린다.
* 흑설탕은 덩어리져 있는
경우가 많기 때문에 물을 주기 전
멥쌀가루와 섞고, 물을 준 후에
함께 체에 내린다.

6

⑤의 떡가루에 곶감, ②, ③, ④의
조린 재료를 넣고 섞는다.

7

찜기에 실리콘시트를 깔고 ⑥을 넣어
스크레이퍼로 평평하게 안친 후
물이 끓는 솥에 찜기를 올린다.
가루 위로 김이 고루 오르면
뚜껑을 덮고 센 불로 약 20분간 찐 후
불을 끄고 5분간 뜸 들인다.

8

한 김 식혀 접시를 이용해
뒤집어 담고(49쪽) 원하는
모양으로 썬 후 곶감오림을
얹어 장식한다.

진피를 직접 만들려면?

시판되는 진피(말린 귤 껍질)는
약용이기 때문에 색이 어둡고
쓴맛이 나기도 한다.
아래 방법을 따라 하면 가정에서도
쉽게 만들어 사용할 수 있다.

1. 귤 껍질을 얇게 저며 흰 부분을 잘라내고 노란 겉껍질만 남긴다.
2. 겉껍질을 0.2cm 두께로 채 썬다.
3. 접시에 키친타월을 깔고 귤 껍질을 고루 펴서 건조시킨다.

팥시루떡(봉치떡)

• 레시피 74쪽

혼례 때 신랑 집에서 보내온 함을 받을 때, 신부 집에서 상에 놓고 함을 올리기 위해 준비하는 떡입니다. 찹쌀을 섞은 떡가루를 두 켜 올려 만드는 것이 특징인데, 부부가 찹쌀처럼 붙어서 잘 살기를 기원하는 의미입니다.

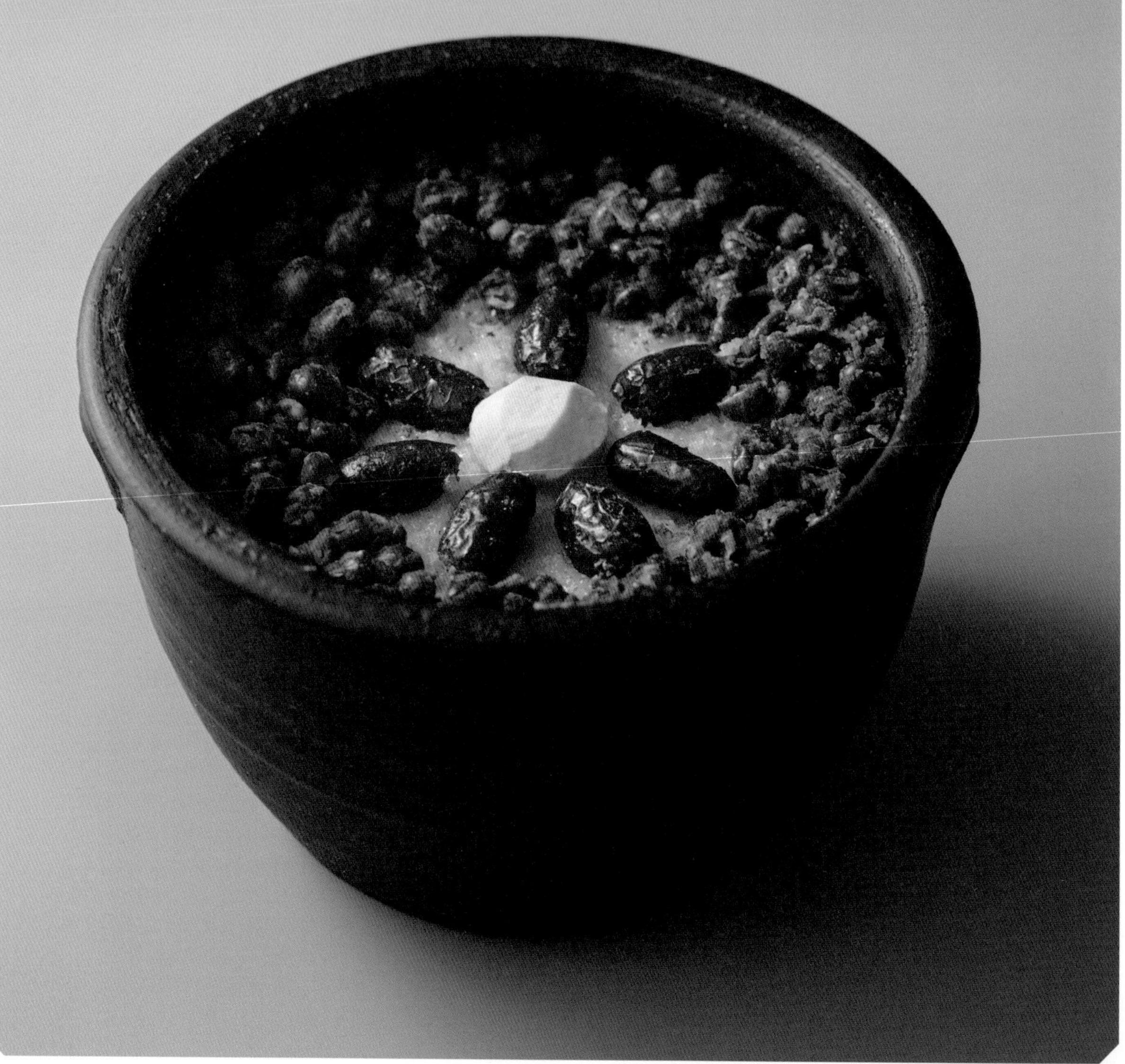

상추시루떡(와거병)

• 레시피 76쪽

상추시루떡은 여름철에 흔한 상추를 멥쌀가루에 섞어
담백하게 만든 떡으로, 와거병(萵苣餠)이라고도 부릅니다.

윗지름 30cm 시루 1개 분량 50분 실온 1일 냉동 3개월

팥시루떡

- 습식 찹쌀가루 12컵(1.2kg)
- 습식 멥쌀가루 6컵
- 설탕 18큰술(180g)
- 통팥고물 10~12컵(1.4kg, 만들기 20쪽)

고명
- 밤 1개
- 대추 7개

시루본
- 밀가루 2컵
- 물 1/4~1/3컵

도구 준비하기

볼

중간체

시루

시루밑 솥

실리콘시트

스크레이퍼

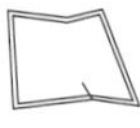
면포

재료 준비하기

1 만들기 전날 시루를 물에 담가 6시간 이상 수분을 먹인 후 꺼내 반나절 이상 말린다.
2 밤은 속껍질까지 벗긴다(26쪽).
3 대추는 돌려 깎아 씨를 제거한 후(28쪽) 돌돌 만다.

1

찹쌀가루, 멥쌀가루를 섞어 물을 주고(45쪽) 중간체에 내린 후 설탕을 넣고 가볍게 섞는다.

2

볼에 시루본 재료를 넣고 반죽해 시루본을 만든다.

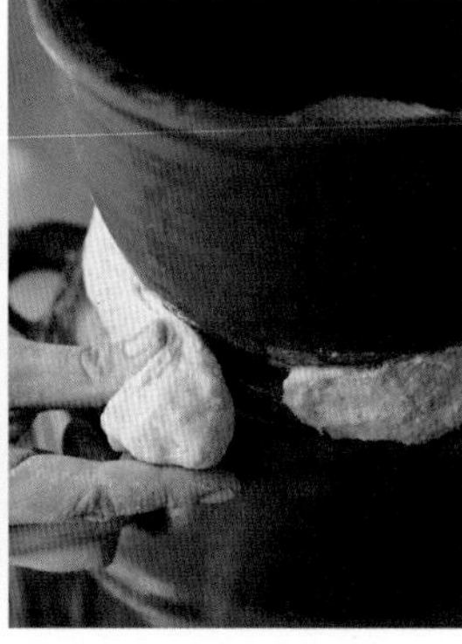

3

시루밑 솥에 물을 절반가량 붓고 시루를 얹는다. 김이 새지 않도록 시루본으로 시루와 시루밑 솥 사이를 꼼꼼하게 붙인다.

4

솥을 중간 불에 올리고 김이 올라오면 시루에 실리콘시트를 깐 후 통팥고물의 1/3 분량을 평평하게 안친다.
* 떡을 잘 익히기 위해 불 위에서 김을 올리면서 한 층씩 안친다.

5

①의 절반 분량을 안치고 쌀가루 위로 김이 올라오면 남은 통팥고물의 1/2 분량, 남은 쌀가루 순으로 안친다.

6

쌀가루 중앙에 작은 원형 그릇을 엎어놓고 그 주위로 남은 통팥고물을 고르게 얹는다. 젖은 면포를 덮은 후 센 불에서 15분간 익힌다.

7

엎어뒀던 그릇을 빼고 그릇이 있던 자리 중앙에는 밤 1개를, 그 주위에는 대추를 방사형으로 놓는다.

8

다시 젖은 면포를 덮고 센 불에서 10분간 더 찐 후 불을 끄고 5분간 뜸 들인다.

9

한 김 식힌 후 칼을 사용해 시루본을 떼어낸다.

10

시루밑 솥에서 내린다.

팥시루떡 먹는 방법

팥시루떡은 시루에 담긴 채로 내놓으며, 가운데 고명을 얹은 부분을 주걱으로 크게 떠 사위에게 먼저 주고, 나머지는 가족들이 주걱으로 떠서 나눠 먹는 것이 전통입니다.

지름 25cm, 높이 6cm 원형 찜기 1개 분량 | 40분 | 실온 1일 | 냉동 3개월

상추시루떡

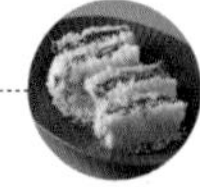

- 습식 멥쌀가루 7컵
- 물 5~7큰술
- 설탕 7큰술
- 꽃상추 400g
- 거피팥고물 6컵(만들기 22쪽)

도구 준비하기

볼

중간체

찜기

솥

실리콘시트 스크레이퍼

재료 준비하기

꽃상추는 씻은 후 키친타월로 물기를 완전히 제거한다.

1

멥쌀가루에 물을 주고(45쪽) 중간체에 내린 후 설탕을 넣고 가볍게 섞는다.

2

꽃상추를 손으로 큼직하게 뜯는다.

3

①의 떡가루 3컵을 덜어 ②에 넣고 섞는다.

4

찜기에 실리콘시트를 깔고
거피팥고물 1/2 분량을 고르게 편다.

5

①의 떡가루 2컵을 넣고
고르게 편다.

6

③을 전부 안치고 ①의 떡가루 2컵으로
덮는다.

7

남은 거피팥고물로
윗면을 완전히 덮는다.

8

물이 끓는 솥에 찜기를 올려 가루 위로
김이 고루 오르면 뚜껑을 덮는다.
센 불로 약 20분간 찐 후 불을 끄고 5분간
뜸 들인다. 한 김 식혀 접시를 이용해
뒤집어 담고(49쪽) 원하는 크기로 썬다.

무시루떡

무시루떡은 예로부터 추수가 끝난 후 겨울 김장철에 주로 먹었던 것으로,
무가 탄수화물의 소화를 도와 영양적으로 떡과 궁합이 좋습니다.

㊌ **지름 25cm, 높이 6cm 원형 찜기 1개 분량** ⌚ **50분** ☼ **실온 1일** ❄ **냉동 3개월**

- 습식 멥쌀가루 10컵
- 무 500g
- 설탕 3큰술 + 10큰술
- 물 10~12큰술
- 소금 1큰술
- 통팥고물 4컵(만들기 20쪽)

도구 준비하기

볼

중간체

찜기

솥

실리콘시트

1

무는 껍질을 벗겨
4cm 길이로 굵게 채 썬다.

2

볼에 ①, 설탕(3큰술), 소금을
넣고 버무려 15~20분간
두었다가 물기를 꽉 짠다.

3

멥쌀가루에 물을 주고(45쪽)
중간체에 내린 후
②의 무, 설탕(10큰술)을
넣고 가볍게 섞는다.

4

찜기에 실리콘시트를 깔고
통팥고물 1/2 분량, ③,
남은 통팥고물 순으로 안친다.
물이 끓는 솥에 찜기를 올려
가루 위로 김이 고루 오르면 뚜껑을
덮는다. 센 불로 약 25분 찐 후
불을 끄고 5분간 뜸 들인다.
한 김 식힌 후 접시를 이용해
뒤집어 담는다(49쪽).

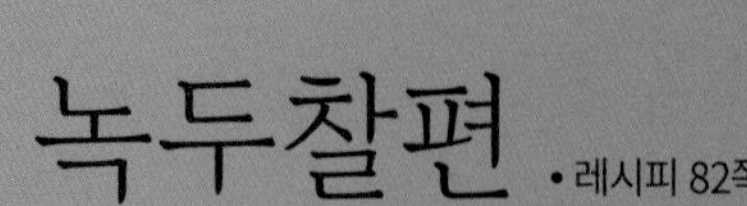

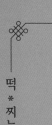

녹두찰편

• 레시피 82쪽

녹두찰편은 궁중의궤의 기록에 여러 차례 나오는 떡이며
조선 말 한글 조리서인 《시의전서》 등 옛 음식책에도
만드는 방법이 나와 있는 유래 깊은 떡입니다.

 지름 25cm, 높이 6cm 원형 찜기 1개 분량 ⓛ 50분 실온 1일 냉동 3개월

녹두찰편

- 습식 찹쌀가루 7컵
- 습식 멥쌀가루 1/2컵
- 물 5~7큰술
- 꿀 3큰술
- 설탕 4큰술
- 밤 10개
- 대추 16개
- 잣가루 3큰술(만들기 30쪽)
- 녹두고물 3컵(만들기 23쪽)

도구 준비하기

볼

중간체

찜기

솥

실리콘시트

스크레이퍼

재료 준비하기

1 밤은 속껍질까지 벗긴다(26쪽).

2 대추는 돌려 깎아 씨를 제거한다(28쪽).

1

밤 절반 분량은 굵게 다지고, 나머지는 0.3cm 두께로 편 썰어 장식용으로 둔다.

2

대추 절반 분량은 0.3cm 크기로 다진다.

3

나머지 대추는 반으로 잘라 장식용으로 둔다.

4

찹쌀가루, 멥쌀가루를 한 볼에 담고 물, 꿀을 넣어 잘 비벼 섞어 수분을 준 후(45쪽) 체에 내린다.

5

①의 다진 밤, ②, 잣가루, 설탕을 넣고 가볍게 섞는다.

6

찜기에 실리콘시트를 깔고 녹두고물 1/2 분량을 넣은 후 스크레이퍼로 고르게 편다.

7

⑤의 1/2 분량을 찜기에 안친 후 ①의 편 썬 밤, ③을 찜기 벽면에 번갈아가며 세워 꽂는다. * 밤은 자른 단면이, 대추는 껍질이 찜기 벽면에 닿도록 놓는다.

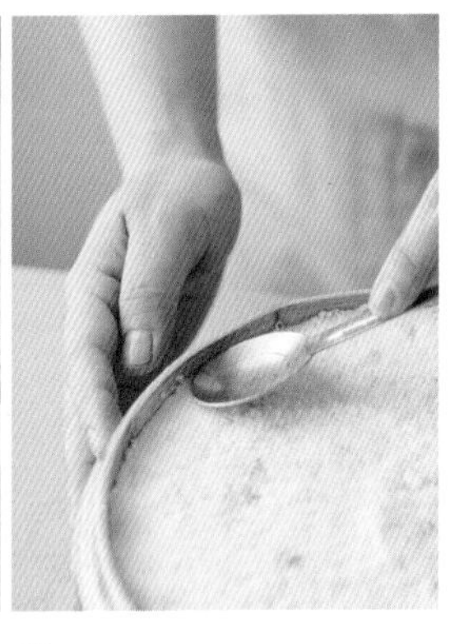

8

⑤의 나머지를 찜기에 채운 후 스크레이퍼로 고르게 펴고, 숟가락으로 가장자리를 정리하듯 툭툭 누른다.
* 가장자리를 누르면 완성 후 옆면의 장식이 찜기 벽면에서 쉽게 떨어져 떡에 온전히 붙어 나온다.

9

남은 녹두고물로 덮어 스크레이퍼로 정리한다. 물이 끓는 솥에 찜기를 올려 가루 위로 김이 고루 오르면 뚜껑을 덮는다. 센 불로 약 25분간 찐 후 불을 끄고 5분간 뜸 들인다.

10

한 김 식힌 후 접시를 이용해 뒤집어 담는다(49쪽).

찰편에 멥쌀을 섞는 이유

찹쌀가루로 만드는 켜떡인 찰편은 찹쌀가루만 사용할 경우, 가운데가 충분히 익지 않거나 납작하게 퍼질 수 있다. 이는 익으면 형태를 유지하지 못하고 엉겨붙는 찹쌀의 특성 때문인데, 이를 보완하기 위해 찰편에는 적절한 양의 멥쌀가루를 함께 섞는다.

호박고지 찰시루떡

고소한 통팥고물을 가득 올린 찰시루떡에
늙은 호박을 길게 잘라 말린 호박고지를 넣어 단맛과 감칠맛을 살렸습니다.

지름 25cm, 높이 6cm 원형 찜기 1개 분량 · 50분 · 실온 1일 · 냉동 3개월

- 습식 찹쌀가루 7컵
- 습식 멥쌀가루 1/2컵
- 통팥고물 3컵(만들기 20쪽)
- 호박고지 150g
- 물 1컵 + 8~10큰술
- 설탕 3큰술 + 7큰술

도구 준비하기

볼

중간체

찜기

솥

실리콘시트

스크레이퍼

냄비

호박고지를 직접 만들려면?

껍질 벗긴 늙은 호박을 0.3cm 두께로 얇게 썬 후 건조한 곳에서 일주일간 말리거나 70°C로 맞춘 건조기에서 8~10시간 말린다.

1

호박고지는 5cm 길이로 자른 후 냄비에 물(1컵), 설탕(3큰술)과 함께 넣고 중간 불에서 조린다. 수분이 거의 졸아들면 불을 끄고 식힌다.

2

찹쌀가루, 멥쌀가루를 한 볼에 담아 물(8~10큰술)을 주고(45쪽) 체에 내린 후 ①의 호박고지, 설탕(7큰술)을 넣고 가볍게 섞는다.

3

찜기에 실리콘시트를 깔고 통팥고물 1/2 분량, ②, 나머지 통팥고물을 평평하게 안친다.

4

물이 끓는 솥에 찜기를 올려 위로 김이 고루 오르면 뚜껑을 덮는다. 센 불로 약 30분간 찐 후 불을 끄고 5분간 뜸 들인다. 한 김 식힌 후 접시를 이용해서 뒤집어 담는다(49쪽).

팥구름떡

팥구름떡 / 흑임자구름떡

• 레시피 88쪽

찹쌀가루로 찐 떡을 뚝뚝 떼어 고물을 묻혀 틀에 쌓은 후 모양을 잡아 만드는 떡입니다.
썰어낸 단면이 마치 구름 같다고 해서 구름떡이라는 이름이 붙었습니다.

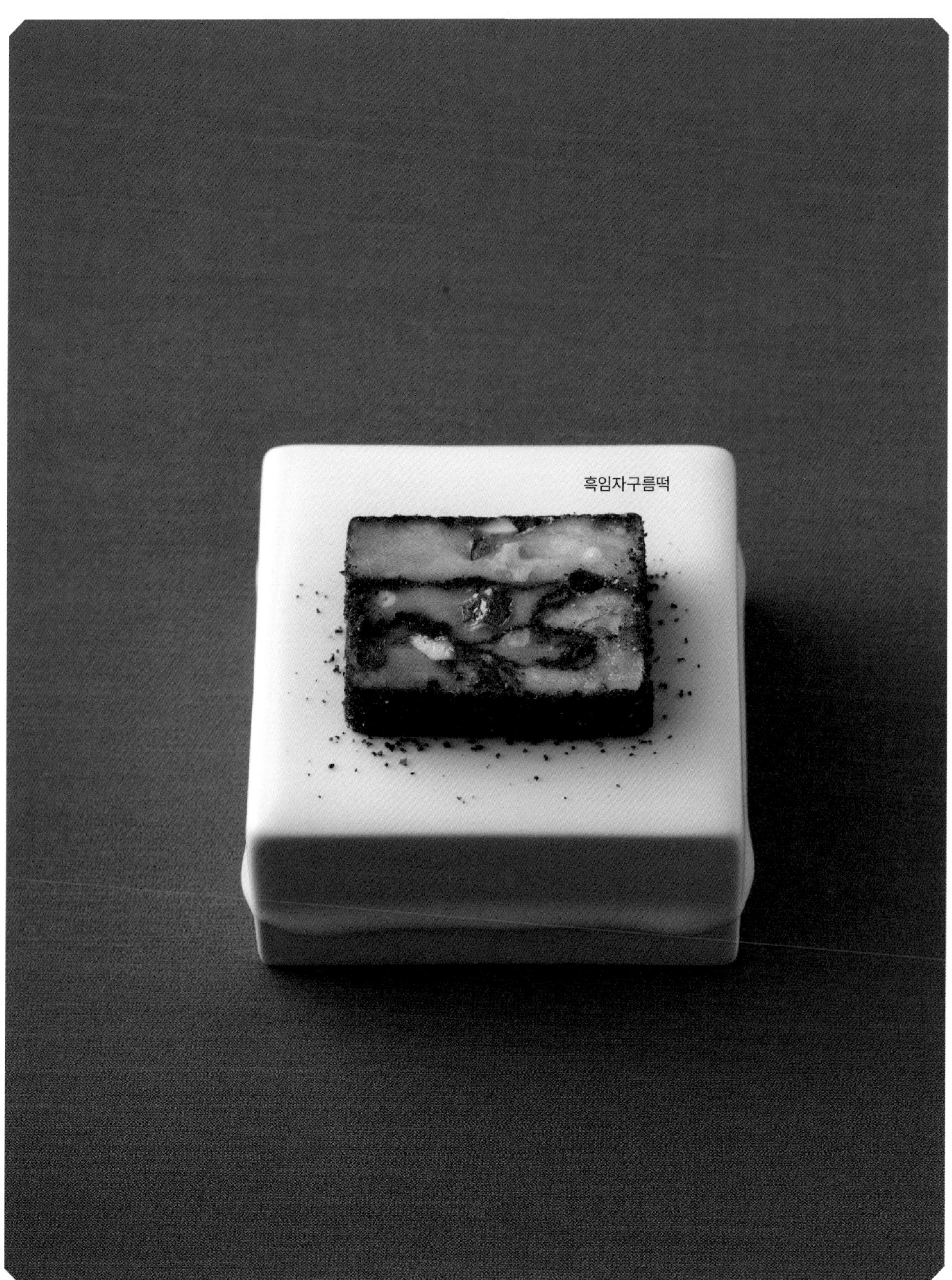
흑임자구름떡

30×7cm, 높이 5cm 직사각형 구름떡틀 2개 분량 | 50분(+ 굳히기 6시간 이상) | 실온 1일 | 냉동 3개월

팥구름떡

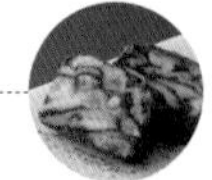

- 습식 찹쌀가루 10컵
- 팥앙금가루 3컵(만들기 21쪽)
- 밤 8개
- 대추 15개
- 잣 2큰술
- 호두 8개
- 물 10~12큰술
- 설탕 10큰술 + 약간

흑임자구름떡

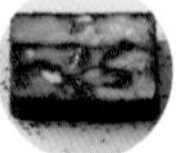

- 습식 찹쌀가루 10컵
- 단호박가루 3큰술
- 검은깨고물 3컵(만들기 24쪽)
- 밤 8개
- 대추 15개
- 잣 2큰술
- 호두 8개
- 물 10~12큰술
- 설탕 10큰술 + 약간

도구 준비하기

볼

중간체

찜기

솥

면포

구름떡틀

떡비닐

재료 준비하기

1 밤은 속껍질까지 벗긴다(26쪽).
2 대추는 돌려 깎아 씨를 제거한다(28쪽).
3 호두는 한 번 데친 후 질긴 껍질을 벗겨낸다(31쪽).
4 잣은 고깔을 뗀다(30쪽).

1

밤, 대추, 호두는 사방 1~1.5cm 크기로 썬다.

2– 팥구름떡

찹쌀가루에 물을 주고(45쪽) 중간체에 내린다.

2– 흑임자구름떡

찹쌀가루에 단호박가루를 섞고 물을 준 후(45쪽) 중간체에 내린다.

3

②의 가루에 ①, 잣, 설탕(10큰술)을 넣고 가볍게 섞는다.

4

찜기에 젖은 면포를 깔고 설탕(약간)을 뿌린 후 ③을 주먹 쥐어 안친다.

5

물이 끓는 솥에 찜기를 올려 위로 김이 고루 오르면 뚜껑을 덮는다. 센 불에서 20분간 찐 후 불을 끄고 5분간 뜸 들인다.

6

구름떡틀에 비닐을 깔고 틀 바닥에 팥앙금가루(또는 검은깨고물)를 얇게 뿌린다. ⑤를 조금씩 떼어 겉면에 고물을 묻힌 후 빈틈없이 눌러 담는다. ⋆ 물(1컵)과 꿀(2큰술)을 섞어 떡 사이사이에 조금씩 바르면 더 잘 붙는다. 대추를 손질한 후 남은 자투리와 씨를 넣고 삶은 물을 사용해도 좋다.

7

구름떡틀에 떡을 전부 채운 뒤 남은 고물을 윗면에 얹어 손으로 꾹꾹 누른다.

8

구름떡틀 주위로 남은 비닐을 떡 위에 덮어 감싸고 냉동실에 뒤집어 넣은 후 하루 동안 냉동하여 굳힌다.

9

떡을 비닐째로 틀에서 꺼낸 뒤 비닐을 벗겨내고 원하는 두께로 썬다.

구름떡, 다른 색으로 만들려면?

떡가루에 색내기 재료를 더해 새롭게 만들 수 있다. 팥구름떡에는 쑥가루를, 흑임자구름떡에는 자색고구마가루를 더하면 잘 어울린다. 색을 낸 떡가루는 특성상 찌고나면 원래의 색보다 색이 더 진해진다는 점을 기억하고 취향에 맞게 적당한 양의 색내기 가루를 더한다. 만드는 과정은 흑임자구름떡의 호박가루 섞는 과정을 참고한다.

콩찰편

달콤하게 조린 서리태를 얹어 찐 떡으로
찹쌀가루에 황설탕, 흑설탕을 섞어 달콤함과 풍미를 더했습니다.
콩의 고소함과 풍미를 진하게 느껴보세요.

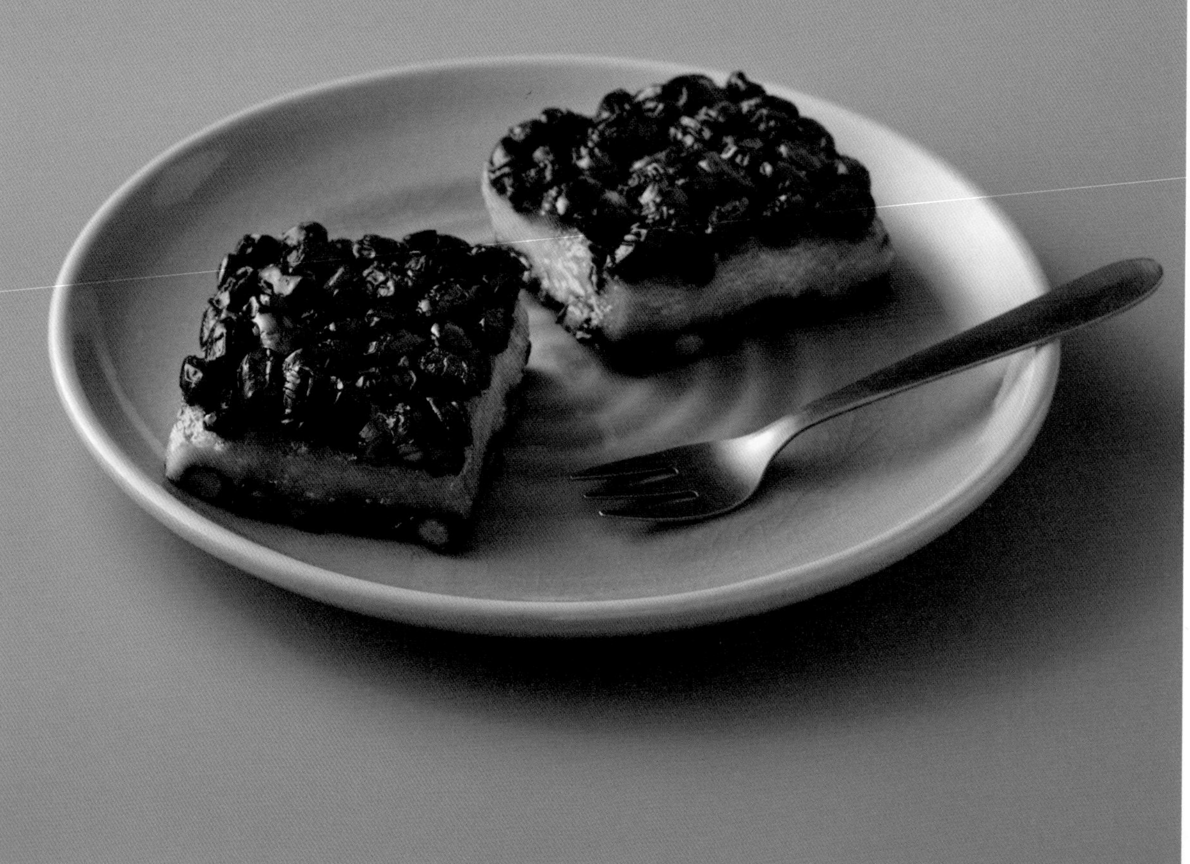

지름 25cm, 높이 6cm 원형 찜기 1개 분량　1시간 20분(+ 콩 불리기 8시간)　실온 1일　냉동 3개월

- 습식 찹쌀가루 6컵
- 습식 멥쌀가루 1컵
- 검은콩 250g
- 물 7~9큰술
- 황설탕 3큰술 + 3큰술
- 흑설탕 3큰술 + 2큰술
- 소금 1작은술
- 조청 약간

도구 준비하기

볼

중간체

찜기

솥

실리콘시트

스크레이퍼

웍

재료 준비하기

검은콩을 물에 담가 8시간 이상 불린다.

1

웍에 검은콩, 황설탕(3큰술), 흑설탕(3큰술), 소금을 넣고 약한 불로 약 40분간 조린다.

2

찹쌀가루, 멥쌀가루를 한 볼에 담아 물을 주고(45쪽) 중간체에 내린 후 황설탕(3큰술), 흑설탕(2큰술)을 넣어 골고루 섞는다.

3

찜기에 실리콘시트를 깔고 ①의 1/2 분량, ②의 떡가루, 남은 ① 순으로 안친다. 물이 끓는 솥에 찜기를 올려 위로 김이 고루 오르면 뚜껑을 덮는다. 센 불로 30분간 찐 후 불을 끄고 5분간 뜸 들인다.

4

한 김 식힌 후 접시를 이용해 뒤집어 담고(49쪽) 윗면에 조청을 바른다.

깨찰편

곱게 간 깨를 고물로 써서 고소한 맛이 진한 떡입니다.
볶은 깨는 잘 상하지 않아 주로 여름철에 즐겨 먹습니다.

지름 25cm, 높이 6cm 원형 찜기 1개 분량 | 40분 | 실온 1일 | 냉동 3개월

- 습식 찹쌀가루 7컵
- 습식 멥쌀가루 1컵
- 물 8~10큰술
- 설탕 8큰술
- 실깨고물 2컵(만들기 25쪽)
- 검은깨고물 5큰술(만들기 24쪽)

도구 준비하기

볼

중간체

찜기

솥

실리콘시트 스크레이퍼

1

찹쌀가루, 멥쌀가루를 한 볼에 담아 물을 주고(45쪽) 중간체에 내린 후 설탕을 넣고 가볍게 섞는다.

2

찜기에 실리콘시트를 깔고 실깨고물 1/2분량을 넣어 스크레이퍼로 얇게 펼친다. 떡가루 1/2분량을 안치고 스크레이퍼로 펼친 후 검은깨고물을 중간체로 쳐서 윗면이 덮이도록 골고루 뿌린다.

3

나머지 떡가루를 넣고 평평하게 안친 후 실깨고물을 넣고 스크레이퍼로 펼친다. 물이 끓는 솥에 찜기를 올려 위로 김이 고루 오르면 뚜껑을 덮는다. 센 불에서 20분간 찐 후 불을 끄고 5분간 뜸 들인다.

4

한 김 식힌 후 접시를 이용해 뒤집어 담고(49쪽) 적당한 크기로 썬다.

팥앙금떡

• 레시피 96쪽

팥앙금가루를 찹쌀가루에 섞고, 고물로도 얹어 모양을 낸 떡으로
팥고물떡이라고도 부릅니다.

㊉ **지름 25cm, 높이 6cm 원형틀 1개 분량** ⏲ **50분(+ 굳히기 6시간 이상)** ☼ **실온 1일** ❄ **냉동 3개월**

팥앙금떡

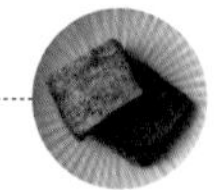

- 습식 찹쌀가루 10컵
- 팥앙금가루 1컵 + 1/2컵 + 1/2컵(만들기 21쪽)
- 물 10~12큰술
- 설탕 10큰술 + 약간
- 잣 4큰술
- 호박씨 약간 + 4큰술
- 식용유 약간

도구 준비하기

볼

중간체

찜기

솥

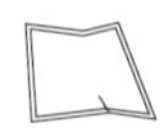
면포

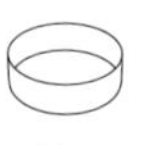
원형틀

떡비닐

재료 준비하기

1 잣은 고깔을 뗀다(30쪽).

2 호박씨(약간)는 얇게 반 가른다(31쪽).

1

찹쌀가루에 팥앙금가루(1컵)를 넣고 섞는다.

2

①에 물을 주고(45쪽) 중간체에 내린다.

3

잣, 호박씨(4큰술)를 굵게 다진다.

4

②의 떡가루에 다진 잣, 호박씨, 설탕(10큰술)을 넣고 섞는다. 찜기에 젖은 면포를 깔고 설탕(약간)을 뿌린다. 쌀가루를 주먹 쥐어 안친다.

5

물이 끓는 솥에 찜기를 올려 위로 김이 고루 오르면 뚜껑을 덮는다. 중간 불에서 20분간 찐 후 불을 끄고 5분간 뜸 들인다.

6

떡비닐에 식용유를 펴 바른 후, 원형틀 위로 덮는다.

7

틀 안에 떡을 쏟은 후 손으로 꾹꾹 눌러가며 모양을 잡는다.

8

떡 윗면에 팥앙금가루(1/2컵)를 고르게 뿌린다.
* 팥앙금가루 1/2컵은 과정 ⑪을 위해 남겨둔다.

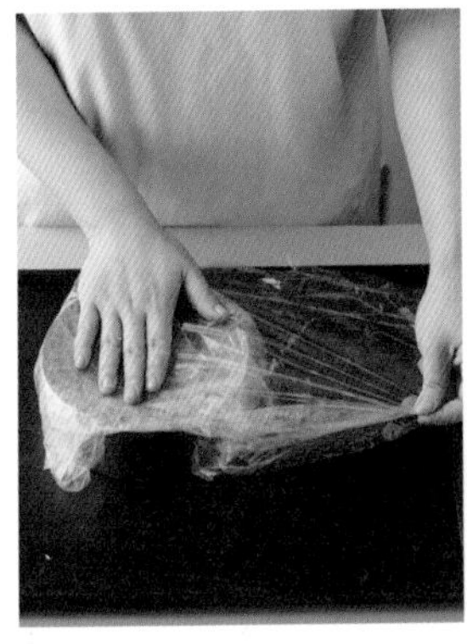
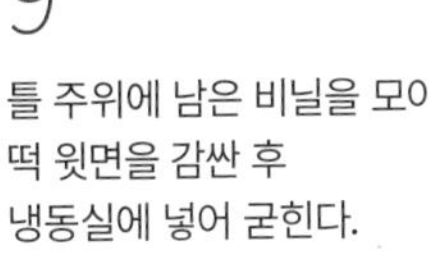

9

틀 주위에 남은 비닐을 모아 떡 윗면을 감싼 후 냉동실에 넣어 굳힌다.

10

떡이 굳어 모양이 잡히면 접시 위에 떡을 뒤집어 얹은 후 틀과 비닐을 벗겨낸다.

11

떡 윗면에 팥앙금가루(1/2컵)를 고르게 뿌리고 호박씨(약간)로 장식한다.

두텁떡

• 레시피 100쪽

두텁떡은 쌀가루를 간장으로 간을 한
궁중의 대표적인 떡으로
봉긋하게 쌀가루를 쌓아서 만들어
봉우리떡, 합병(盒餠), 후병(厚餠)이라고도 합니다.
궁중 잔치기록에도 여러 번 언급되었으며
고서에 의하면 양반가 여인들의 혼례 큰상,
혜경궁 홍씨의 생신상 등에 등장한
매우 고급스러운 떡입니다.

두텁편

• 레시피 102쪽

두텁편은 두텁떡과 같은 재료를 이용하여 떡케이크 형태로 만든 떡입니다.
두텁떡을 만들고 남은 고물과 소를 이용할 수 있습니다.

지름 4cm 원형 두텁떡 12~15개 분량 · 1시간 · 실온 1일 · 냉동 3개월

두텁떡

- 습식 찹쌀가루 3컵
- 진간장 1큰술
- 물 2~3큰술
- 설탕 3큰술

고물

- 거피팥고물 11컵(만들기 22쪽)
- 진간장 1과 1/2큰술
- 계핏가루 1/2작은술
- 후춧가루 약간
- 설탕 1/2컵

소

- 고물 1컵
- 밤 2개
- 대추 3개
- 유자청 건더기 2/3큰술
- 꿀 1/2큰술
- 계핏가루 1/8작은술
- 잣가루 2큰술(만들기 30쪽)
- 잣 1/2큰술

도구 준비하기

볼

중간체

찜기

솥

면포 팬 나무주걱

재료 준비하기

1 밤은 속껍질까지 벗긴다(26쪽).

2 대추는 돌려 깎아 씨를 제거한다(28쪽).

3 잣은 고깔을 뗀다(30쪽).

1

볼에 고물 재료의 거피팥고물, 진간장(1과 1/2큰술), 계핏가루(1/2작은술), 후춧가루를 넣고 섞은 후 중간 불로 달군 팬으로 옮겨 수분을 날리며 볶는다. 전체적으로 보슬보슬해지면 설탕(1/2컵)을 섞어 약 1분 더 볶다가 불을 끄고 식힌다.

* 나무주걱으로 누르고 뒤집어가며 볶는다. 고물이 마르면 떡이 잘 익지 않으니 적당히 촉촉하게 만든다.

2

밤, 대추는 사방 0.5cm 크기로 썬다. 유자청 건더기는 곱게 다진다.

3

찹쌀가루에 진간장(1큰술)을 넣고 골고루 비빈다. 부족한 수분은 물로 더해(45쪽) 중간체에 내린 후 설탕(3큰술)을 넣어 섞는다.

* 두텁떡용 쌀가루는 물을 줄 때 간장을 사용하기 때문에 가루를 빻을 때 소금을 넣지 않는다.

4

볼에 ①을 1컵 덜어 넣고 ②, 꿀, 계핏가루(1/8작은술), 잣가루와 함께 섞어 반죽한다.

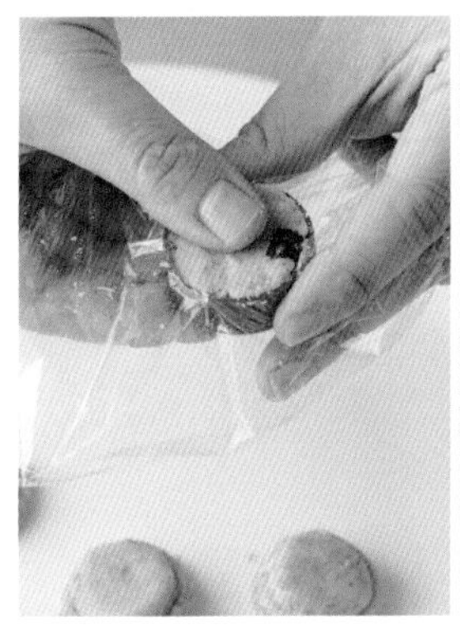

5

④를 조금씩 떼어 잣을 한 알씩 넣고 지름 2cm 크기로 동글납작하게 빚어 소를 만든다.
* 페트병 뚜껑에 랩을 깔아 사용하면 모양 잡기가 수월하다.

6

찜기에 젖은 면포를 깔고 ①의 고물 1/3 분량을 펼친다.

7

③의 떡가루를 1큰술 떠 고물 위에 둥글게 얹고 ⑤의 빚은 소를 중앙에 놓는다. 다시 ③을 1큰술 떠 소를 덮는다.
* 종이컵 하단을 잘라 고물 위에 세우고 그 안에 떡가루를 채우면 편리하다.

8

떡가루끼리 겹치지 않도록 ⑦의 과정을 반복해 한 층을 완성한다.

9

떡가루가 보이지 않게 남은 고물의 1/2 분량으로 도톰하게 덮은 후 오목하게 들어간 사이사이를 숟가락 뒷면으로 살짝 눌러 공간을 만든다.

10

만든 공간에 다시 ⑦을 반복한다.

11

남은 고물로 덮은 후 물이 끓는 솥에 올리고 위로 김이 고루 오르면 뚜껑을 덮는다. 중간 불에서 20분간 찐다.

12

한 김 식힌 후 고물을 털어가며 숟가락으로 떡을 하나씩 떠서 접시에 담는다.
* 남은 고물은 모아서 두텁편(102쪽)을 만들 때 사용해도 좋다.

지름 25cm, 높이 6cm 원형 찜기 1개 분량 · 1시간 · 실온 1일 · 냉동 3개월

두텁편

- 습식 찹쌀가루 7컵
- 습식 멥쌀가루 1컵
- 진간장 2큰술
- 대추고 2큰술
  (만들기 29쪽)
- 물 4~6큰술
- 설탕 6큰술
- 대추말이꽃 약간
  (만들기 28쪽)

고물

- 거피팥고물 3컵
  (만들기 22쪽)
- 진간장 1/2큰술
- 계핏가루 약간
- 후춧가루 약간
- 설탕 5큰술

부재료

- 밤 5개
- 대추 10개
- 호두 3개
- 잣 2큰술
- 유자청 건더기 2큰술

도구 준비하기

볼

중간체

찜기

솥

면포 · 스크레이퍼 · 팬 · 나무주걱

재료 준비하기

1 밤은 속껍질까지 벗긴다(26쪽).
2 대추는 돌려 깎아 씨를 제거한다(28쪽).
3 잣은 고깔을 뗀다(30쪽).
4 호두는 한 번 데친 후 질긴 껍질을 벗겨낸다(31쪽).

1

볼에 고물 재료의 거피팥고물, 진간장(1/2큰술), 계핏가루, 후춧가루를 넣고 섞은 후 중간 불로 달군 팬으로 옮겨 수분을 날리며 볶는다. 전체적으로 보슬보슬해지면 설탕(5큰술)을 섞은 후 약 1분 더 볶다가 불을 끄고 식힌다.

* 나무주걱으로 누르고 뒤집어가며 볶는다. 고물이 마르면 떡이 잘 익지 않으니 적당히 촉촉하게 만든다.

2

밤, 대추, 호두는 사방 0.5cm 크기로 썬다. 유자청 건더기는 곱게 다진다.

3

찹쌀가루, 멥쌀가루를 한 볼에 담아 진간장(2큰술), 대추고를 넣고 골고루 비빈다. 부족한 수분은 물로 더해(45쪽) 중간체에 내린다.

* 두텁편용 쌀가루는 물을 줄 때 간장을 사용하기 때문에 가루를 빻을 때 소금을 넣지 않는다.

4

③의 가루에 ②, 잣,
설탕(6큰술)을 넣고 골고루
섞는다.

5

찜기에 실리콘시트를 깔고
①의 1/2 분량을 넣어
스크레이퍼로 평평하게 펼친다.

6

④의 떡가루를 평평하게
안친다.
* 두텁떡을 만들고 남은 소가
있으면 떡가루 속에 함께
넣어도 좋다.

7

마지막으로 ①의 남은 분량을 얹어
스크레이퍼로 펼친다. 물이 끓는 솥에
찜기를 올리고 위로 김이 고루 오르면
뚜껑을 덮는다. 중간 불에서 25~30분간
찐 후 불을 끄고 5분간 뜸 들인다.

8

한 김 식힌 후 접시를 이용해
뒤집어 담고(49쪽) 대추말이꽃을
올려 장식한다.

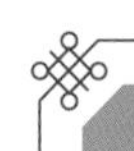

오색송편 / 꽃송편

• 레시피 106쪽

오색으로 물들인 쌀가루를 익반죽해 모양을 내어 빚은 떡입니다.
사방의 화를 막고 온 세상에 뜻을 펼치라는 뜻도 가지고 있어
아이의 돌이나 생일잔치에 주로 먹었던 떡입니다.

오색송편

꽃송편

약 40개 분량 1시간 실온 1일 냉동 6개월

오색송편 / 꽃송편

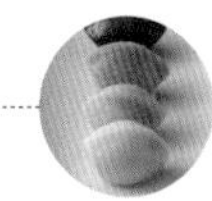

- 습식 멥쌀가루 10컵
- 쑥가루 1~2작은술
- 호박가루 1~2작은술
- 체리에이드물 1큰술(만들기 34쪽)
- 검은깨고물 1~2작은술(만들기 24쪽)
- 물 15~20큰술(익반죽용)

소(거피팥소, 밤소, 깨소)
- 거피팥고물 1/2컵(만들기 22쪽)
- 밤 5개
- 곱게 빻은 참깨 1/2컵
- 계핏가루 약간
- 꿀 약간
- 설탕 1큰술
- 소금 약간

부재료
- 솔잎 100g(생략 가능)
- 참기름 2큰술

도구 준비하기

볼

중간체

찜기

솥

냄비

재료 준비하기

1 밤은 속껍질까지 벗겨서(26쪽) 물과 함께 냄비에 넣고 중간 불에 올려 부드럽게 익을 때까지 푹 삶는다.

2 익반죽용 물을 끓인다.

1

멥쌀가루를 2컵씩 다섯으로 나눠 볼에 담는다. 1개는 그대로 두고 나머지 4개는 각각 쑥가루, 호박가루, 체리에이드물, 검은깨고물을 넣고 섞은 후 중간체에 내린다.

2

거피팥고물에 계핏가루, 꿀, 소금을 약간씩 넣고 섞어 거피팥소를 만든다.

3

삶은 밤은 곱게 으깬 후 계핏가루, 꿀, 소금을 약간씩 넣고 섞어 밤소를 만든다.

4

곱게 빻은 참깨는 설탕(1큰술), 꿀(약간), 소금(약간)을 넣고 섞어 깨소를 만든다.

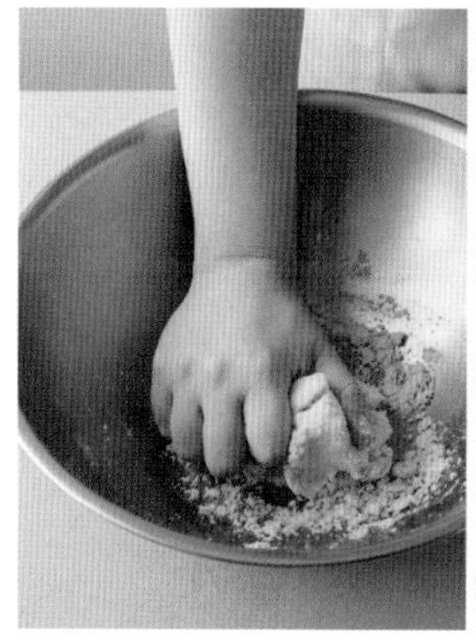

5

①의 색색의 쌀가루마다
끓는 물 3~4큰술을 조금씩
넣어가며 익반죽한다.
말랑하게 되도록 오래 치댄다.

6

같은 방법으로 다섯 가지
색의 반죽을 만든다.
* 꽃송편을 만들고자 한다면
장식용 반죽을 남겨놓고,
과정 ⑪을 참고해 만든다.

7

반죽을 밤알 크기만큼 떼어
둥글게 빚는다.

8

가운데를 양손 엄지손가락으로
눌러 소를 넣을 홈을 만든다.

9

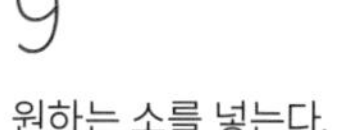

원하는 소를 넣는다.

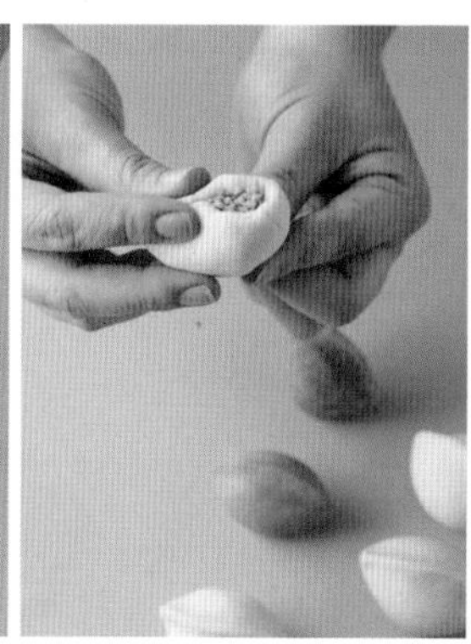

10— **오색송편**

끝부분을 엄지와 검지로 눌러 붙여
모양을 낸다.

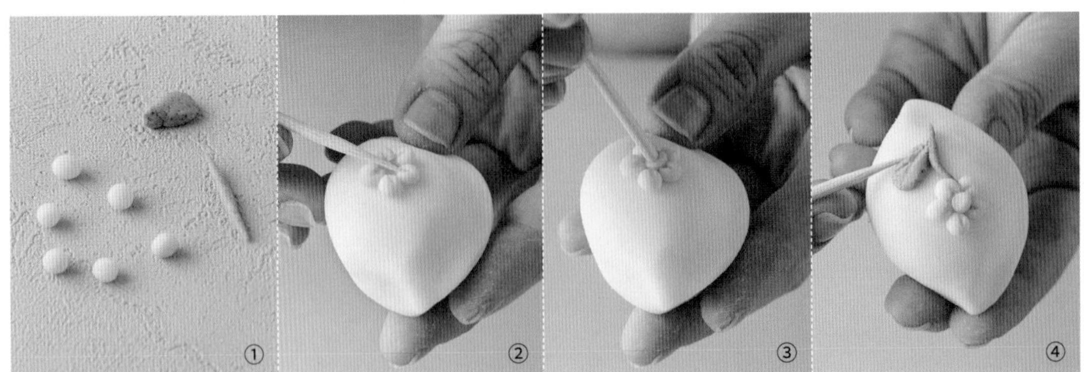

11— 꽃송편 장식하기

❶ 원하는 색으로 반죽을 떼어내 사진과 같이 작은 꽃잎 5개, 꽃술 1개, 줄기 1개, 잎 1개를 만든다.

❷ ⑩에서 완성된 송편에 꽃잎 5개를 붙인 후 나무꼬치 끝으로 살짝 눌러 꽃잎 모양을 낸다.

❸ 꽃잎 가운데 동그란 꽃술을 붙인 후 나무꼬치로 살짝 눌러 고정시킨다.

❹ 줄기와 잎을 붙이고 나무꼬치 끝으로 살짝 눌러 잎 모양을 낸다.

12

찜기에 솔잎을 깔고 송편이 서로 닿지 않게 놓는다. 물이 끓는 솥에 찜기를 올려 송편 위로 골고루 김이 오르면 뚜껑을 덮고 센 불에서 20분간 찐다. * 솔잎이 없으면 실리콘시트를 깔고 찐다.

13

뜨거운 송편을 참기름을 섞은 찬물에 담근 후 건져 그릇에 담는다.

송편을 찔 때 솔잎을 까는 이유

솔잎은 떡에 좋은 향을 더해주고,
향균, 항노화 작용을 해
떡이 쉽게 상하거나 굳지 않도록 한다.

밤송편

• 레시피 112쪽

떡 안에 알밤을 통째로 넣어 만든 송편으로
한입에 쏙 들어가는 크기에 모양도 알밤처럼 귀여운 떡입니다.

삭힌 감자전분으로 만든 감자송편가루를 익반죽하고 소를 채워
일반 쌀가루로 만든 떡과는 또 다른 식감을 즐길 수 있는 송편입니다.

약 20개 분량 1시간 실온 1일 냉동 3개월

밤송편

- 습식 멥쌀가루 2컵
- 물 3~4큰술(익반죽용)
- 밤 20알

부재료

- 솔잎 100g(생략 가능)
- 참기름 2큰술

도구 준비하기

볼

중간체

찜기

솥

냄비

재료 준비하기

1 밤은 속껍질까지 벗긴다(26쪽).

2 익반죽용 물을 끓인다.

1

밤은 한 알을 그대로 사용하되, 너무 큰 것은 2등분한다.

2

멥쌀가루에 끓는 물을 조금씩 넣어가며 말랑하게 되도록 익반죽한다.

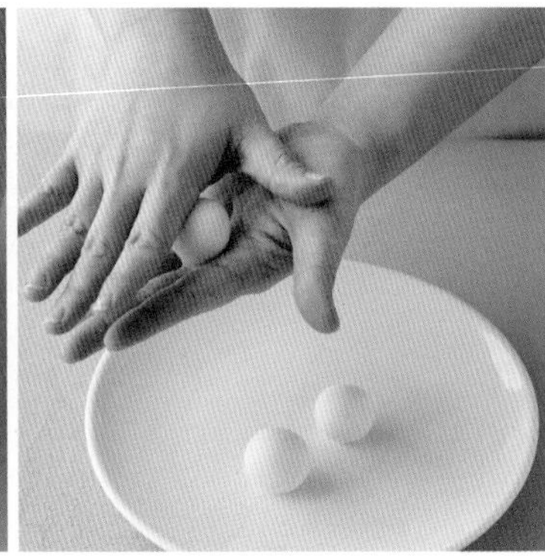

3

반죽을 밤알 크기로 떼어 둥글게 빚는다.

4

양쪽 엄지손가락으로 눌러
홈을 만든 후 통밤 한 알을 넣는다.

5

반죽이 밤 전체를 감싸도록 동그랗게
빚은 후 검지, 중지 두 손가락으로
공기가 들어가지 않도록 꼭 누른다.

6

찜기에 솔잎을 깔고 송편이 서로 닿지
않게 놓은 후 다시 솔잎으로 덮는다.
다시 송편을 얹고 찜기를 냄비에 올려
송편 위로 골고루 김이 오르면
센 불에서 20분간 찐다.
* 솔잎이 없으면 실리콘시트를 깔고 찐다.

7

뜨거운 송편을 참기름을 섞은
찬물에 담근 후 건져 그릇에 담는다.

약 25개 분량 · 1시간 · 실온 2일 · 냉동 3개월

감자송편

- 시판 감자송편가루 300g
- 설탕 1작은술
- 소금 1작은술
- 물 1/4~1/3컵(익반죽용)
- 참기름 약간

소

- 거피팥고물 2컵(만들기 22쪽)
- 꿀 1큰술
- 설탕 1큰술
- 소금 약간

도구 준비하기

볼

중간체

찜기

실리콘시트

솥

냄비

재료 준비하기

익반죽용 물을 끓인다.

1

감자송편가루에 설탕, 소금을 넣고 섞은 후 끓는 물을 조금씩 넣어가며 말랑하게 되도록 익반죽한다.

2

찜기에 실리콘시트를 깔고 반죽의 1/3 분량을 떼어 얹는다. 물이 끓는 솥에 찜기를 올리고 뚜껑을 덮어 중간 불에서 10분간 찐다.
* 남은 반죽은 마르지 않게 젖은 면포로 덮어둔다.

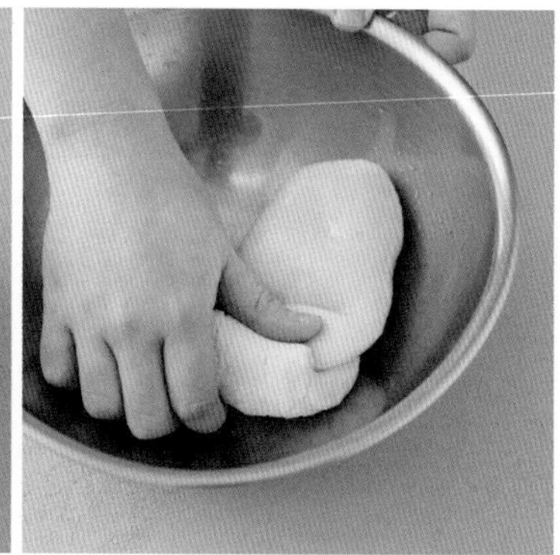

3

찐 반죽은 뜨거울 때 남은 반죽과 함께 섞어 반죽한다.
* 찐 반죽을 섞으면 전분이 부분적으로 익어 점성이 생기고, 반죽이 더욱 탄력 있게 완성된다.

4

거피팥고물에 꿀, 설탕, 소금을 넣고 섞어 소를 만든다.

5

③의 반죽을 밤알 크기로 떼어 둥글게 빚은 후 엄지손가락으로 홈을 만들어 ④의 소를 넣는다.

6

소가 감싸지도록 타원형으로 빚은 후 검지, 중지 두 손가락으로 꼭 눌러 모양을 낸다.

7

찜기에 실리콘시트를 깔고 빚은 송편을 얹는다. 물이 끓는 솥에 찜기를 올린 후 김이 오르면 뚜껑을 덮어 센 불에서 20분간 익힌다. 송편이 투명하게 익으면 장갑을 낀 손에 참기름을 묻혀 뜨거운 송편에 바른다.

감자송편은 솔잎 없이 찌는 이유

감자송편은 찌고 나면 표면이 찐득해져 솔잎이 잘 떨어지지 않기 때문에 솔잎을 깔고 찌지 않는다.

찹쌀떡

찹쌀떡 / 과일찹쌀떡

• 레시피 118쪽

찹쌀떡은 한국인이라면 누구나 좋아하는 특별한 간식이었습니다.
팥앙금에 다진 견과류를 섞거나 과일을 넣어 보다 맛있게 즐길 수 있습니다.

과일찹쌀떡

찹쌀떡 15개, 과일찹쌀떡 25개 분량 · 1시간 · 실온 1일 · 냉동 3개월

찹쌀떡

- 습식 찹쌀가루 7컵
- 설탕 3큰술
- 시럽 1/4~1/2컵
- 전분 약간

시럽(약 1컵 분량)

- 설탕 1/2컵
- 물엿 1컵
- 물 1/2컵
- 소금 1/4작은술

소

- 팥앙금 300g (만들기 21쪽)
- 호두 5알(반태 10쪽)
- 잣 2큰술

과일찹쌀떡

- 습식 찹쌀가루 7컵
- 설탕 3큰술
- 시럽 1/4~1/2컵
- 전분 약간

시럽(약 1컵 분량)

- 설탕 1/2컵
- 물엿 1컵
- 물 1/2컵
- 소금 1/4작은술

소

- 팥앙금 150g (만들기 21쪽)
- 호두 2알(반태 4쪽)
- 잣 1큰술
- 방울토마토 10개
- 키위 1개
- 귤 1개

도구 준비하기

볼

중간체

찜기

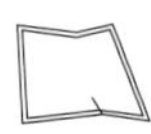
면포

절굿공이

재료 준비하기

1 호두는 한 번 데친 후 질긴 껍질을 벗겨내고(31쪽) 굵게 다진다.
2 잣은 고깔을 뗀다(30쪽).
3 시럽 재료를 냄비에 넣고 설탕이 녹을 때까지 끓인 후 식힌다.

1 – 과일찹쌀떡

과일은 한입 크기로 썬다.
* 방울토마토는 그대로 두고, 키위는 8등분, 귤은 2쪽을 반으로 잘라 사용한다.

2

찹쌀가루는 물을 주고(45쪽) 중간체에 내린다.

3

찜기에 젖은 면포를 깔고 설탕(3큰술)을 뿌린 후 ②를 주먹 쥐어 안친다. 물이 끓는 솥에 찜기를 올리고 위로 골고루 김이 오르면 뚜껑을 덮은 후 센 불에서 20분간 찐다.

4

팥앙금에 호두, 잣을 넣어 섞는다.

5

③의 찰떡은 뜨거울 때
볼로 옮긴 후
시럽을 조금씩 넣어가며
강한 찰기가 생길 때까지
절굿공이로 찧는다.

6

찧은 떡을 30g씩 떼어
손에 물을 묻혀가며
동그랗게 빚는다.

7 — 찹쌀떡

④를 20g씩 떼어 동그랗게
빚는다.
⑥을 납작하게 눌러
팥앙금을 넣은 후 오므려
둥글게 빚는다.

7 — 과일찹쌀떡

⑥을 납작하게 눌러
④를 10g씩 펴 넣고
원하는 과일을 넣고 오므려
둥글게 빚는다.

8

전분을 담은 그릇에 넣고 굴려
골고루 묻힌다.

시럽을 넣고 치는 이유

시럽을 넣어가며 찧는 것은 일본식 모찌에서 차용한 방식이다.
이런 방식은 떡을 더 달콤하고 쫄깃하게 만들며,
떡이 굳는 현상인 노화를 지연시키는 효과가 있다.

망개떡 만들기

쪄낸 찹쌀떡 반죽을 얇게 밀어 사각형으로 자른 후,
팥앙금을 넣고 네 귀퉁이를 안쪽으로 접어 망개잎으로 감싸면
경상남도 의령의 특산품 망개떡을 만들 수 있다.

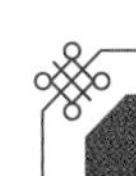

경단

• 레시피 122쪽

둥글게 빚어 삶은 떡에
깨, 팥, 콩 등 다양한 고물을 묻혀 만든 떡으로
풍요와 다복의 의미를 가지고 있어
잔치나 제사 음식으로 사용하기도 했습니다.

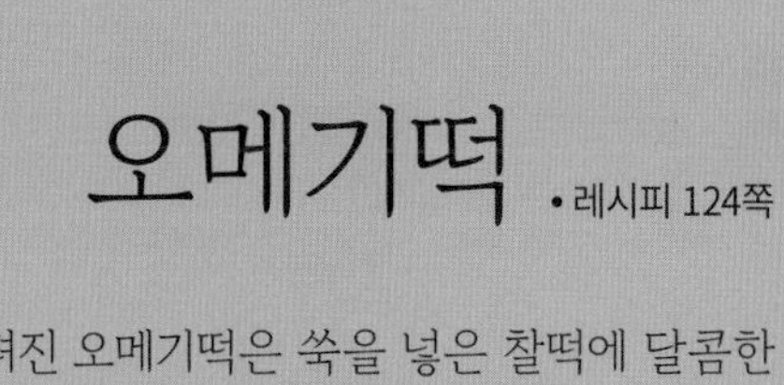

오메기떡

• 레시피 124쪽

요즘 널리 알려진 오메기떡은 쑥을 넣은 찰떡에 달콤한 팥앙금을 채우고,
통팥고물을 묻혀 만드는 것이 일반적입니다.
그러나 전통 오메기떡은 제주도의 특산품으로, 제주에서 생산되는 차조를 주재료로 사용합니다.
옛 방식 그대로 만들어 부드러운 식감과 구수한 향이 돋보이는 오메기떡을 소개합니다.

약 50개 분량 | 1시간 | 실온 1일 | 냉동 3개월

경단

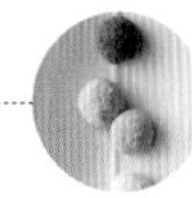

- 습식 찹쌀가루 3컵
- 물 3~5큰술(익반죽용)
- 전분 약간

소
- 대추 4개
- 유자청 건더기 1큰술
- 잣가루 1큰술(만들기 30쪽)
- 계핏가루 약간

고물
- 볶은 콩가루 2/3~1컵
- 검은깨고물 2/3~1컵(만들기 24쪽)
- 팥앙금가루 2/3~1컵(만들기 21쪽)
- 카스텔라고물 2/3~1컵(만들기 25쪽)
- 코코넛가루 2/3~1컵

도구 준비하기

볼

냄비

체

스크레이퍼

재료 준비하기

1 대추는 돌려 깎아 씨를 제거한다(28쪽).

2 익반죽용 물을 끓인다.

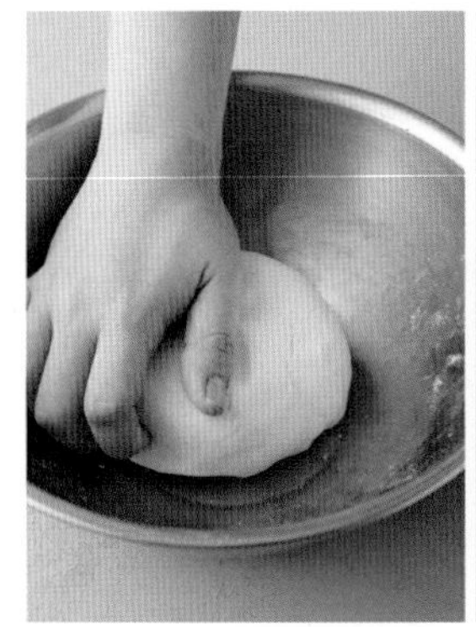

1

찹쌀가루에 끓는 물을 조금씩 넣어가며 말랑하게 되도록 익반죽한다.

2

완성된 반죽은 마르지 않게 비닐봉지에 넣어두거나 물기를 꽉 짠 면포를 덮어둔다.

3

대추, 유자청 건더기는 곱게 다진다.

4

볼에 ③, 잣가루, 계핏가루를 넣고 한 덩어리가 되도록 섞는다.

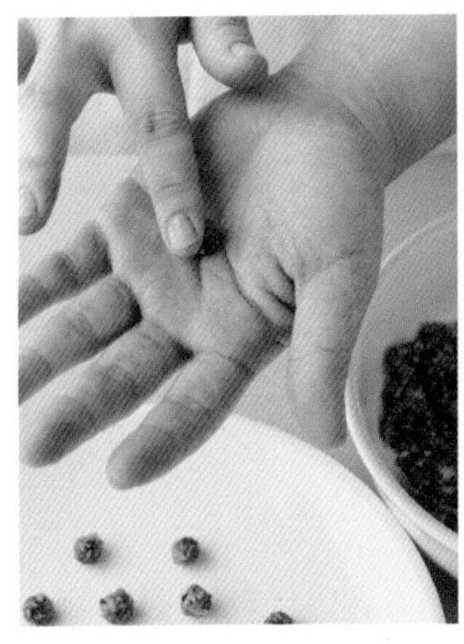
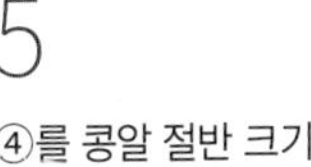

5

④를 콩알 절반 크기로 빚어 소를 만든다.

6

②의 찹쌀 반죽을 가래떡처럼 길게 늘인 후 스크레이퍼를 사용해 2cm 크기로 자른다.

7

둥글게 빚은 후 손가락으로 가운데를 눌러 오목하게 만들고 ⑤의 빚은 소를 넣어 다시 둥글게 빚는다.

8

⑦을 전분을 담은 접시에 놓고 굴려 서로 붙지 않게 한다.

9

체에 ⑧을 얹어 전분을 살짝 털어낸 후 끓는 물에 넣고 센 불에서 익힌다.

10

경단이 동동 떠오르면 중간 불로 줄여 1~2분간 속까지 완전히 익힌다.

11

찬물을 담은 볼을 3개 준비한다. 다 익은 경단을 체로 건져 바로 찬물에 3회 옮겨가며 헹궈서 차게 식힌다.

12

체에 밭쳐 물기를 제거하고 고물을 담은 그릇에 넣고 굴려 골고루 묻힌다.

❀ 약 20개 분량 ◷ 1시간 ☼ 실온 1일 ❄ 냉동 3개월

오메기떡

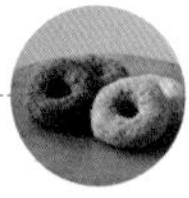

- 습식 찹쌀가루 2와 1/2컵
- 차조 200g
- 물 7~10큰술(익반죽용)
- 소금 1작은술

고물
- 볶은 콩가루 1컵
- 팥앙금가루 1컵(만들기 21쪽)
- 설탕 1과 1/2큰술 + 1큰술
- 소금 약간 + 1/4작은술

도구 준비하기

볼 냄비 체 스크레이퍼

나무주걱 맷돌믹서

재료 준비하기

1 차조는 깨끗이 씻어 6시간 불린 후 체에 밭쳐 물기를 제거한다.

2 볶은 콩가루에 설탕(1과 1/2큰술), 소금(약간)을,
팥앙금가루에 설탕(1큰술), 소금(1/4작은술)을 넣고 섞어둔다.

3 익반죽용 물을 끓인다.

1

차조에 소금(1작은술)을 넣고 맷돌믹서로 갈아 가루로 만든다.

2

볼에 ①, 찹쌀가루를 넣고 끓는 물을 조금씩 넣어가며 말랑하게 되도록 익반죽한다.

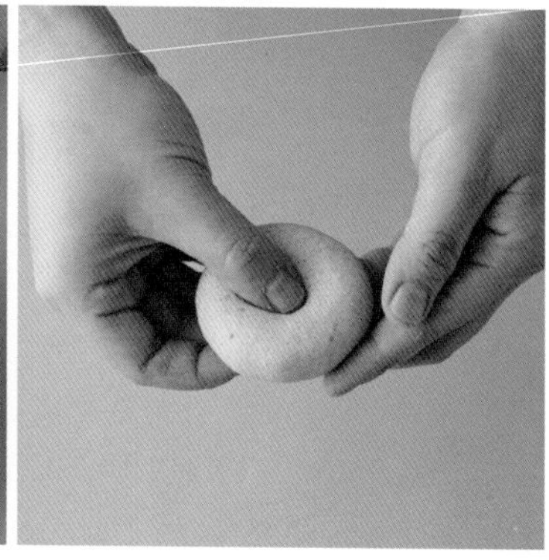

3

반죽을 40g씩 떼어 둥글게 빚은 후 가운데 구멍을 낸다.

4

모양을 매만져 지름 6cm
도넛 모양으로 빚는다.

5

④의 반죽을 팔팔 끓는 물에 넣고
센 불에서 삶는다.
* 반죽이 바닥에 붙지 않게
나무주걱으로 바닥을 저어가며
삶는다.

6

떡이 동동 떠오르면 중약 불로 줄인 후
2분간 더 삶아 속까지 완전히 익힌다.

7

찬물을 담은 볼을 3개 준비하고
다 익은 떡을 체로 건져 바로 찬물에
3회 옮겨가며 헹궈서 차게 식힌다.

8

체에 밭쳐 물기를 제거한 후
볶은 콩가루, 팥앙금가루를 각각
담은 그릇에 넣어 앞뒤로 골고루
묻힌다.

콩가루를 직접 만들어 쓰려면?

1. 팬에 대두를 넣고 껍질이 벗겨질 때까지 계속 저어가며 중약 불에서 볶는다.
2. 충분히 볶아 껍질이 갈라지고 옅은 갈색빛을 띠면 맷돌믹서를 사용해 가루로 만든 후 체에 내린다.

인절미

• 레시피 128쪽

잔칫날 많은 사람이 모이면 힘을 모아 떡메를 치고 고물을 묻혀 나누어 먹던 친근한 떡입니다.
본래는 가루 내지 않은 알곡을 쪄서 찧어 만들지만,
익히는 시간을 단축하고 매끈한 질감을 얻기 위해 현대에는 찹쌀가루를 쪄서 만듭니다.

인절미말이

• 레시피 130쪽

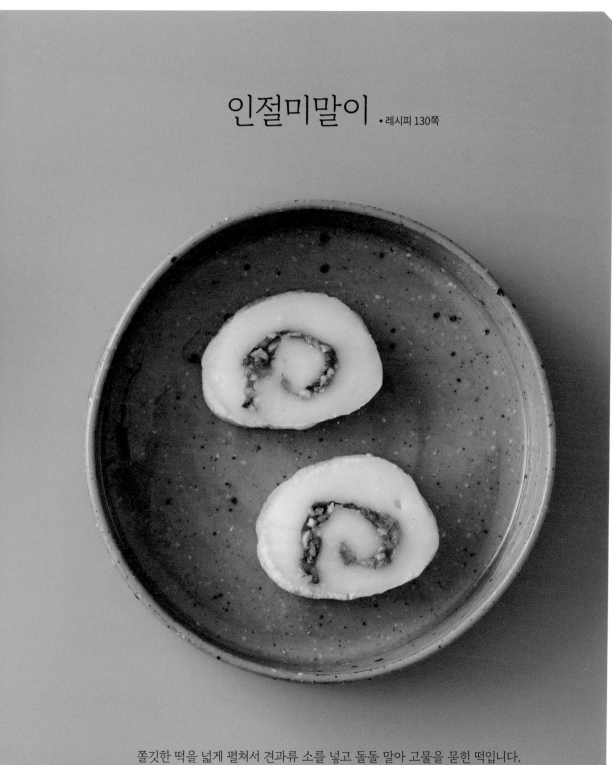

쫄깃한 떡을 넓게 펼쳐서 견과류 소를 넣고 돌돌 말아 고물을 묻힌 떡입니다.
조린 소가 들어가 달콤하고, 한 조각만 먹어도 든든합니다.

약 20개 분량 50분(+ 굳히기 1시간) 실온 1일 냉동 3개월

인절미

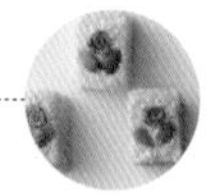

- 습식 찹쌀가루 2컵
- 물 2~3큰술
- 설탕 2큰술
- 꿀 약간
- 식용유 약간

고명

- 대추말이꽃 20개(만들기 28쪽)
- 호박씨 약간(또는 쑥갓 잎)

고물

- 카스텔라고물 1/2컵(만들기 25쪽)
- 볶은 콩가루 1/2컵

도구 준비하기

볼

중간체

찜기

솥

면포

절굿공이

떡비닐

스크레이퍼

재료 준비하기

호박씨는 얇게 반 가른다(31쪽).

1

찹쌀가루에 물을 주고(45쪽)
중간체에 내린다.

2

찜기에 젖은 면포를 깔고
설탕을 뿌린 후
쌀가루를 주먹 쥐어 안친다.
물이 끓는 솥에 찜기를 올리고 위로
김이 고루 오르면 뚜껑을 덮은 후
센 불에서 20분간 찐다.

3

②의 찰떡은 뜨거울 때 볼로 옮긴 후
절굿공이에 꿀을 바르고
충분히 탄력이 생길 때까지 친다.

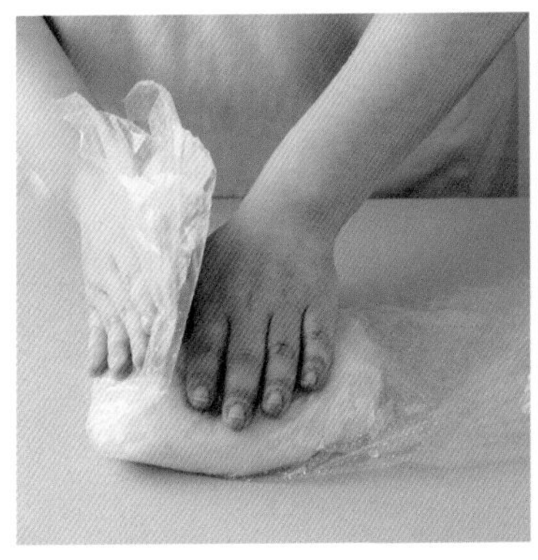

4

떡비닐에 꿀을 바르고 떡을 올린 후
비닐을 각지게 접는다.

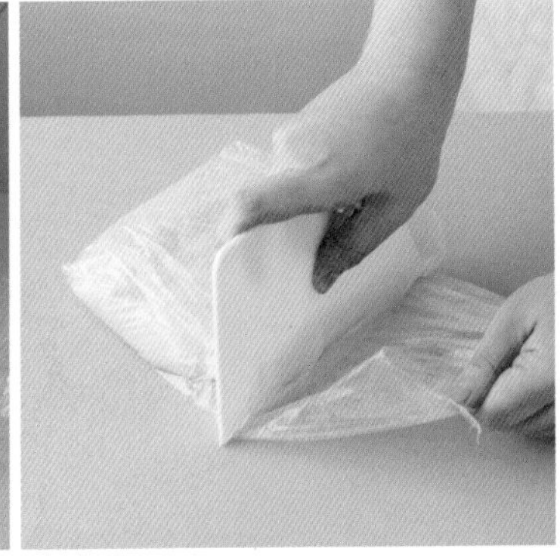

5

스크레이퍼로 각을 잡아가며
떡을 1cm 두께로 편 후
비닐째로 냉동실에 넣고 약 1시간
떡을 굳힌다.

6

떡을 감쌌던 비닐을 벗긴 후
칼에 식용유를 발라가며
먹기 좋은 크기로 썬다.

7

떡 윗면에 대추말이꽃과 호박씨를
붙인다.
* 고명이 잘 붙어 있도록
고물을 나중에 묻힌다. 호박씨 대신
쑥갓의 작은 잎을 떼어 붙여도 좋다.

8

고물을 담은 그릇에 ⑦을 엎어
고물을 뿌려가며 묻힌다.
고명 위에 묻은 고물은 살살 털어낸다.

약 20쪽 분량 · 50분(+ 굳히기 6시간 이상) · 실온 1일 · 냉동 3개월

인절미말이

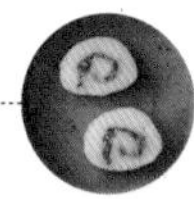

- 습식 찹쌀가루 6컵
- 물 6~8큰술
- 설탕 3큰술
- 카스텔라고물 200g(만들기 25쪽)
- 꿀 약간
- 식용유 약간

속재료

- 대추 5개
- 호두 3개
- 땅콩 2큰술
- 호박씨 2큰술
- 유자청 건더기 1큰술
- 물엿 2큰술
- 설탕 1큰술
- 물 1/2컵
- 소금 약간
- 계핏가루 1/4작은술

도구 준비하기

볼

중간체

찜기

솥

면포

냄비

절굿공이

재료 준비하기

1 대추는 돌려 깎아 씨를 제거한다(28쪽).

2 호두는 한 번 데친 후 질긴 껍질을 벗겨낸다(31쪽).

1

대추, 호두, 땅콩, 호박씨, 유자청 건더기는 각각 잘게 다진다.

2

냄비에 물엿, 설탕(1큰술), 물(1/2컵), 소금을 넣고 중약 불에서 끓기 시작하면 ①을 모두 넣고 중간 불로 볶는다. 물기가 거의 없어지고 한 덩어리로 뭉쳐질 때까지 볶다가 계핏가루를 넣은 후 불을 끄고 식힌다.

3

찹쌀가루에 물을 주고(45쪽) 중간체에 내린다.

4

찜기에 젖은 면포를 깔고 설탕을 뿌린 후 쌀가루를 주먹 쥐어 안친다. 물이 끓는 솥에 찜기를 올리고 김이 고루 오르면 뚜껑을 덮은 후 센 불에서 25분간 찐다.

5

④의 찰떡은 뜨거울 때 볼로 옮긴 후 절굿공이에 꿀을 바르고 충분히 탄력이 생길 때까지 친다.

6

도마에 식용유를 충분히 바르고 ⑤의 떡을 얹은 후 손으로 눌러 1cm 두께로 펼친다.

7

②의 속재료를 떡 위에 얹어 끝부분을 3cm 정도 남기고 펴 바른다.

8

떡의 앞부분을 꼬집어가며 접는다.

⋆ 떡이 잘 말리도록 심을 만드는 과정이다.

9

속재료가 새어나오지 않게 주의하며 빈틈없이 탄탄하게 만다.

10

접시에 카스텔라고물을 담고 ⑨를 얹어 고물을 뿌려가며 묻힌다.

11

랩으로 탄탄하게 감싼 후 냉동실에 넣어 굳힌다.

12

떡이 잘 굳으면 랩을 벗겨 적당한 두께로 썬다.

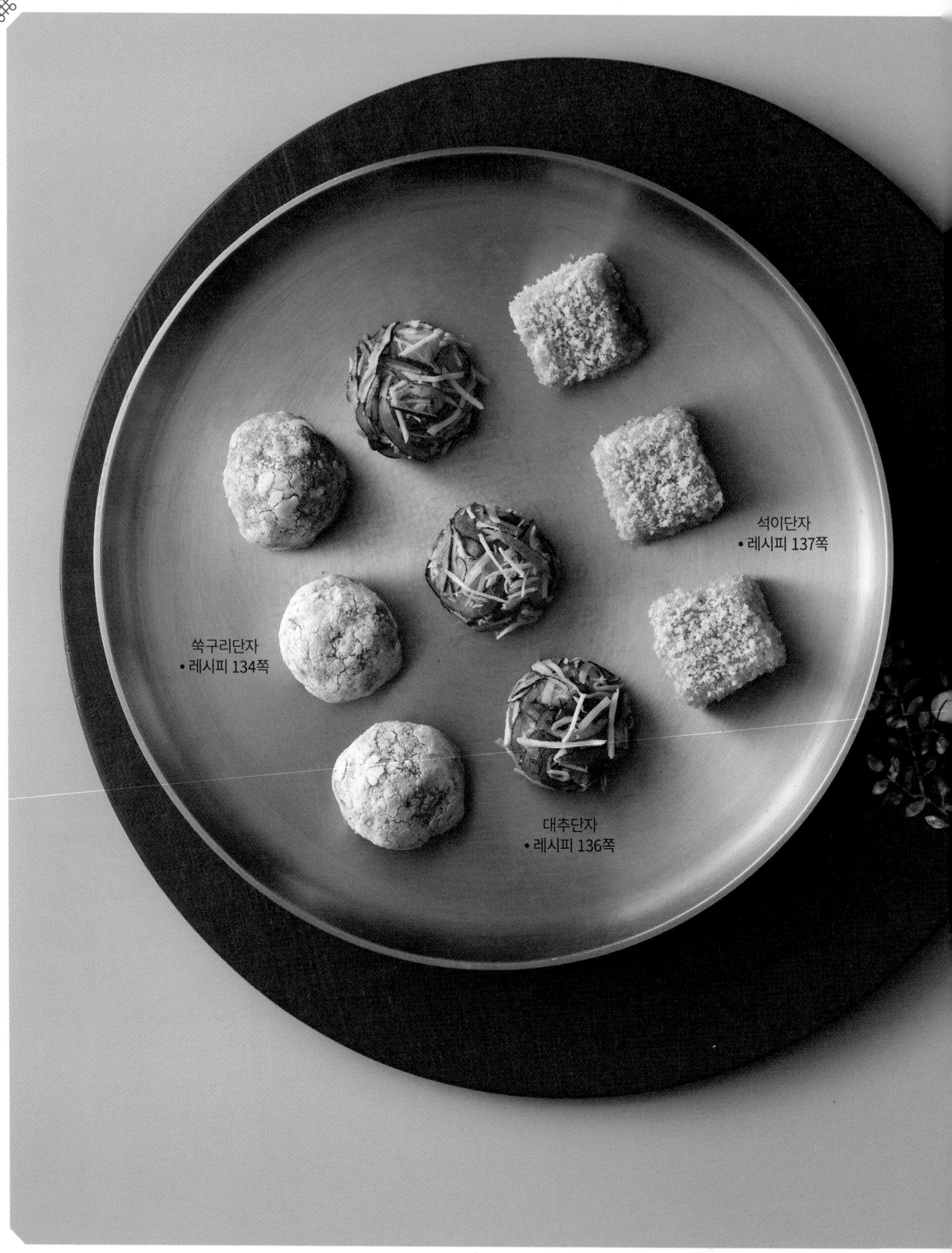
석이단자
• 레시피 137쪽
쑥구리단자
• 레시피 134쪽
대추단자
• 레시피 136쪽

삼색단자
(쑥구리단자 / 대추단자 / 석이단자)

찹쌀가루에 부재료를 섞어서 찐 다음 찰기가 생기도록 치대고 작게 떼어 고물을 묻혀 만듭니다. 가루에 섞는 재료에 따라 쑥구리, 대추, 석이, 은행, 곶감, 밤, 유자, 감단자 등 그 종류가 다양한 고급스러운 떡입니다.

약 40개 분량 · 50분 · 실온 1일 · 냉동 3개월

쑥구리단자

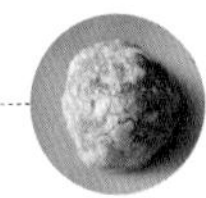

- 습식 찹쌀가루 2컵
- 쑥가루 1작은술(생략 가능)
- 물 2큰술
- 설탕 2큰술
- 데친 쑥 20g(만들기 143쪽)
- 거피팥고물 2컵(만들기 22쪽)
- 꿀 약간

소

- 거피팥고물 1/2컵(만들기 22쪽)
- 계핏가루 약간
- 꿀 1작은술
- 유자청 건더기 1작은술

도구 준비하기

볼

중간체

찜기

솥

면포

절굿공이

재료 준비하기

데친 쑥, 유자청 건더기는 곱게 다진다.

1

찹쌀가루에 쑥가루를 섞은 후 물을 주고(45쪽) 중간체에 내린다.

2

찜기에 젖은 면포를 깔고 설탕을 뿌린 후 쌀가루를 주먹 쥐어 안친다. 데친 쑥을 한쪽에 함께 올린 후 물이 끓는 솥에 찜기를 올리고 김이 고루 오르면 뚜껑을 덮는다. 센 불에서 20분간 찐다.

3

②의 찰떡을 뜨거울 때 볼에 옮겨 담은 후 절굿공이에 꿀을 바르고 충분히 탄력이 생길 때까지 친다.

4

볼에 소 재료를 넣고 한 덩어리로 섞는다.

5

도마에 꿀을 바르고
떡을 올려 2cm 두께,
세로로 긴 타원형으로 편다.

6

한 덩어리로 뭉친 ④의 소를
떡 가운데 놓고 떡의 한쪽을
들어 올려 덮는다.

7

떡으로 소를 완전히 감싸고
양손으로 적당한 굵기가
될 때까지 주무른다.

* 떡과 소를 동시에 길게
늘이듯이 주무른다.

8

늘인 떡을 끝에서부터
꿀 바른 손으로 쥐어 적당한
크기로 동그랗게 떼어낸다.

9

거피팥고물을 담은 그릇에
⑧을 넣고 굴려
고물을 골고루 묻힌다.

단자의 모양을 동그랗게 유지하려면?

모양을 유지하는 힘이 강하지 않은 찰떡의
특징상 동그랗게 빚은 단자는 평평한 곳에 두면
납작하게 퍼진다. 대추단자, 쑥구리단자처럼
동그란 단자를 만들 때는 높이가 있는 그릇을
준비한다. 고물을 묻혀 완성한 순서대로
그릇의 벽면에 붙여 줄지어 세우면 단자들이 서로 지탱해
동그란 모양이 유지된다.

약 40개 분량 · 60분 · 실온 1일 · 냉동 3개월

대추단자

- 습식 찹쌀가루 2컵
- 대추가루 3큰술(만들기 29쪽)
- 물 2큰술
- 설탕 2큰술
- 꿀 약간

고물

- 대추채 2/3컵(만들기 29쪽)
- 밤채 2/3컵(만들기 26쪽)

도구 준비하기

볼

중간체

찜기

솥

면포

절굿공이

1

고물 재료는
넓은 그릇에 섞어둔다.

2

찹쌀가루에 물을 준 후(45쪽) 중간체에 내리고 대추가루를 고루 섞는다. 찜기에 젖은 면포를 깔고 설탕을 뿌린 후 쌀가루를 주먹 쥐어 안친다. 물이 끓는 솥에 찜기를 올리고 김이 고루 오르면 뚜껑을 덮어 센 불에서 20분간 찐다.

3

떡비닐에 꿀을 발라
②의 찰떡을 얹고 치댄다.

4

꿀을 바른 손으로 떡을 쥐어 적당한 크기로 동그랗게 떼어낸 후 ①의 고물 위에 굴려 골고루 묻힌다.

약 40개 분량 60분(+ 굳히기 1시간) 실온 1일 냉동 3개월

석이단자

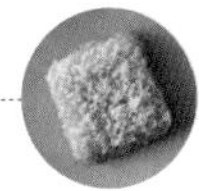

- 습식 찹쌀가루 2컵
- 석이가루 1작은술(만들기 33쪽)
- 물 1큰술 + 1큰술
- 참기름 1/3작은술 + 약간
- 설탕 2큰술
- 꿀 1큰술

고물

- 잣가루 1컵(만들기 30쪽)

도구 준비하기

볼

중간체

찜기

솥

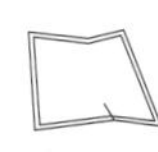
면포

절굿공이

떡비닐

1

석이가루에 물(1큰술)과 참기름(1/3작은술)을 넣고 섞는다.

2

찹쌀가루에 ①, 물(1큰술)을 넣고 고루 섞은 후(45쪽) 중간체에 내린다. 찜기에 젖은 면포를 깔고 설탕을 뿌린 후 쌀가루를 주먹 쥐어 안친다. 물이 끓는 솥에 찜기를 올리고 김이 고루 오르면 뚜껑을 덮어 센 불에서 20분간 찐다.

3

떡비닐에 꿀을 발라 ②의 찰떡을 얹고 치댄 후 1.5cm 두께로 펼쳐 비닐로 감싸서 냉동실에 1시간 보관한다.

4

떡이 적당히 굳으면 칼에 참기름(약간)을 발라 길이 3cm, 폭 2.5cm로 썬다. 잣가루를 담은 그릇에 떡을 굴려 고물을 골고루 묻힌다.

모둠찰떡 / 흑미영양찰떡

• 레시피 140쪽

모둠찰떡은 다양한 재료를 한꺼번에 넣은 떡으로
썰어낸 단면이 쇠머리수육과 비슷하다 하여 쇠머리찰떡이라고도 합니다.
찹쌀에 흑미가루와 영양 만점 재료를 섞어 흑미영양찰떡으로 응용하는 방법도 함께 소개합니다.

모둠찰떡

흑미영양찰떡

20×20cm, 높이 5cm 정사각형틀 1개 분량 | 1시간 30분(+ 굳히기 1시간) | 실온 1일 | 냉동 3개월

모둠찰떡

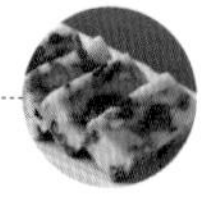

- 습식 찹쌀가루 6컵
- 물 6~8큰술
- 꿀 1큰술
- 황설탕 3큰술
- 설탕 2큰술
- 조청 적당량

부재료

- 곶감 1개
- 대추 6개
- 밤 6~8개(물 1/3컵 + 설탕 1큰술 + 물엿 1큰술)
- 호박고지 25g(물 1/3컵 + 설탕 1큰술 + 물엿 1큰술)
- 검은콩 1/3컵(물 1/3컵 + 설탕 1큰술 + 물엿 1큰술)
- 통팥고물 1/4컵(만들기 20쪽)

흑미영양찰떡

- 습식 찹쌀가루 4컵
- 습식 흑미가루 2컵
- 물 6~8큰술
- 꿀 2큰술
- 황설탕 3큰술
- 설탕 2큰술
- 조청 적당량

부재료

- 대추 6개
- 밤 6~8개(물 1/3컵 + 설탕 1큰술 + 물엿 1큰술)
- 검은콩 1/3컵(물 1/3컵 + 설탕 1큰술 + 물엿 1큰술)
- 생땅콩 80g(물 1/2컵 + 소금 1/2작은술)
- 통팥고물 1/4컵(만들기 20쪽)

도구 준비하기

볼

중간체

찜기

솥

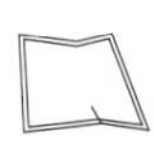
면포

냄비

떡비닐

사각틀

재료 준비하기

1 검은콩은 8시간 이상 불린다.
2 밤은 속껍질까지 벗긴다(26쪽).
3 대추는 돌려 깎아 씨를 제거한다(28쪽).
4 곶감은 꼭지를 잘라낸 후 반으로 갈라 씨를 빼낸다(27쪽).

1 — 모둠찰떡

❶ 곶감, 대추, 밤을 사방 1.5cm 크기로 썬다.

❷ 냄비에 밤, 호박고지, 검은콩의 물, 설탕, 물엿을 각각 넣고 중간 불에서 끓어오르면 윤기가 날 때까지 따로 조린다.

1 — 흑미영양찰떡

❶ 밤, 대추를 사방 1.5cm 크기로 썬다.

❷ 냄비에 밤, 검은콩의 물, 설탕, 물엿을 각각 넣고 중간 불에서 끓어오르면 윤기가 날 때까지 따로 조린다. 또 다른 냄비에 생땅콩의 물을 넣고 끓어오르면 생땅콩, 소금을 넣고 센 불에서 3분간 삶는다.

2 – 모둠찰떡

1. 볼에 찹쌀가루에 물, 꿀을 넣고 비벼 섞어 물을 준 후(45쪽) 중간체에 내린다.
2. 황설탕, ①의 조린 부재료, 대추, 곶감, 통팥고물을 넣고 섞는다.

2 – 흑미영양찰떡

1. 볼에 찹쌀가루, 흑미가루에 물, 꿀을 넣고 비벼 섞어 물을 준 후(45쪽) 중간체에 내린다.
2. 황설탕, ①의 조린 부재료, 대추, 생땅콩, 통팥고물을 넣고 섞는다.

3

찜기에 젖은 면포를 깔고 설탕(2큰술)을 뿌린 후 쌀가루를 주먹 쥐어 안친다. 물이 끓는 솥에 찜기를 올리고 김이 고루 오르면 뚜껑을 덮어 센 불에서 40분간 찐다.

4

넓은 그릇에 떡비닐을 깔고 조청을 바른 후 사각틀을 얹는다. 쪄낸 떡을 면포째로 엎어 틀 안에 담는다.

5

조청 바른 손으로 떡을 눌러 모양을 잡은 후 떡비닐로 전체를 꼼꼼하게 감싼다. 냉동실에 넣고 약 1시간 떡을 굳힌다.

6

떡이 굳으면 비닐을 벗기고 틀에서 꺼내 적당한 크기로 썬다.

쑥개떡

쑥을 넣고 쪄서 치대어 짓이기듯 개어 만들었다 해서 쑥개떡, 또는 쑥갠떡이라 불리는 이 떡은 오랜 옛날부터 먹어온 한국인의 전통 간식입니다.

약 20개 분량 50분 실온 1일 냉동 3개월

- 습식 멥쌀가루 6컵
- 쑥가루 1큰술
- 데친 쑥 150g
- 설탕 1~3큰술
- 식용유 약간
- 참기름 약간

도구 준비하기

볼

중간체

찜기

솥

실리콘시트

재료 준비하기

데친 쑥은 곱게 다진다.

쑥 데치기

끓는 물에 생쑥, 식소다(약간)를 넣고 3분 동안 삶은 후 물기를 꼭 짜서 준비한다. 넉넉히 데쳐놓고 냉동 보관해도 좋다. 생쑥을 구하기 어렵다면 온라인에서 냉동 데친 쑥을 구입한다.

1

멥쌀가루 쑥가루를 섞은 후 물을 주고(45쪽) 중간체에 내려 설탕을 섞는다.
* 설탕의 양은 취향에 따라 조절한다.

2

찜기에 실리콘시트를 깔고 멥쌀가루를 안친다. 데친 쑥을 한쪽에 함께 얹은 후 물이 끓는 솥에 찜기를 올리고 김이 고루 오르면 뚜껑을 덮는다. 센 불로 25분간 찐다.

3

한 김 식혀 적당히 뜨거운 떡을 볼로 옮겨 식용유를 바른 손으로 치댄다.

4

지름 6cm 크기의 동글납작한 크기로 빚어 참기름을 바른다.
* 삶은 검은콩을 윗면에 박아 장식해도 좋다.

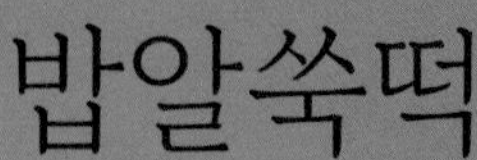

밥알쑥떡

불린 찹쌀과 데친 쑥을 쪄서 친 후
팥앙금 소를 넣어 만든 시골의 정취가 묻어나는 떡입니다.

20개 분량 · 2시간(+찹쌀 불리기 8시간) · 실온 1일 · 냉동 3개월

- 찹쌀 4컵
- 데친 쑥 150g(만들기 143쪽)
- 팥앙금 400g(만들기 21쪽)
- 물 1/2컵 + 1/4컵
- 소금 1/2작은술 + 1/2작은술
- 참기름 약간

도구 준비하기

볼

찜기

솥

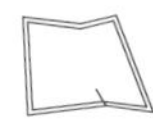
면포

절굿공이

재료 준비하기

1 찹쌀은 8시간 불린 후 체에 밭쳐 물기를 제거한다.

2 데친 쑥은 곱게 다진다.

3 물 1/2컵 + 소금 1/2작은술, 물 1/4컵 + 소금 1/2작은술을 각각 섞어 소금물을 만든다.

1

찹쌀을 젖은 면포를 깐 찜기에 얹는다. 물이 끓는 솥에 찜기를 올리고 김이 고루 오르면 뚜껑을 덮은 후 중간 불로 1시간 찐다. 데친 쑥을 한쪽에 얹고, 소금물(1/2컵)을 골고루 뿌린 후 다시 40분간 찐다.

2

팥앙금은 지름 3cm 공 모양으로 동그랗게 빚는다.

3

①을 뜨거울 때 볼에 옮겨 담은 후 소금물(1/4컵)을 넣어가며 절굿공이로 쌀알이 으깨지고 전체적으로 한 덩어리가 될 때까지 친다.

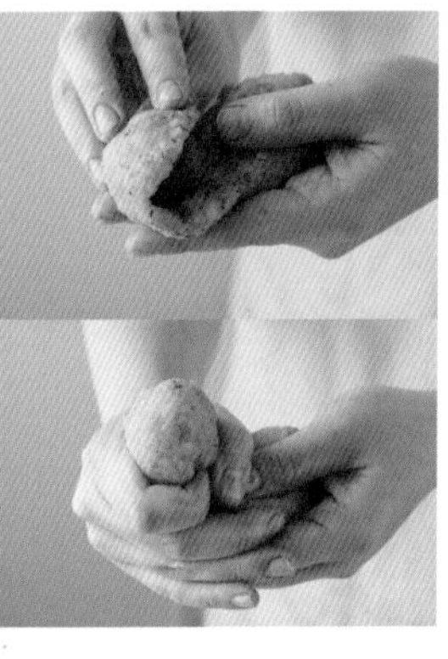

4

떡 덩어리 한쪽을 납작하게 눌러 팥소를 넣고 감싼다. 참기름을 바른 손으로 쥐어 동그랗게 떼어낸 후 살짝 눌러 납작하게 모양을 낸다. 나머지도 같은 방법으로 만든다.

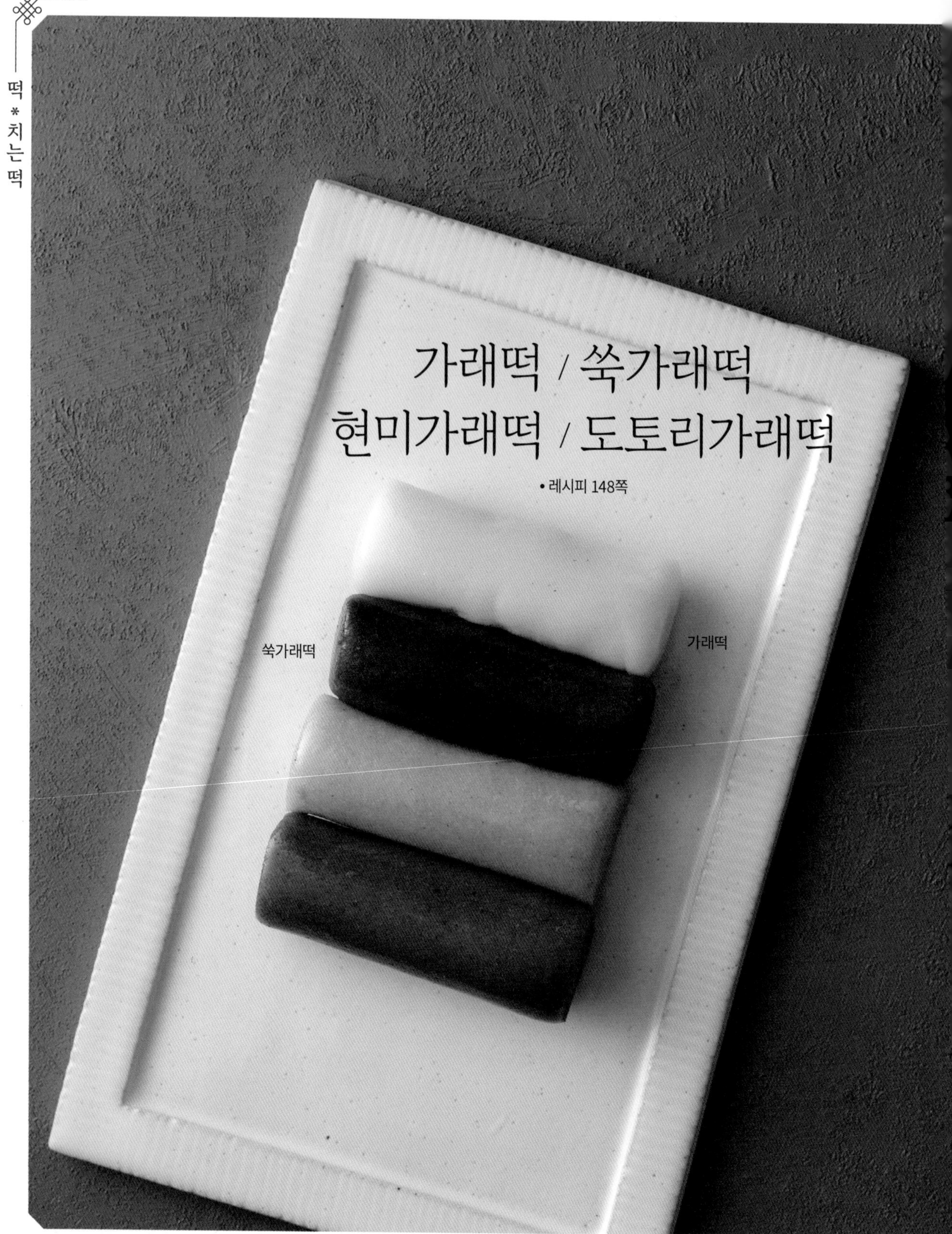

가래떡 / 쑥가래떡 현미가래떡 / 도토리가래떡

• 레시피 148쪽

찐 멥쌀가루를 쳐서 길게 뽑은 떡으로, 건강을 생각하는 분들을 위해
쑥, 현미, 도토리가루 등을 사용하는 레시피를 소개합니다.
만든 후 하루 정도 굳혀서 어슷 썰면 떡국에도 사용할 수 있습니다.

30 cm 약 2줄 분량 · 50분 · 실온 1일 · 냉동 3개월

가래떡

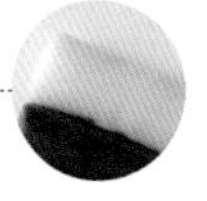

- 고운 습식 멥쌀가루 3컵
- 물 3~4큰술
- 식용유 약간

쑥가래떡

- 고운 습식 멥쌀가루 3컵
- 쑥가루 1큰술
- 물 3~4큰술
- 식용유 약간

현미가래떡

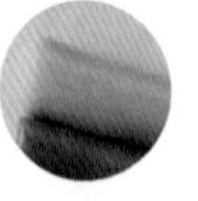

- 고운 습식 현미가루 3컵
- 물 3~4큰술
- 식용유 약간

도토리가래떡

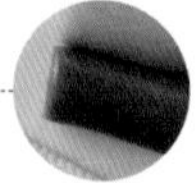

- 고운 습식 멥쌀가루 3컵
- 도토리가루 3큰술
- 물 4~6큰술
- 식용유 약간

도구 준비하기

볼

중간체

찜기

솥

실리콘시트

절굿공이

스크레이퍼

1

고운 멥쌀가루에 물을 충분히 주고(45쪽) 중간체에 내린다.
* **쑥가래떡, 도토리가래떡**은 물을 주기 전 쑥가루, 도토리가루를 멥쌀가루에 넣고 골고루 섞는다. **현미가래떡**의 경우 현미가루에 물을 준다.

2

찜기에 실리콘시트를 깔고 멥쌀가루를 안친다. 물이 끓는 솥에 찜기를 올리고 쌀가루 위로 김이 고루 오르면 뚜껑을 덮는다. 센 불에서 20분간 찐 후 불을 끄고 5분간 뜸 들인다.
* **쑥가래떡**은 데친 쑥을 쌀가루 위에 얹어 함께 찐다.

3

②의 떡을 뜨거울 때 볼에 옮겨 담은 후 떡이 매끈해질 때까지 식용유를 바른 절굿공이로 친다.

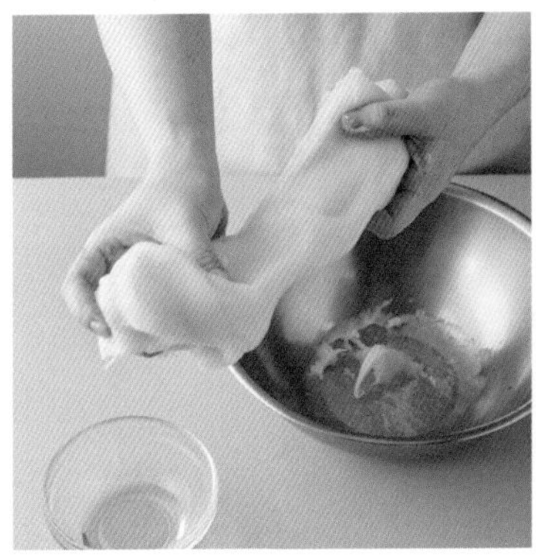

4

양손에 식용유를 바르고
떡이 충분히 탄력이 생길 때까지
늘리고 접기를 반복한다.

5

둥글고 매끈하게 모양을 잡는다.

6

떡을 도마에 얹고 양손에 식용유를 발라
가운데에서부터 옆으로 밀어 늘인다.
앞뒤로 굴려가며 길이와 굵기를 고르게
조절한다.

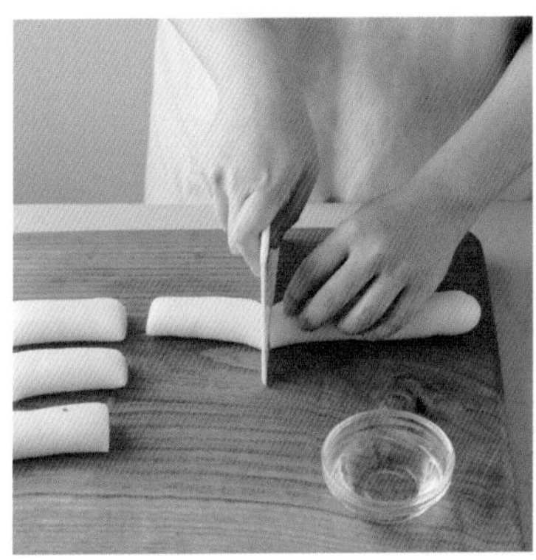

7

스크레이퍼에 식용유를 바르고
원하는 길이로 자른다.

도토리가루를 직접 만들려면?

1 도토리는 껍질을 벗겨 반으로 쪼갠 후
햇볕에 바짝 말려 곱게 빻는다.
2 볼에 가루를 넣고 물을 넉넉하게 부어
면포에 거른다.
3 물 위에 뜬 찌꺼기는 체에 걸러 버리고,
뽀얀 물은 그대로 둔다.
4 하루에 2~3회, 2~3일간 윗물만
따라 버리고 새 물을 붓는다.
5 가라앉은 앙금은 깨끗한 면포에 펴서
햇볕에 바짝 말리거나 건조기로 건조시킨다.
6 말린 앙금을 절구나 맷돌믹서로 빻아
가루를 낸 후 비닐에 담아 냉동 보관한다.

절편

절편 / 꽃절편 / 색동절편

• 레시피 152쪽

멥쌀가루에 색을 내서 찐 후 쳐서 떡도장으로 찍어 모양을 낸 떡입니다.
다양한 모양으로 즐길 수 있도록 꽃절편, 색동절편 만드는 법을 함께 소개합니다.

각 12~15개 분량 | 50분 | 실온 1일 | 냉동 3개월

절편

- 고운 습식 멥쌀가루 6컵
- 쑥가루 1~2큰술
- 물 8~10큰술
- 식용유 약간
- 참기름 약간

꽃절편

- 고운 습식 멥쌀가루 6컵
- 쑥가루 1/2큰술
- 물 6~8큰술
- 참기름 약간
- 식용유 약간
- 호박가루 1/2작은술
- 백년초가루 1작은술

색동절편

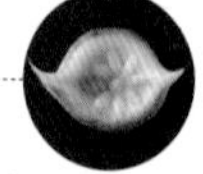

- 고운 습식 멥쌀가루 8컵
- 쑥가루 1/2큰술
- 치자물 1~2큰술(만들기 34쪽)
- 체리에이드물 1큰술 (만들기 34쪽)
- 물 12~16큰술
- 참기름 약간
- 식용유 약간

볼

중간체

찜기

솥

실리콘시트

절굿공이

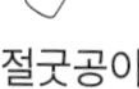

떡살

스크레이퍼

1

고운 멥쌀가루를 3컵씩 나눠 한쪽에는 쑥가루를 섞는다. 양쪽에 모두 물을 3~4큰술씩 충분히 주고(45쪽) 중간체에 내린다.

1–색동절편

고운 멥쌀가루를 2컵씩 덜어 한쪽은 그대로 두고, 나머지 세 곳에는 쑥가루, 체리에이드물, 치자물을 섞어 색을 낸다. 각각 물을 3~4큰술씩 충분히 준 후(45쪽) 수분량을 맞추고 각색의 가루를 중간체에 내린다.

2

찜기에 실리콘시트를 깔고 멥쌀가루를 색별로 각각 안친다. 물이 끓는 솥에 찜기를 올리고 김이 고루 오르면 뚜껑을 덮고 센 불에서 20분간 찐 후 불을 끄고 5분간 뜸 들인다.

3

②의 떡을 뜨거울 때 볼에 옮겨 담은 후 떡이 매끈해질 때까지 식용유를 바른 절굿공이로 친다. 양손에 식용유를 바르고 떡이 충분히 탄력이 생길 때까지 늘리고 접기를 반복한다.

4─ 절편

❶ 흰 떡, 쑥떡 덩어리를 도마에 올려 길고 납작하게 만든다.

❷ 참기름을 바른 원형 떡살을 적당한 간격으로 찍어 모양을 낸다.

❸ 참기름을 바른 스크레이퍼를 사용해 절편을 적당한 크기로 자른다.

4─ 꽃절편

❶ 흰 떡, 쑥떡은 각각 둥글게 뭉친다. 흰 떡은 색내기용으로 50g 떼어둔다.

❷ 색내기용 흰 떡을 둘로 나눠 각각 호박가루와 백년초가루를 넣고 색을 들인다. 색색의 반죽은 0.3cm 크기의 작은 공 모양으로 만든다.

❸ 둥글게 뭉친 떡을 도마에 얹고 길게 민 후 손날을 세워서 힘주어 눌러 꼬리가 있는 물방울 모양으로 자른다.

❹ 물방울 모양 떡 가운데에 ④-2를 3알씩 올리고 참기름을 바른 꽃 모양 떡살로 찍어 무늬를 낸다.

4— 색동절편

❶ 흰 떡은 둥글게 뭉친다.

❷ 쑥떡, 노란색, 분홍색 반죽은 가늘고 긴 띠 모양으로 밀어 타원형으로 빚은 흰 떡에 한 바퀴 감아 두른다.

❸ 색색의 띠를 두른 흰떡을 도마에 얹고 길게 민 후 손날을 세워서 힘주어 눌러
꼬리가 있는 물방울 모양으로 자른다. * 이 모양 그대로 사용해도 좋다.

❹ 물방울 모양 떡 가운데를 참기름을 바른 떡살로 찍어 무늬를 낸다.

꽃절편, 색동절편의 색내기 방법이 다른 이유

꽃절편에 사용하는 장식용 떡은 소량이므로 떡을 찐 후 색내기 재료를 섞어 치대어도 색이 잘 섞인다. 그러나 색동절편에 들어가는 색내기 장식용 떡은 양이 많아 같은 방식으로 색을 낼 경우, 색이 고르게 들지 않거나 분말 형태의 재료가 남아 식감이 떨어질 수 있다. 따라서 멥쌀가루에 미리 색내기 재료를 섞어 따로 찌는 것이 좋다.

개피떡(바람떡)

• 레시피 158쪽

멥쌀가루를 쪄서 매끈하게 치대고 속에 앙금을 채운 떡입니다.
소가 들어 있는 떡 안쪽에 공기가 차 있다고 하여 바람떡이라 부르기도 합니다.

약 40개 분량　50분　실온 1일　냉동 3개월

개피떡

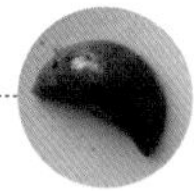

- 고운 습식 멥쌀가루 6컵
- 쑥가루 1~2큰술
- 물 8~10큰술
- 식용유 약간
- 참기름 약간

소

- 팥앙금 2컵(만들기 21쪽)
- 계핏가루 1/2작은술

도구 준비하기

볼

중간체

찜기

솥

실리콘시트　절굿공이　밀대

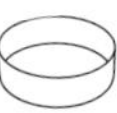
원형틀

1

소 재료를 섞은 후 조금씩 떼어 조금 긴 타원형으로 빚는다.

* 팥앙금 대신 백앙금(22쪽)에 계핏가루 1/4작은술을 섞어도 좋다.

2

고운 멥쌀가루를 3컵씩 나눠 한쪽에는 쑥가루를 섞는다. 양쪽에 모두 물을 4~5큰술씩 충분히 주고(45쪽) 중간체에 내린다.

3

찜기에 실리콘시트를 깔고 멥쌀가루를 색별로 각각 안친다. 물이 끓는 솥에 찜기를 올리고 김이 고루 오르면 뚜껑을 덮은 후 센 불에서 10~15분간 찐 후 불을 끄고 5분간 뜸 들인다.

4

③의 떡을 뜨거울 때
볼에 옮겨 담은 후
떡이 매끈해질 때까지
식용유를 바른 절굿공이로 친다.

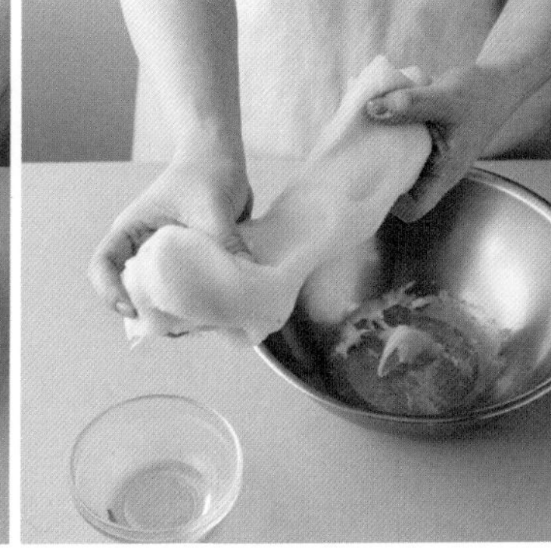

5

양손에 식용유를 바르고
떡이 적당히 찰기가 생길 때까지
늘리고 접기를 반복한다.

6

도마에 떡을 얹고
밀대로 얇게 밀어 편다.

7

떡 위에 ①의 소를 일정한 간격으로
여러 개 놓고 떡을 반 접어
소를 완전히 덮는다.

8

검지를 세워 소를 넣은 자리
양옆을 꾹 눌러 붙인다.

9

지름 6cm 원형틀로 소가 있는 자리를
반달 모양으로 찍어낸 후 참기름을
바른다.

개성주악

• 레시피 162쪽

찹쌀가루에 술을 넣고 반죽하여 튀긴 후 즙청한 떡으로,
다양한 고명을 얹어 변화를 줄 수 있으며 바삭하면서 쫀득한 식감, 달콤한 맛으로
최근 몇 년간 큰 사랑을 받고 있습니다.

계강과 • 레시피 164쪽

찹쌀가루, 메밀가루, 계피, 생강 등의 재료를 익반죽하여 생강 모양으로 빚은 후 쪄서 기름에 지지고 꿀과 잣가루를 묻혀낸 떡입니다.

약 30개 분량 | 1시간 30분(+ 즙청 1시간 이상) | 실온 1일 | 냉동 3개월

개성주악

- 고운 습식 찹쌀가루 3컵
- 밀가루(중력분) 5큰술(또는 습식 멥쌀가루)
- 생막걸리 5~10큰술
- 설탕 3큰술
- 소금 1/3작은술
- 식용유 1~1.5ℓ

즙청시럽

- 조청 2컵
- 물 1컵
- 껍질 벗긴 생강 20g

고명

- 대추꽃 약간(만들기 29쪽)
- 대추채 약간(만들기 29쪽)
- 대추말이꽃 약간(만들기 28쪽)
- 호박씨 약간

도구 준비하기

볼

고운체

냄비

튀김솥

나무젓가락

채반

재료 준비하기

1 생강은 껍질을 칼로 긁어 벗긴 후(32쪽) 편 썬다.

2 막걸리를 중탕해 45°C로 데운다.

1

냄비에 즙청시럽 재료를 넣고 중간 불에서 한 번 끓어오르면 불을 끄고 식힌다.

* 대추를 손질하고 남은 대추 씨를 넣으면 더욱 풍미가 좋다.

2

고운 찹쌀가루, 밀가루, 설탕, 소금을 섞어 고운체에 2~3회 내린다.

* 밀가루 대신 멥쌀가루 1/3컵을 더해 반죽하면 모양을 잡기 더 좋지만 비교적 빨리 굳으니 쓰임에 맞게 재료를 선택한다.

3

②에 막걸리를 넣고 고루 섞는다.

4

반죽이 매끈하고 말랑해질 때까지 치댄다.

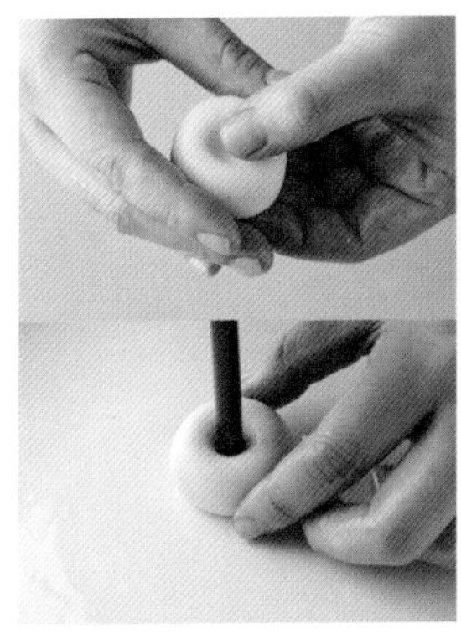

5

반죽을 20g씩 떼어 동그랗게 빚은 후 가운데를 손으로 누르고, 다시 나무젓가락 끝으로 눌러 구멍을 낸다.

6

튀김솥에 식용유를 붓고 170°C로 달군 후 ⑤의 반죽을 넣고 중간 불에서 튀긴다. 반죽이 떠오르고 연한 갈색이 나면 약한 불로 줄이고 식용유의 온도를 150°C로 낮춘다.

⋆ 반죽이 바닥에 붙지 않도록 주악의 옆면 아래를 젓가락으로 살살 밀면서 옮겨준다.

7

젓가락으로 계속 뒤집어가며 속이 완전히 익고 갈색이 날 때까지 튀긴 후 체로 건져서 기름기를 뺀다.

8

튀긴 주악을 즙청시럽에 담가 속까지 스며들도록 1시간 이상 둔다.

9

채반에 받쳐 여분의 즙청시럽을 제거한다.

10

대추꽃, 대추채, 대추말이꽃, 호박씨 등 고명을 올린다.

주악 장식하기

금귤정과, 올리브정과, 곶감오림, 호두강정, 잣박산 등을 주악에 올려 장식할 수 있다. 보다 트렌디한 주악 장식을 원한다면 크림치즈(50g)를 잘 풀어 레몬즙(1큰술)과 섞은 후 모양깍지를 끼운 짤주머니에 채워 윗면에 짜서 모양을 내는 방법도 있다.

즙청(汁淸)이란?

튀긴 과자나 떡을 조청이나 꿀 등으로 만든 시럽에 담가 단맛과 풍미를 더하는 과정을 의미한다. 흔히 '집청'이라 부르기도 하는데, 이는 조청을 뜻하는 경상도 방언으로 즙청이라고 하는 것이 옳다.

25~30개 분량 · 40분 · 실온 1일 · 냉동 3개월

계강과

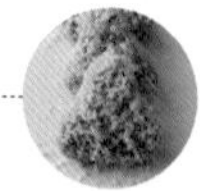

- 메밀가루 1/2컵
- 습식 찹쌀가루 2/3컵
- 소금 1/2작은술
- 껍질 벗긴 생강 15g
- 설탕 2큰술
- 계핏가루 1/2작은술
- 물 3~6큰술(익반죽용)
- 식용유 3큰술
- 참기름 1큰술(생략 가능)
- 꿀 2큰술
- 잣가루 6큰술(만들기 30쪽)

도구 준비하기

볼

찜기

솥

실리콘시트

냄비

프라이팬

나무젓가락

채반

재료 준비하기

1 생강은 껍질을 칼로 긁어 벗긴다(32쪽).

2 익반죽용 물을 끓인다.

1

생강은 곱게 다진다.

2

볼에 ①, 메밀가루, 찹쌀가루, 소금, 설탕, 계핏가루를 넣고 골고루 섞은 후 끓는 물을 조금씩 넣어가며 말랑하게 되도록 익반죽한다.

* 굵은 천일염을 사용할 경우, 칼을 눕혀 곱게 으깨어 넣는다.

3

반죽을 지름 약 1.5cm 굵기로 길게 밀어 적당한 크기로 자른다.

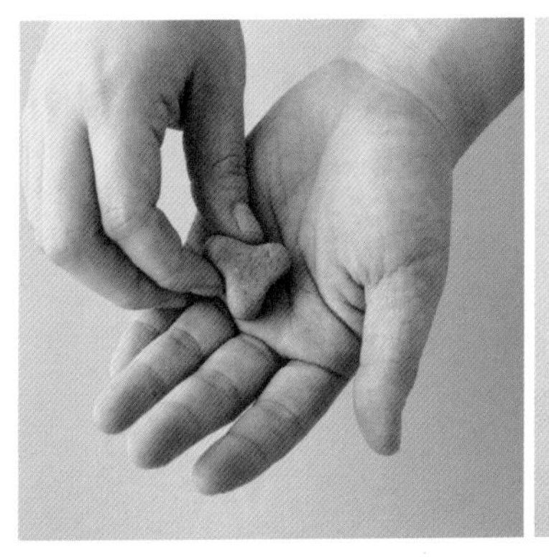

4

③을 세 모서리에 뿔이 난 생강 모양으로 빚는다.

5

찜기에 실리콘시트를 깔고 반죽을 얹는다. 물이 끓는 솥에 찜기를 올리고 센 불에서 10분간 찐다.

6

식용유와 참기름을 섞어 달군 팬에 두른 후 ⑤를 약한 불에서 살짝 노릇해질 때까지 지진다.

7

꿀에 담갔다가 채반에 밭쳐 여분의 꿀을 제거한다.

8

잣가루를 담은 접시에 ⑦을 넣고 앞뒤로 굴려가며 잣가루를 골고루 묻힌다.

삼색주악 • 레시피 168쪽

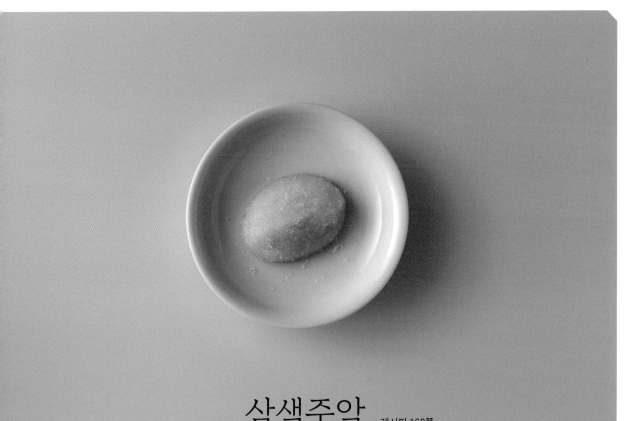

궁중에서 만들던 떡으로 옛 문헌에서는 조각병, 조악전 등의 이름으로 불렸습니다.
'조악'은 한자어로 부정적인 의미가 있어서
주악으로 바꾸어 불렀을 것으로 추측합니다.

약 30개 분량　50분　실온 1일　냉동 3개월

삼색주악

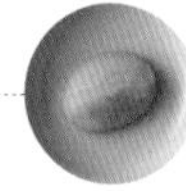

- 습식 찹쌀가루 5와 1/2컵
- 습식 멥쌀가루 1/2컵
- 호박가루 2작은술
- 쑥가루 2작은술
- 물 9~15큰술(익반죽용)
- 식용유 1컵
- 설탕 1/2컵

소

- 대추 6개
- 유자청 건더기 2큰술
- 잣가루 3큰술(만들기 30쪽)
- 계핏가루 1/4작은술
- 꿀 1큰술

도구 준비하기

볼

냄비

프라이팬

재료 준비하기

1 대추는 돌려 깎아 씨를 제거한다(28쪽).

2 익반죽용 물을 끓인다.

1

찹쌀가루와 멥쌀가루를 고루 섞은 후 2컵씩 셋으로 나눠 각각 볼에 담는다. 하나는 그대로 두고 나머지 둘은 각각 호박가루, 쑥가루를 넣고 섞어 색을 낸다.

2

각각의 쌀가루에 끓는 물 3~5큰술을 조금씩 넣어가며 말랑하게 되도록 익반죽한다.

3

대추, 유자청 건더기는 곱게 다진다.

4

볼에 ③, 잣가루, 계핏가루, 꿀을 넣어 섞고 콩알만 하게 빚는다.

5

반죽을 지름 약 2.5cm 굵기로 길게 밀어 적당한 크기로 자른다.

6

반죽을 둥글게 빚은 후 손가락으로 가운데를 눌러 오목한 홈을 만들고 ④의 소를 넣는다.

7

끝부분을 엄지와 검지로 눌러 붙이고 조개 모양으로 빚는다.

8

뜨겁게 달군 프라이팬에 식용유를 넉넉히 두르고 ⑦을 서로 붙지 않게 올린다. 약한 불에서 겉면이 부풀고 투명하게 익을 때까지 튀기듯 지진다.

* 숟가락을 사용해 뜨거운 기름을 끼얹으면서 익힌다.

9

접시에 설탕을 담고 주악이 뜨거울 때 앞뒤로 설탕을 묻힌다.

화전

화전 / 웃지지 / 수수부꾸미

• 레시피 172쪽

찹쌀반죽 위에 진달래 꽃을 비롯하여 다양한 고명을 얹어 장식한 후 지진 것을 화전,
소를 넣고 접어 작은 상자와 같은 형태로 만든 것을 웃지지,
소를 넣고 반으로 접은 것을 부꾸미라 합니다.
세 가지 모두 설기나 편 위에 얹어 모양을 내는, 웃기떡으로 사용해 왔던 떡입니다.

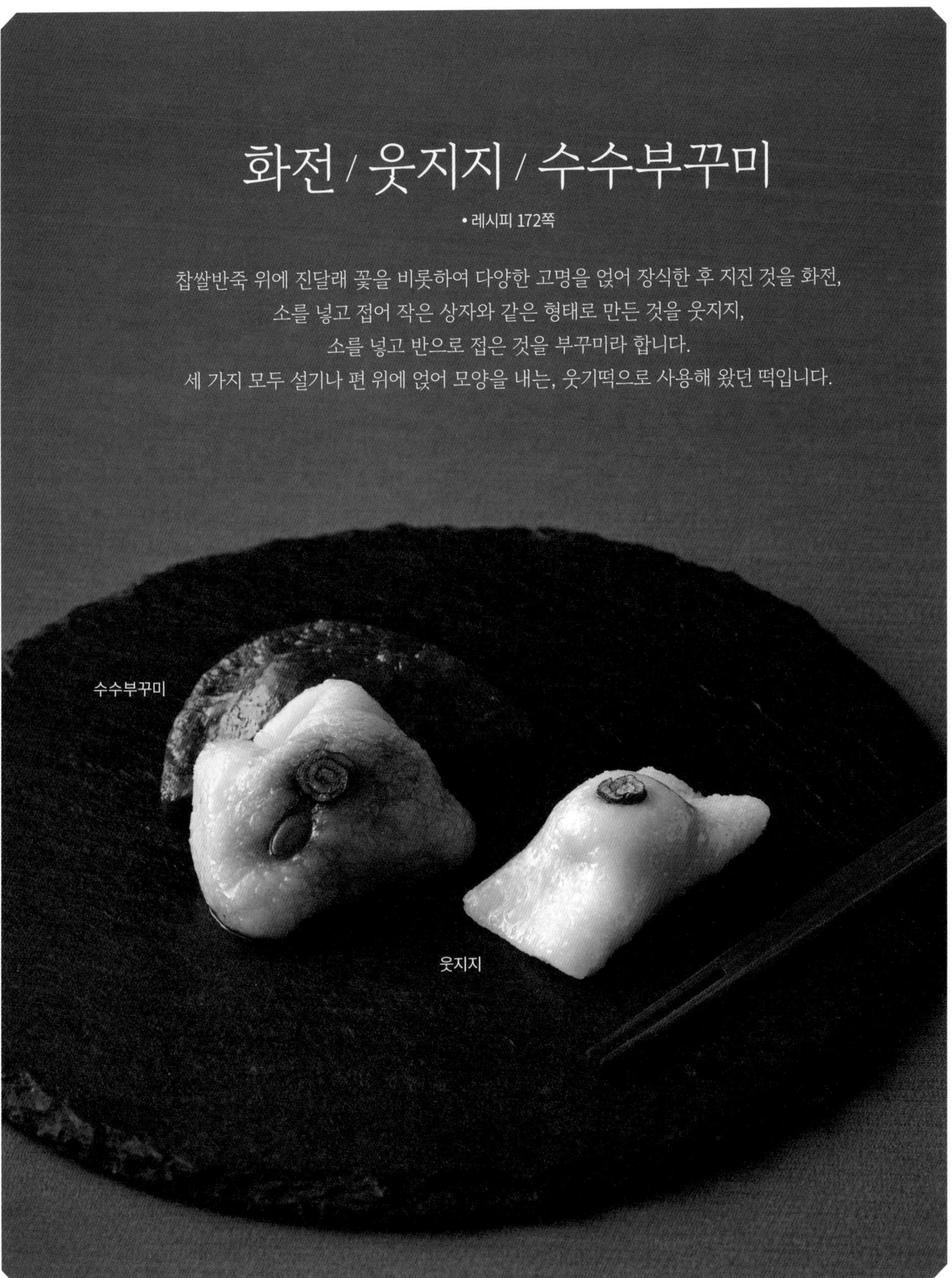

각 40개 분량 | 1시간 30분 | 실온 1일 | 냉동 3개월

화전

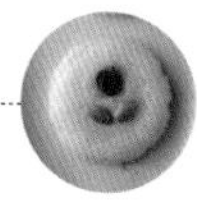

- 습식 찹쌀가루 8컵
- 치자물 약간(만들기 34쪽)
- 파래가루 1작은술
- 체리에이드물 1큰술(만들기 34쪽)
- 물 12~20큰술(익반죽용)
- 식용유 1컵

고명

- 대추꽃 약간(만들기 29쪽)
- 대추말이꽃 약간(만들기 28쪽)
- 호박씨 약간
- 수레국화 약간
- 귤피 약간
- 진달래 약간

즙청시럽

- 설탕 1컵
- 물 1/2컵
- 조청 2큰술
- 꿀 2큰술
- 생강 약간
- 계핏가루 1/4작은술

웃지지

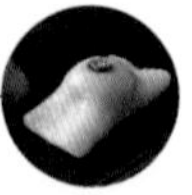

- 습식 찹쌀가루 8컵
- 치자물 약간(만들기 34쪽)
- 파래가루 1작은술
- 체리에이드물 1큰술(만들기 34쪽)
- 물 12~20큰술(익반죽용)
- 팥앙금 1컵(만들기 21쪽)
- 식용유 1컵
- 설탕 2컵

고명

- 대추꽃 약간(만들기 29쪽)
- 대추말이꽃 약간(만들기 28쪽)
- 호박씨 약간

수수부꾸미

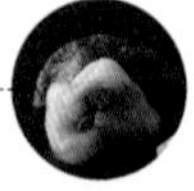

- 습식 찹쌀가루 5컵
- 찰수수가루 3컵
- 물 15~20큰술(익반죽용)
- 팥앙금 1컵(만들기 21쪽)
- 식용유 1컵
- 설탕 2컵

도구 준비하기

볼

냄비

프라이팬

나무주걱

재료 준비하기

1 호박씨는 얇게 반 가른다(31쪽).
2 생강은 껍질을 칼로 긁어 벗긴 후(32쪽) 편 썬다.
3 익반죽용 물을 끓인다.

1 — 화전 웃지지

찹쌀가루를 2컵씩 넷으로 나눠 각각 볼에 담는다. 하나는 그대로 두고 나머지 셋은 각각 치자물, 파래가루, 체리에이드물을 넣고 섞어 색을 낸다.

1 — 수수부꾸미

고운 찹쌀가루에 수수가루를 넣어 섞는다.

2

색색의 찹쌀가루에 끓는 물 3~5큰술을 조금씩 넣어가며 말랑하게 되도록 익반죽한다. 수수부꾸미는 15~20큰술을 조금씩 넣어가며 익반죽한다.

3 — 화전

1. 즙청시럽 재료를 냄비에 넣고 끈적한 농도가 생길 때까지 중간 불에서 끓인 후 식혀 볼에 담는다. * 시럽을 끓일 때는 젓지 않는다.
2. 색색의 찹쌀 반죽을 조금씩 떼어 동글납작하게 빚은 후 고명 재료를 윗면에 붙여 장식한다.
3. 달군 팬에 식용유를 두르고 약한 불에서 아랫면이 투명하게 살짝 부풀어 오를 때까지 익힌다. 장식을 붙인 윗면은 5초간 지그시 눌러 익힌다. * 갈색이 나면 예쁘지 않으니 반드시 약한 불에서 익힌다.
4. 다 익은 화전을 시럽에 담가 앞뒤로 즙청한다.

3— 웃지지

❶ 팥앙금을 대추 모양으로 조금 길게 빚는다.

❷ 색색의 찹쌀반죽을 조금씩 떼어 식용유를 바른 접시에 놓고 조금 긴 타원형으로 눌러 편다.

❸ 달군 팬에 식용유를 두르고 약한 불에서 30초씩 타지 않게 앞뒤로 익힌다.

❹ 접시에 설탕을 담고 그 위에 익힌 반죽을 뜨거운 채로 세로로 길게 얹는다.
빚어둔 팥앙금을 가운데 올린다.

❺ 팥앙금 기준 위쪽 반죽은 접어 내리고, 아래쪽 반죽은 접어 올려 뒤집은 후 양옆으로 남은 반죽을 양손 검지로 누른다.
여기까지만 작업하거나, 누른 부분을 안쪽으로 접어 넣어 더 작게 만든다.

❻ 고명 재료를 윗면에 붙여 장식한다.

3— 수수부꾸미

1. 팥앙금을 대추 모양으로 웃지지 소보다 조금 더 크게 만든다.
2. 수수 찹쌀반죽을 조금씩 떼어 식용유를 바른 접시에 놓고 동글납작하게 모양을 잡는다.
3. 달군 팬에 식용유를 두르고 약한 불에서 40초씩 타지 않게 앞뒤로 익힌다.
4. 접시에 설탕을 담고 그 위에 익힌 반죽을 뜨거운 채로 얹는다.
   빚어둔 팥앙금을 가운데 올리고 반죽을 반으로 접는다.
5. 접힌 반죽이 맞닿은 부분을 숟가락으로 지그시 눌러 붙인다.

대추약편

멥쌀가루에 약주(막걸리)와 대추고를 넣어 쪄낸 떡 위에
밤채, 대추채, 석이채, 비늘잣을 고명으로 얹었습니다.

지름 25cm, 높이 6cm 원형 찜기 1개 분량 · 50분 · 실온 1일 · 냉동 3개월

- 습식 멥쌀가루 7컵
- 대추고 5큰술(만들기 29쪽)
- 생막걸리 3~5큰술
- 설탕 3큰술

고명

- 밤채 1/2컵(만들기 26쪽)
- 대추채 1/2컵(만들기 29쪽)
- 석이채 1작은술(만들기 33쪽)
- 비늘잣 1큰술(만들기 30쪽)
- 대추말이꽃 약간(만들기 28쪽)

도구 준비하기

볼

중간체

찜기

솥

실리콘시트 스크레이퍼

재료 준비하기

막걸리는 중탕하여 45°C로 데운 후 설탕을 섞는다.

1

멥쌀가루에 막걸리, 대추고를 넣고 비벼 섞어 수분을 준 후(45쪽) 중간체에 내린다.

2

찜기에 실리콘시트를 깔고 스크레이퍼를 사용해 ①의 쌀가루를 평평하게 안친 후 고명을 골고루 올린다. 물이 끓는 솥에 찜기를 올려 김이 고루 오르면 뚜껑을 덮는다. 센 불에서 20분간 찐 후 불을 끄고 5분간 뜸 들인다.

3

한 김 식힌 후 접시를 이용해 뒤집어 담는다(49쪽).

방울증편 / 유자증편

생막걸리의 효모로 발효시킨 반죽을
틀에 넣어 찜기에 찐 증편은 기주떡, 술떡이라고도 합니다.
반죽에 색을 내 작은 틀에 찐 방울증편과
유자로 맛과 향을 더한 유자증편을 함께 소개합니다.

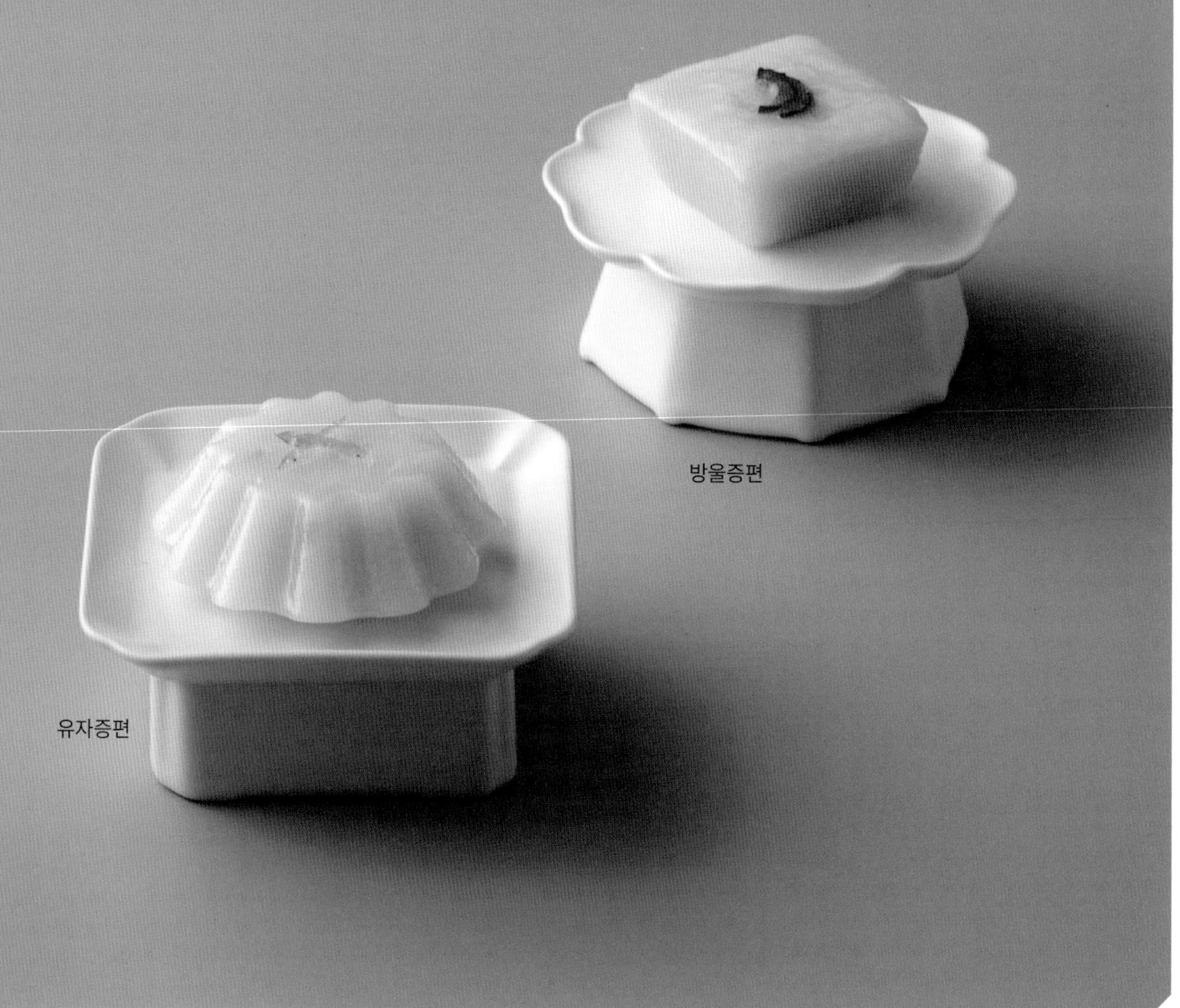

방울증편

유자증편

약 30개 분량 | 1시간(+발효 7~10시간) | 실온 1일 | 냉동 3개월

방울증편

- 고운 습식 멥쌀가루 500g
- 물 170g
- 생막걸리 170g
- 설탕 100g
- 쑥가루 1작은술
- 호박가루 1작은술
- 체리에이드가루 1/4작은술
- 커피가루 1/2작은술
- 식용유 약간

고명

- 대추채 약간(만들기 29쪽)
- 대추말이꽃 약간(만들기 28쪽)
- 검은깨 약간
- 호박씨 약간

유자증편

- 고운 습식 멥쌀가루 500g
- 물 170g
- 생막걸리 170g
- 설탕 100g
- 유자청 2큰술
- 식용유 약간

고명

- 유자청 건더기 약간

도구 준비하기

재료 준비하기 물, 막걸리는 함께 중탕하여 45°C로 데운 후 설탕을 섞는다.

증편은 재료를 무게로 계량하는 이유

증편은 막걸리의 효소로 발효시켜 만드는 떡이기 때문에 재료 간의 비율이 중요하다. 쌀가루는 수분 함량에 따라 부피가 달라질 수 있어 반죽 농도를 맞추고 발효를 원활하게 시키기 위해서는 부피보다 정확한 무게로 계량한다.

1

멥쌀가루는 고운체로 친다.

2— 방울증편

볼에 멥쌀가루, 물, 막걸리, 설탕을 넣고 멍울 없이 섞는다.

* 주르륵 흐르는 정도의 농도로 반죽한다.

2— 유자증편

볼에 멥쌀가루, 물, 막걸리, 설탕, 유자청을 넣고 멍울 없이 섞는다.

3

볼 위에 랩을 씌워 30~35°C의 따뜻한 곳에서 4~6시간 반죽이 2배로 부풀 때까지 1차 발효한다.

* 집에서 만들 때는 볼을 담요로 감싼 후 전기장판을 깔고 세기를 중으로 설정해 온도를 맞춘다.

4

반죽에 주걱을 꽂아 쓰러지지 않고 서 있을 정도로 발효되었는지 확인한다.

5

1차 발효된 반죽을 잘 섞어 공기를 뺀 후 다시 랩을 씌워 30~35°C에서 2~3시간 2차 발효한다.

6

2차 발효된 반죽을 잘 섞어 공기를 뺀 후 다시 랩을 씌워 30~35°C에서 1시간 3차 발효한다.

7

키친타월을 사용해 방울증편틀에 식용유를 얇게 바른다.

8 — 방울증편

1. ⑥의 반죽을 잘 섞어 공기를 뺀 후 반죽을 다섯으로 나눈다. 하나는 그대로 두고, 나머지 넷은 각각 쑥가루, 호박가루, 체리에이드가루, 커피가루를 섞어 색을 낸다.
2. 방울증편틀에 색색의 반죽을 80% 채우고, 대추, 검은깨, 호박씨 고명을 올려 장식한다.
   * 커피 원두 등 다양한 고명을 올려 장식할 수 있다.

8 — 유자증편

발효를 마친 반죽을 잘 섞어 공기를 뺀 후 방울증편틀에 40% 채운다. 반죽에 유자청 건더기를 얹고 다시 반죽을 80%까지 채운다. 윗면에 유자청 건더기를 고명으로 올린다.

9

증편틀을 찜기에 얹고 뚜껑을 덮은 후 실온에 20분간 두어 발효시킨다. 찜기를 솥에 얹어 센 불로 김을 올리고 약한 불로 줄여 5분, 센 불에서 10분, 다시 약한 불에서 5분간 찐 후 불을 끄고 10분간 뜸 들인다.

* 뚜껑은 끝까지 열지 않는다.

10

완성된 떡을 한 김 식힌 후 틀에서 꺼낸다. 붓으로 증편 위에 식용유를 얇게 바른다.

* 식기 전에 틀에서 꺼내면 부푼 증편이 꺼질 수 있다.

고명 대신 반죽을 사용해 장식하려면?

증편틀에 반죽을 담은 후 색이 다른 반죽을 떨어뜨리고 나무꼬치를 사용해 모양을 낸다. 나뭇잎 모양, 하트 모양 등 다양한 모양으로 장식할 수 있다.

약식 / 녹차약식

약식은 궁중에서 먹던 정월대보름 절식(節食)으로
전통적으로 약으로 사용했던 꿀과 참기름이 들어가기에 약식이라고 합니다.

녹차약식

약식

지름 8cm 모양틀 약 10개 분량 · 1시간 40분(+ 찹쌀 불리기 8시간, 섞어두기 2시간) · 실온 1일 · 냉동 3개월

약식

- 찹쌀 3컵
- 흑설탕 2/3컵
- 진간장 2큰술
- 캐러멜소스 2큰술
- 대추고 2큰술 (만들기 29쪽)
- 계핏가루 1/2작은술
- 참기름 2큰술 + 약간
- 밤 5~6개
- 대추 10개

소금물

- 물 1컵
- 소금 1작은술

캐러멜소스(2/3컵 분량)

- 설탕 1컵
- 끓는 물 1/4컵
- 물엿 2큰술

마무리 양념

- 꿀 약간
- 계핏가루 약간
- 참기름 약간
- 잣 2큰술

녹차약식

- 찹쌀 3컵
- 설탕 2/3컵
- 소금 1/2큰술
- 녹차시럽 3큰술
- 참기름 2큰술 + 약간
- 밤 5~6개
- 대추 10개

소금물

- 물 1컵
- 소금 1작은술

녹차시럽(2/3컵 분량)

- 설탕 1컵
- 녹차가루 3큰술
- 물 1/2컵
- 물엿 2큰술

마무리 양념

- 꿀 약간
- 녹차가루 2큰술
- 참기름 약간
- 잣 2큰술

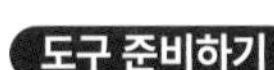

볼

찜기

솥

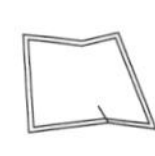
면포

냄비

나무주걱

모양틀

재료 준비하기

1 찹쌀은 8시간 이상 불린 후 체에 밭쳐 물기를 제거한다.
2 밤은 속껍질까지 벗긴다(26쪽).
3 대추는 돌려 깎아 씨를 제거한다(28쪽).
4 잣은 고깔을 뗀다(30쪽).
5 소금물 재료를 섞어 소금물을 만든다.

1

찜기에 젖은 면포를 깔고
불린 찹쌀을 안친다.
물이 끓는 솥에 찜기를 올리고
김이 고루 오르면
뚜껑을 덮은 후 센 불에서
약 30분 찐다.

2

뚜껑을 열어 소금물을
고루 뿌리고 센 불에서
30분간 더 찐다.
* 반쯤 익은 찹쌀에
소금물을 뿌리면
간이 잘 밴다.

3- 약식

냄비에 캐러멜소스 재료 중
설탕을 넣고 중간 불에서
젓지 않고 끓인다.
가장자리부터 색이 나기
시작해 전체적으로 갈색을
띠면 끓는 물, 물엿을 넣어
섞고 불을 끈다.

3- 녹차약식

냄비에 녹차시럽 재료 중
설탕, 녹차가루, 물을 넣고
중간 불에 올린다.
끓어오르면 물엿을 넣고
조금 더 끓여 윤기가 나면
불에서 내린다.

①

②

①

②

4- 약식

❶ 찐 찹쌀이 뜨거울 때 큰 그릇에 쏟아 흑설탕을 넣고
밥알이 한 알씩 떨어지도록 주걱으로 섞는다.

❷ 진간장, ③의 캐러멜소스, 대추고, 계핏가루,
참기름(2큰술) 순서로 넣고 섞어 맛과 색을 낸다.

4- 녹차약식

❶ 찐 찹쌀이 뜨거울 때 큰 그릇에 쏟아 설탕, 소금을 넣고
밥알이 한 알씩 떨어지도록 주걱으로 섞는다.

❷ ③의 녹차시럽, 참기름(2큰술) 순서로 넣고 섞어
맛과 색을 낸다.

5

밤, 대추는
사방 1cm 크기로 썬다.

6

④에 ⑤를 넣어 섞은 후
2시간 이상 상온에 두어
맛이 배도록 한다.

7

찜기에 젖은 면포를 깔고
⑥을 안친다. 물이 끓는 솥에
찜기를 올리고 김이 고루
오르면 뚜껑을 덮은 후
센 불에서 40분간 찐다.

8

볼에 쏟아 마무리 양념 재료를
넣고 섞는다.

9

모양틀에 참기름(약간)을
골고루 바른 후 약식을 넣고
박아내어 모양을 낸다.

전자레인지로 쉽게 만들기

찹쌀 3컵(540g), 물 2와 1/2컵(500㎖), 밤 7개,
대추 15개, 잣 2큰술
양념 진간장 3큰술, 황설탕 3큰술, 흑설탕 3큰술, 꿀 2큰술,
계핏가루 1/2작은술, 참기름 2큰술, 소금 1/3작은술

1 찹쌀은 씻은 후 8시간 이상 충분히 불려 체에 건지고 물기를 제거한다.
2 볼에 양념 재료를 섞는다. 대추는 손질(26쪽)한 후 굵게 채 썬다.
3 내열 용기(3ℓ 용량)에 불린 찹쌀과 밤, 물을 붓고 뚜껑을 살짝 연 상태로 전자레인지에 10분 돌린 후 꺼내어 섞고 다시 10분간 돌린다.
4 ②의 양념, 굵게 채 썬 대추를 넣고 섞은 후 뚜껑을 덮고 전자레인지에 10분간 돌린다.
5 뚜껑을 열지 않은 채 3분간 뜸 들인다.
⋆ 전기밥솥 사용 시 불린 쌀과 모든 재료를 넣고 밥솥의 잡곡밥 기능을 선택한 후 취사를 누른다.

한과

한과란 한국 옛 과자를 총칭하는 이름입니다. 서양식 과자나 일본식 화과자에 비해 단맛이 덜해 남녀노소 간식으로 즐기기 좋아요. 대표적인 한과의 종류로는 유밀과, 다식, 정과, 과편, 숙실과, 강정이 있습니다.

궁중약과

• 레시피 190쪽

청주, 생강, 꿀, 참기름과 같이
값비싼 재료로 만들었기에 주로 궁중에서 즐겼던 전통 유밀과입니다.

만두과

• 레시피 192쪽

약과 반죽에 소를 넣고 풀어지지 않도록 꼭꼭 붙여
만두 모양으로 만든 전통 한과입니다.

지름 5cm, 높이 1cm 약과틀 약 10개 분량 50분(+ 휴지 30분, 즙청 1시간) 실온 5일 냉동 6개월

궁중약과

- 밀가루(중력분) 200g
- 소금 1/2작은술
- 후춧가루 약간
- 참기름 2큰술
- 꿀 3큰술
- 청주 2큰술
- 생강즙 2큰술(만들기 32쪽)
- 식용유 1~1.5ℓ

즙청시럽

- 조청 2컵
- 물 2/3컵
- 생강 20g
- 대추 씨 5~6개분
- 계핏가루 1/3작은술

도구 준비하기

볼

고운체

냄비

밀대

약과틀

떡비닐

스크레이퍼

튀김솥

채반

재료 준비하기

생강은 껍질을 칼로 긁어 벗긴 후(32쪽) 편 썬다.

1

냄비에 조청, 물, 생강, 대추 씨를 넣고 중간 불에서 10분간 가열한다. 끓어오르면 불을 끄고 계핏가루를 넣어 섞은 후 완전히 식힌다.
* 손질하고 남은 대추 씨를 사용한다.

2

볼에 밀가루, 소금, 후춧가루, 참기름을 넣고 골고루 비벼 기름을 먹인 후 고운체에 내린다. * 굵은 천일염을 사용할 경우, 칼을 눕혀 곱게 으깨어 넣는다.

3

꿀을 담은 볼에 청주, 생강즙을 넣어 고루 섞는다.

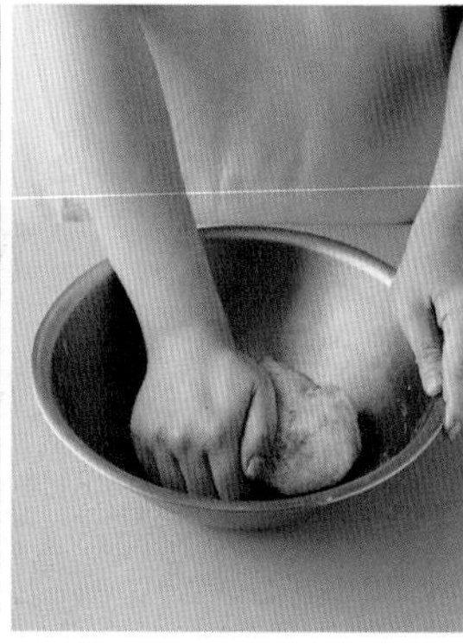

4

②의 가루에 ③을 넣고 손을 갈퀴 모양으로 세워 고루 섞은 후 대충 뭉쳐지면 한 덩어리가 되도록 반죽한다. 반죽을 2cm 두께로 밀어 비닐에 싸서 30분간 휴지시킨다.

5

④의 반죽을
밀대나 방망이로 두드려
편 후 반으로 접는다.
이 과정을 3번 반복한다.

6

키친타월을 사용해 약과틀에
참기름을 얇게 바른다.
⋆ 실리콘 약과틀을
사용할 경우 이 과정은
생략해도 된다.

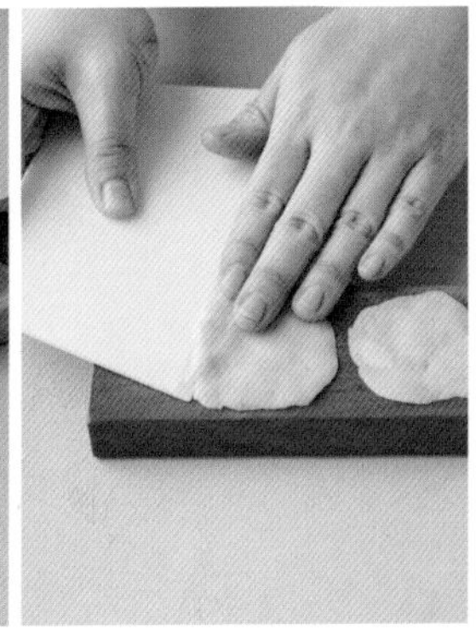

7

반죽을 적당한 크기로 떼어
약과틀에 채워 넣은 후
스크레이퍼로 틀 위에
튀어나온 반죽을 평평하게
깎아낸다.

8

꼬치를 반죽에 깊게 찔러
구멍을 여러 개 낸 후
모양낸 반죽을 꼬치로
조심스럽게 들어올려 틀에서
꺼낸다.

9

튀김솥에 식용유를 넉넉히
붓고 140°C까지 달군다.
체에 궁중약과 반죽을 얹어
식용유에 넣고 중약 불에서
갈색이 날 때까지 튀긴다.
⋆ 튀김 기름 온도는
165°C를 넘지 않게 한다.

10

튀긴 약과는 잠시 체에 밭쳐
기름을 뺀 후 즙청시럽에
1시간 동안 담가둔다.

11

채반에 밭쳐 여분의 시럽을
제거한다.

약 20개 분량 · 50분(+ 휴지 30분) · 실온 5일 · 냉동 6개월

만두과

- 밀가루(중력분) 200g
- 소금 1/2작은술
- 후춧가루 약간
- 참기름 3큰술
- 꿀 3과 1/2큰술
- 청주 2큰술
- 생강즙 2큰술(만들기 32쪽)
- 식용유 1~1.5ℓ

즙청시럽

- 조청 2컵
- 물 2/3컵
- 생강 20g
- 대추 씨 5~6개분
- 계핏가루 1/3작은술

소

- 곶감 50g
- 유자청 건더기 30g
- 대추 2~3개

고명

- 잣가루 약간
(만들기 30쪽)

도구 준비하기

볼

고운체

냄비

밀대

떡비닐

튀김솥

채반

재료 준비하기

1 생강은 껍질을 칼로 긁어 벗긴 후(32쪽) 편 썬다.
2 곶감은 꼭지를 잘라낸 후 반으로 갈라 씨를 빼낸다(27쪽).
3 대추는 돌려 깎아 씨를 제거한다(28쪽).

1

냄비에 조청, 물, 생강, 대추 씨를 넣고 중간 불에서 10분간 가열한다. 끓어오르면 불을 끄고 계핏가루를 넣어 섞은 후 완전히 식힌다.
* 손질하고 남은 대추 씨를 사용한다.

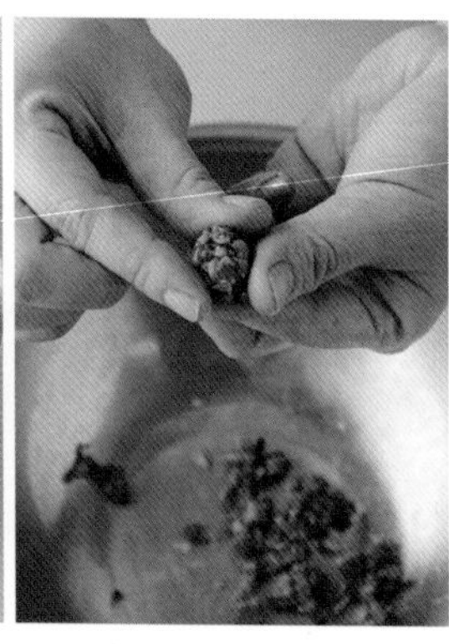

2

소 재료는 잘게 다져 볼에 넣고 섞은 후 콩알만 한 크기로 동그랗게 빚어 소를 만든다.

3

볼에 밀가루, 소금, 후춧가루, 참기름을 넣고 골고루 비벼 기름을 먹인 후 고운체에 내린다. * 굵은 천일염을 사용할 경우, 칼을 눕혀 곱게 으깨어 넣는다.

4

꿀을 담은 볼에 청주, 생강즙을 넣어 고루 섞는다.

5

③의 가루에 ④를 넣고 손을 갈퀴 모양으로 세워 고루 섞은 후 대충 뭉쳐지면 한 덩어리가 되도록 반죽한다. 반죽을 2cm 두께로 밀어 비닐에 싸서 30분간 휴지시킨다.

6

⑤의 반죽을 밀대나 방망이로 두드려 편 후 반으로 접는다. 이 과정을 3번 반복한다.

7

반죽을 밤톨만큼 떼어 둥글게 빚은 후 가운데 홈을 만들어 ②의 소를 넣는다.

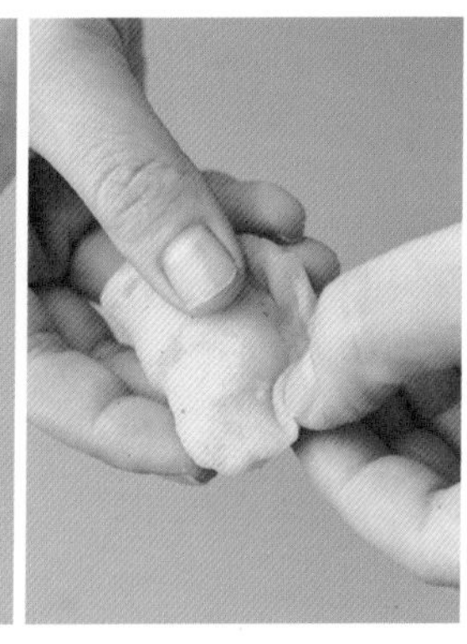

8

엄지와 검지를 사용해 송편 모양으로 끝부분을 눌러 붙인 후 이음매를 꼬집어 새끼줄 꼬듯이 모양을 만든다.
* 모양을 만든 후 선풍기 바람으로 1시간 동안 말리면 튀길 때 잘 터지지 않는다.

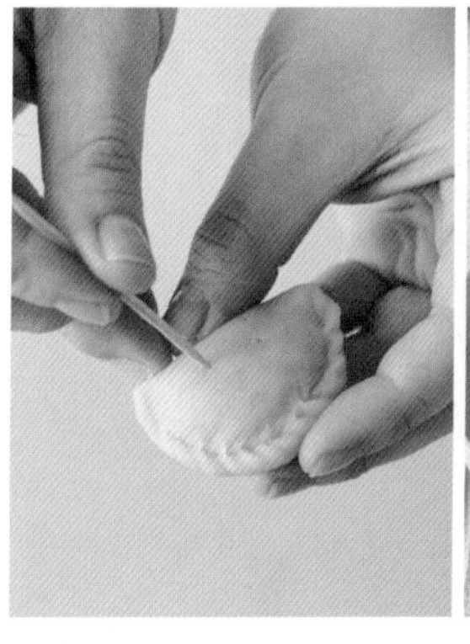

9

꼬치를 사용해 앞뒤로 구멍을 3개씩 뚫는다.

10

튀김솥에 식용유를 넉넉히 붓고 150°C까지 달군다. 체에 ⑨를 얹어 식용유에 넣고 약한 불에서 갈색이 날 때까지 튀긴다. * 튀김 기름 온도는 165°C를 넘지 않게 한다.

11

튀긴 만두과는 잠시 체에 밭쳐 기름을 뺀 후 즙청시럽에 10분 동안 담가둔다.

12

채반에 밭쳐 여분의 시럽을 제거하고 잣가루를 조금씩 올려 장식한다.

개성약과

불교문화가 자리잡았던 고려시대,
상에 올리기 위해 큰 사각형 모양의 과자로 튀기다가
먹기 쉽고 튀기기 쉽게 한입 크기로 만든 과자를
개성약과 또는 모약과라고 부릅니다.

(✳) 3×3cm 정사각형 개성약과 약 20개 분량 　 40분(+ 휴지 1시간, 즙청 1시간) 　 실온 5일 　 냉동 6개월

- 밀가루(중력분) 400g
- 소금 1작은술
- 후춧가루 약간
- 참기름 7큰술
- 설탕 1/2컵
- 물 1/2컵
- 꿀 1큰술(또는 물엿)
- 소주 7큰술
- 식용유 1~1.5ℓ

즙청시럽(약 2컵 분량)
- 조청 2컵
- 물 2/3컵
- 껍질 벗긴 생강 20g
- 대추 씨 5~6개분
- 계핏가루 1/3작은술

도구 준비하기

볼

고운체

냄비

밀대

스크레이퍼
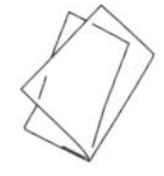
떡비닐

꽃모양틀

튀김솥

채반

재료 준비하기

생강은 껍질을 칼로 긁어 벗긴 후(32쪽) 편 썬다.

1

냄비에 조청, 물(2/3컵), 생강, 대추 씨를 넣고 중간 불에서 10분간 가열한다. 끓어오르면 불을 끄고 계핏가루를 넣어 섞은 후 완전히 식힌다.

⋆ 대추를 손질하고 남은 대추 씨를 사용한다.

2

냄비에 설탕, 물(1/2컵)을 넣고 젓지 않고 약한 불로 끓인다. 시럽이 1/2컵 정도로 졸아들면 꿀을 넣고 불을 끄고 식힌 후 시럽에 소주를 넣고 잘 섞는다.

⋆ 도수 높은 소주를 넣어 반죽하면 켜가 잘 생기고 식감이 바삭해진다.

3

볼에 밀가루, 소금, 후춧가루, 참기름을 넣고 골고루 비벼 기름을 먹인 후 고운체에 내린다.

⋆ 굵은 천일염을 사용할 경우, 칼을 눕혀 곱게 으깨어 넣는다.

4

②를 붓고 손을 갈퀴 모양으로
세워 고루 섞은 후 날가루가 보이지
않도록 섞어 한 덩어리로 만든다.

5

도마 위로 옮긴 후 밀대로
1.5cm 두께가 되도록 밀어 편다.
스크레이퍼로 반을 잘라 겹친다.

6

⑤를 3번 반복해 켜를 만들고
비닐을 덮어 1시간 냉장 휴지시킨다.

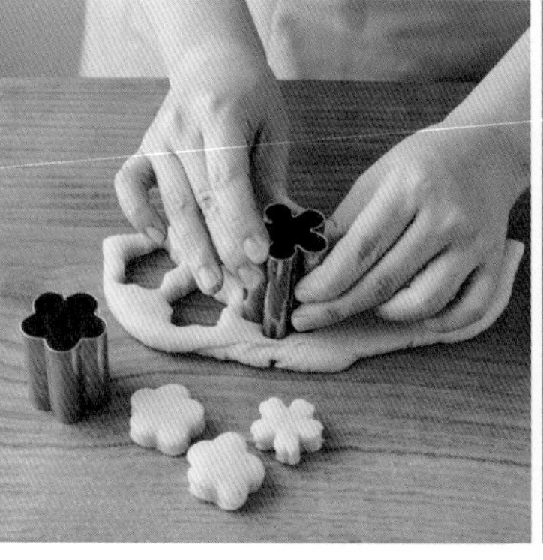

7

밀대를 사용해 반죽을 0.8cm 두께로 밀고
사방 3cm 크기의 정사각형으로 자르거나 꽃모양틀로 찍어낸다.

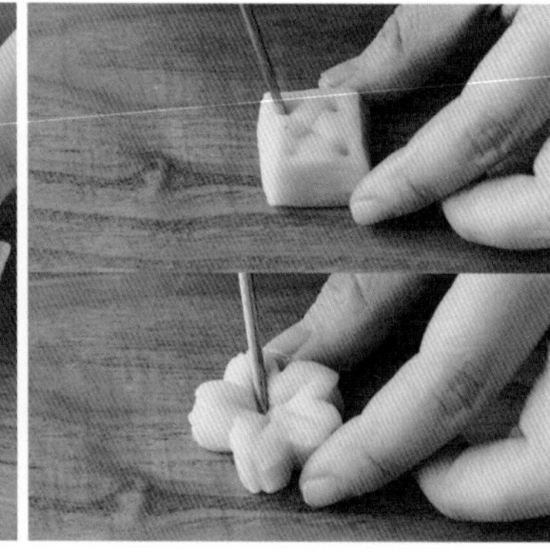

8

정사각형 반죽은 과도로 중앙에
X자 모양 칼집을 넣고 젓가락 끝으로
네 귀퉁이를 찔러 구멍을 낸다.
꽃모양 반죽은 젓가락 끝을 중앙에
비스듬하게 꽂아 구멍을 내고,
꽃잎 방향으로 젓가락을 눕혀 자국을
낸다. 이 과정을 꽃잎 개수만큼
반복한다.

9

튀김솥에 식용유를 넉넉히 붓고 90°C까지 달군 후 개성약과 반죽을 넣는다. 약한 불에서 부풀어 오르면서 떠오르면 센 불로 올려 기름 온도를 165~170°C로 맞춘다.

10

갈색이 날 때까지 튀긴 후 체로 건진다.

11

즙청시럽에 약 1시간 담가둔다.

12

채반 위에 약과를 옆으로 세워 여분의 시럽을 제거한다.

* 켜 사이사이에 스며든 시럽을 떨어뜨리기 위해 약과끼리 기대어 세워둔다.

개성약과를 반죽할 때 소주를 사용하는 이유

소주에 함유된 에탄올은 끓는점이 약 78.4°C로 물보다 낮다. 소주를 섞은 반죽을 튀기면 수분이 빠르게 증발하면서 표면이 내부보다 먼저 익기 때문에 결이 살아난다. 또한 알코올이 반죽의 글루텐 형성을 억제하기 때문에 반죽이 질겨지지 않고 바삭한 식감을 낼 수 있다.

개성약과를 튀길 때 기름 온도를 저온에서 고온으로 천천히 올리는 이유

개성약과 반죽은 기름에서 천천히 부풀어 오르면서 결이 생기는 과정이 중요한데, 낮은 온도에서 서서히 온도를 올리면 반죽이 안쪽부터 천천히 익으면서 페이스트리처럼 부풀게 된다. 너무 높은 온도에서 튀기면 겉면만 색이 나고 속은 덜 익거나, 결이 부드럽게 형성되지 않아 딱딱하거나 들뜬 식감이 날 수 있다.

매작과 / 타래과

매작과는 약과에서 특히 값비싼 재료인 꿀과 참기름을 빼고 만든 과자로 매화나무(梅)에 참새(雀)가 앉은 모양과 같다고 하여 붙여진 이름입니다. 같은 반죽을 실타래처럼 모양을 내 만든 것은 타래과라고 부릅니다.

매작과 20개, 타래과 10개 분량 40분 실온 3일 냉동 6개월

- 밀가루(중력분) 2컵
- 소금 1/4작은술
- 다진 생강 1/2큰술
- 다진 인삼 1/2큰술
- 체리에이드물 1큰술(만들기 34쪽)
- 파래가루 1작은술
- 치자물 1/2큰술(만들기 34쪽)
- 물 12~16큰술
- 전분 3큰술
- 식용유 1~1.5ℓ

즙청시럽(약 1컵 분량)

- 설탕 1/2컵
- 물 1/2컵
- 물엿 2큰술
- 꿀 1큰술
- 계핏가루 1/4작은술

고명

- 잣가루 2큰술(만들기 30쪽)

도구 준비하기

볼

고운체

냄비

밀대

나무젓가락 튀김솥 채반

1

냄비에 즙청시럽 재료의 설탕, 물(1/2컵)을 넣고 중간 불에서 설탕이 다 녹을 때까지 젓지 않고 끓인다. 물엿과 꿀을 넣고 약 10분간 졸여 시럽이 1컵 정도가 되면 불을 끄고 식힌다.

2

식힌 즙청시럽에 계핏가루를 넣고 섞는다.

3

밀가루에 소금을 섞어 고운체에 내린다.

* 굵은 천일염을 사용할 경우, 칼을 눕혀 곱게 으깨어 넣는다.

4

밀가루를 넷으로 나눠 볼에 담고 각각의 색, 맛 내는 재료를 비벼 섞는다. 물을 각각 3~4큰술씩 넣고 매끈하게 반죽한다.

* 흰색(다진 인삼), 분홍(체리에이드물), 노랑(치자물, 다진 생강), 초록(파래가루)

5

④의 반죽에 전분을 뿌리고 밀대를 사용해 0.2cm 두께로 각각 밀어 편다.

6

두 장의 반죽 사이에 물을 발라 겹쳐 얹고 붙인다. 밀대로 밀어 다시 0.2cm 두께로 밀어 편다.

* 서로 다른 색의 반죽을 붙이면 더 예쁜 매작과를 완성할 수 있다.

7 — 매작과 모양내기

1. 길이 5cm, 폭 2cm 직사각형 모양으로 자른다.
2. 세 개의 평행한 칼금을 넣는다. 이때 가운데 칼금은 양쪽 칼금보다 더 길게 넣는다.
3. 반죽의 한쪽 끝을 가운데 칼금 사이로 넣어 한 번 뒤집는다.

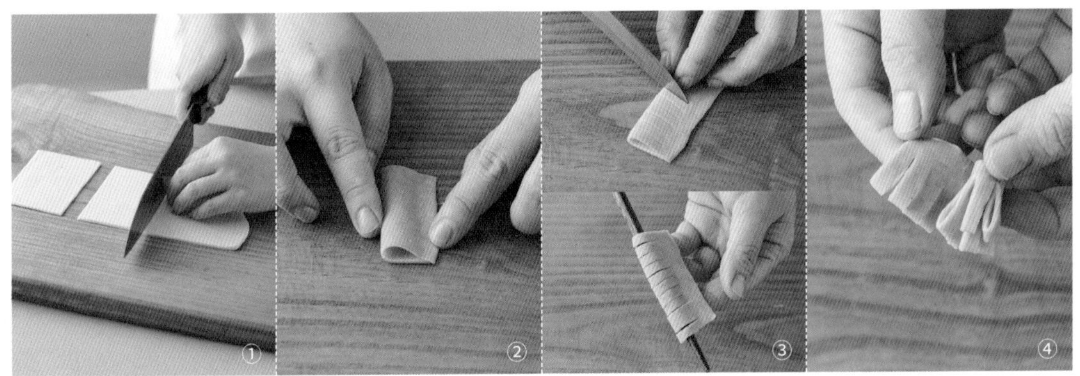

8— 타래과 모양내기

1. 길이 8cm, 폭 6cm 직사각형 모양으로 자른다.
2. 반죽을 반으로 접어 끝부분만 물을 발라 붙이고 안쪽은 띄워둔다.
3. 반죽이 붙지 않은 안쪽에 0.3cm 간격으로 칼집을 넣은 후 칼집 넣은 쪽에 젓가락을 넣어 공간을 만든다.
4. 칼집을 넣지 않은 쪽을 잡고 말아 고정시킨다.
   * 너무 힘을 줘서 말면 튀겼을 때 기둥 부분이 잘 익지 않으니 약간 엉성한 듯하게 마는 것이 좋다.

9

튀김솥에 식용유를 넉넉히 붓고 160°C까지 달군 후 매작과, 타래과 반죽을 넣고 중약 불에서 겉면이 옅은 갈색이 되고 바삭해질 때까지 튀긴다. * 반죽이 위로 떠오르면 젓가락으로 한 번씩 뒤집고, 한쪽으로 휘지 않도록 모양을 잡아가며 튀긴다.

10

튀긴 매작과, 타래과를 즙청시럽에 5분간 담가 즙청한 후 채반에 건져 여분의 시럽을 제거한다. 잣가루를 고명으로 올린다.

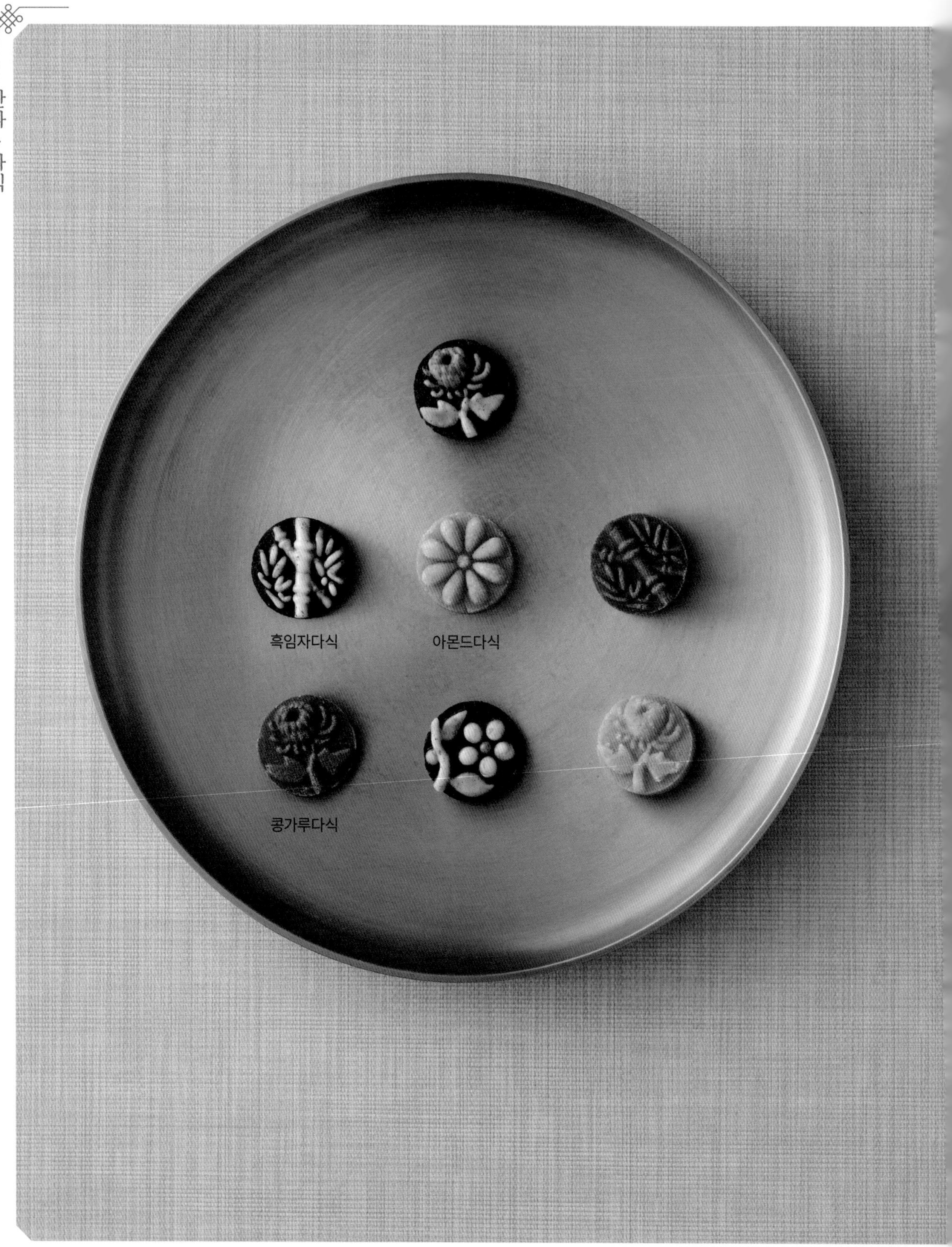
흑임자다식
아몬드다식
콩가루다식

삼색다식
(콩가루다식 / 흑임자다식 / 아몬드다식)

• 레시피 204쪽

다식은 예로부터 아름다운 빛깔로
잔칫상을 장식해 온 과자입니다.
마른 가루를 꿀로 반죽하여
다식판에 박아내는 것인데, 다식판에는
'수복강녕(壽福康寧)' 등 인간의 바람 또는
자연과 친숙하고자 하는 의미를 담아
동물이나 꽃 모양을 음각해 놓았습니다.

약 40~50개 분량 | 40분 | 실온 3일 | 냉동 6개월

콩가루다식

- 볶은 콩가루 1/2컵
- 시럽 2큰술
- 식용유 약간

시럽(약 4/5컵 분량)

- 물엿 1컵
- 설탕 1/2컵
- 물 2큰술
- 꿀 4큰술

흑임자다식

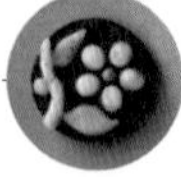

- 검은깨고물 1/2컵 (만들기 24쪽)
- 시럽 1큰술
- 식용유 약간

시럽(약 4/5컵 분량)

- 물엿 1컵
- 설탕 1/2컵
- 물 2큰술
- 꿀 4큰술

아몬드다식

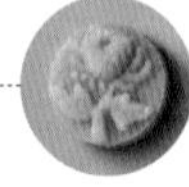

- 아몬드파우더 1/2컵
- 비트즙 1/2큰술(생략 가능)
- 시럽 2큰술
- 식용유 약간

시럽(약 4/5컵 분량)

- 물엿 1컵
- 설탕 1/2컵
- 물 2큰술
- 꿀 4큰술

도구 준비하기

볼

냄비

다식틀

붓

스크레이퍼

1

냄비에 물엿, 설탕, 물을 넣고
중약 불에서 젓지 않고 끓인다.
설탕이 녹고 시럽이 바글바글 끓으면
꿀을 넣은 후 불을 끄고 식힌다.

2

다식틀에 붓을 이용해
식용유를 구석구석 바른다.

3

각각의 가루에 시럽을 조금씩 넣어가며
손으로 반죽한다.
* 아몬드파우더는 시럽을 넣기 전
비트즙을 넣고 양손으로 비벼 섞는다.

4

다식 반죽을 밤톨만큼 떼어서
다식틀에 채워 넣는다.

5

다식틀 크기에 맞는 누름봉으로
반죽을 꾹꾹 눌러 빈틈없이 채운다.

6

스크레이퍼로 틀 위에 튀어나온
반죽을 깎아낸다.

7

틀 상단을 내려
다식을 틀에서 꺼낸다.

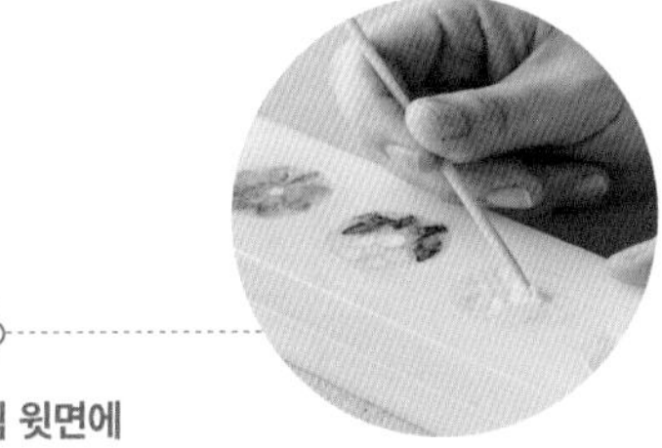

다식 윗면에 색색의 무늬를 넣으려면?

전분을 물에 3:1 비율로 섞어 뻑뻑하게 갠 후 복분자가루, 쑥가루, 호박가루 등을 섞어 색을 낸다. 꼬치를 사용해 다식틀의 무늬에 원하는 모양으로 채워 넣는다. 다식틀의 상단을 내려 평평한 상태로 작업을 진행한 후 상단을 올려 일반 다식과 마찬가지로 반죽을 다식틀에 채워 넣는다. 특히 색이 짙은 흑임자다식을 만들 때 무늬를 넣으면 예쁘다.

약선다식

한약재나 건강에 좋은 식재료를 활용해 만드는 전통 간식으로,
차와 함께 즐기며 약효를 기대할 수 있는 고급 다과입니다.

30개 분량 20분 실온 3일 냉동 6개월

- 마가루 1컵
- 승검초가루 1/2컵
- 송홧가루 1/4컵
- 참기름 약간
- 시럽 3~4큰술

시럽(약 4/5컵 분량)

- 물엿 1컵
- 설탕 1/2컵
- 물 2큰술
- 꿀 4큰술

도구 준비하기

볼

냄비

다식틀

붓

스크레이퍼

1

냄비에 물엿, 설탕, 물을 넣고 중약 불에서 젓지 않고 끓인다. 설탕이 녹고 시럽이 바글바글 끓으면 꿀을 넣은 후 불을 끄고 식힌다.

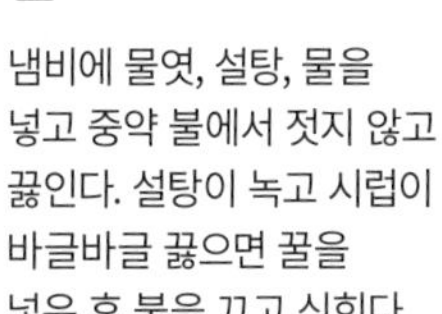

2

다식틀에 붓을 이용해 참기름을 구석구석 바른다.

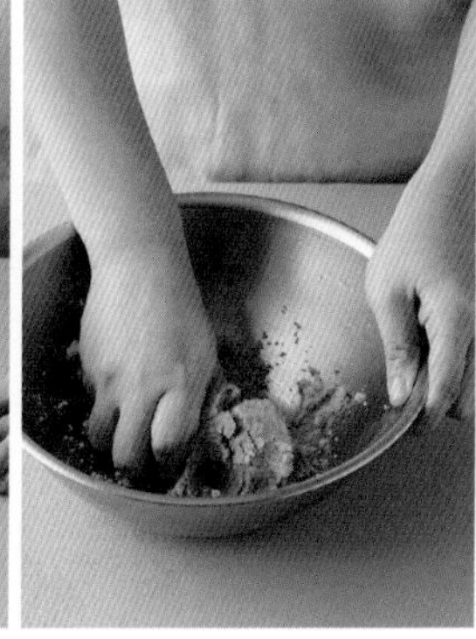

3

볼에 마가루, 승검초가루, 송홧가루를 넣고 시럽을 조금씩 넣어가며 손으로 반죽한다.

4

다식 반죽을 밤톨만큼 떼어서 다식틀에 채운 후 누름봉으로 반죽을 꾹꾹 눌러 채운다. 스크레이퍼로 틀 위에 튀어나온 반죽을 깎아내고 틀 상단을 내려 다식을 틀에서 꺼낸다.

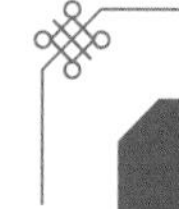

사과정과 / 무화과정과 / 금귤정과

한철에만 잠깐 맛볼 수 있는 홍옥, 무화과, 금귤을
당에 조리고 말려 일 년 내내 먹을 수 있도록 만든 정과입니다.

사과정과
• 레시피 209쪽

무화과정과
• 레시피 210쪽

금귤정과
• 레시피 212쪽

사과 2~3개 분량 15분(+ 건조 3시간) 실온 5일 냉동 6개월

사과정과

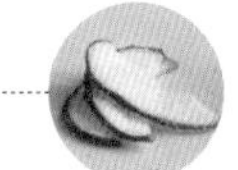

- 홍옥 500g
- 설탕 100g
- 물엿 2컵

도구 준비하기

칼

찜기

실리콘시트

솥

냄비

채반

홍옥을 사용하는 이유
사과정과를 만들 때는 크기가 작고 껍질이 빨간 홍옥을 고르는 것이 가장 좋다. 홍옥은 단단한 식감을 가지고 있어 조리 후에도 모양이 잘 유지되며, 새콤한 맛이 시럽의 단맛과 조화롭게 어우러진다.

1

사과는 양끝을 큼직하게 잘라낸 후 껍질째 0.3cm 두께로 썬다.

2

사과에 설탕을 뿌려 잠시 둔 후 물이 생기면 김이 오른 찜기에 넣고 10초 정도 쪄서 꺼낸다.

3

냄비에 물엿을 넣고 센 불에 올린다. 바글바글 끓어오르면 불을 끄고 ②의 사과를 넣고 완전히 식을 때까지 담가둔다.

4

사과를 꺼낸 후 잘 펼쳐서 채반에 밭쳐 여분의 시럽을 제거한다. 선풍기 바람으로 건조시키거나 50~60°C의 건조기에서 겉면이 끈적이지 않을 때까지 말린다.

12~15개 분량 30분(+ 설탕에 재우기 8시간, 당침 24~30시간, 건조 6~8시간) 실온 5일 냉동 6개월

무화과정과

- 무화과 2kg
- 설탕 200g
- 물엿 2kg

도구 준비하기

볼

유산지

웍

채반

재료 준비하기

무화과는 긴 꼭지를 잘라내 세척한 후 벌어진 과육 사이로 물이 들어가지 않도록 꼭지를 위로 두고 채반에 밭쳐 물기를 제거한다.

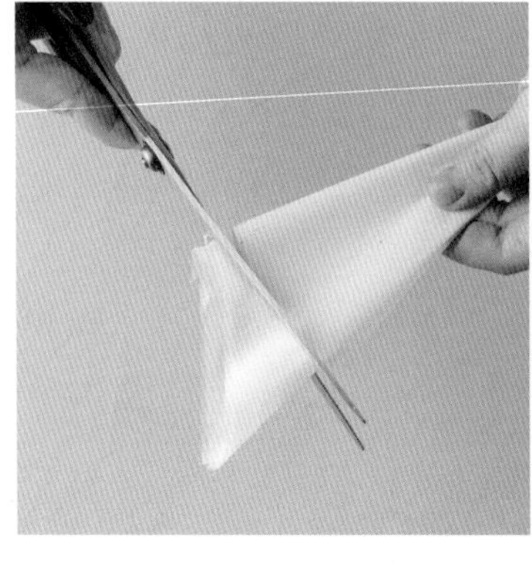

1

유산지를 여러 번 접어 삼각형 모양으로 만든 후 가장자리를 가위로 잘라낸다.
* 접은 유산지의 한 변의 길이가 냄비의 반지름보다 조금 짧은 정도면 적당하다.

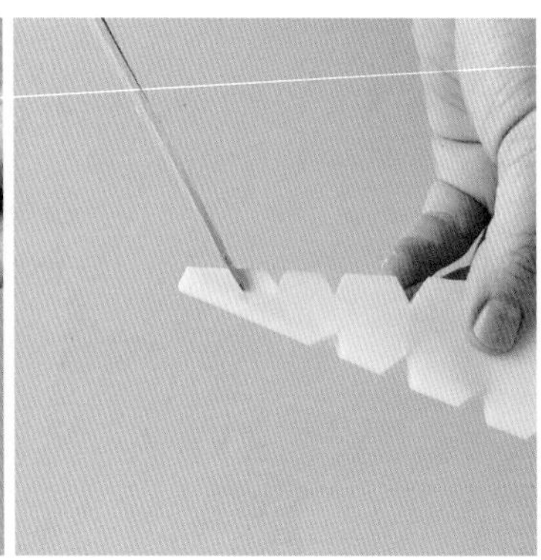

2

접은 유산지의 양옆을 가위로 조금씩 도려내 구멍을 만든다.
* 유산지는 오랜 시간 식히면서 이물질이 들어가거나 표면이 마르는 것을 방지해준다.

3

볼에 무화과를 담고 설탕을 뿌려 실온에서 하룻밤 재운다.
* 무화과를 재우고 난 후 남은 설탕과 무화과에서 빠져나온 물은 따로 보관해 양념이나 소스에 활용하면 좋다.

4

큰 웍에 약 2cm 깊이로 물을
부은 후 당침한 무화과를 담는다.
무화과 한 층이 다 잠길 만큼
물엿을 붓고 ②의 유산지를 펼쳐
덮은 후 중간 불에 올린다.
* 구멍이 뚫린 스테인리스 받침을
냄비 바닥에 깔면 바닥이 타지
않는다.

5

시럽이 끓어오르면 약한 불로 줄여
5분간 끓이다가 불을 끈다.
무화과를 건져내 볼에 담고 유산지를
다시 덮어 6시간 이상 완전히 식힌다.

6

웍 바닥의 스테인리스 받침을 꺼내고
시럽만 센 불에 올린다.
끓어오르면 약한 불로 줄인 후
무화과를 다시 넣고 5분간 끓이다가
불을 끄고 무화과를 건져내 식힌다.
이 과정을 3~4회 반복한다.
* 이 과정을 4~5회 더 반복하면
본래의 식감은 덜하지만 더 쫀득한 정과를
만들 수 있다.

7

완성된 무화과를 꺼낸 후 채반에 밭쳐
여분의 시럽을 제거한 후
무화과를 옆으로 뉘어 선풍기 바람으로
건조시키거나 50~60°C의 건조기에서
겉면이 끈적이지 않을 때까지 말린다.

금귤 1kg 분량 | 1시간(+ 설탕에 재우기 12시간, 당침 3~4시간, 건조 4~6시간) | 실온 5일 | 냉동 6개월

금귤정과

- 금귤 1kg
- 설탕 200g

시럽

- 물엿 500g
- 설탕 100g

도구 준비하기

칼

볼

중간체

냄비

채반

재료 준비하기

금귤은 베이킹소다를 푼 물에 담갔다가 문질러 닦고 맑은 물에 여러 번 헹군다.

1

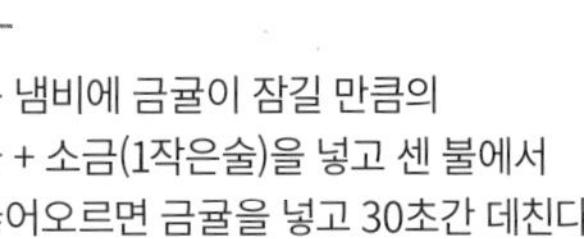

큰 냄비에 금귤이 잠길 만큼의 물 + 소금(1작은술)을 넣고 센 불에서 끓어오르면 금귤을 넣고 30초간 데친다. 찬물에 헹궈 식히고 체에 밭쳐 물기를 제거한다.

2

금귤을 꼭지와 수평 방향으로 반으로 자른 후 꼬치로 씨를 제거한다.

3

볼에 ②의 금귤, 설탕(200g)을 넣고 실온에서 12시간 이상 재운다.

* 2~3시간마다 뒤적이며 고루 재운다.

4

냄비에 시럽 재료를 넣고
중간 불에 올려 젓지 않고
설탕이 다 녹을 때까지 가열한다.

5

③의 금귤을 넣고 약한 불에서
겉면이 투명해질 때까지 조린 후
불을 끄고 식힌다.

6

완전히 식으면 금귤을 건져내고 시럽만
센 불에서 가열한다. 끓어오르면 불을 끄고
건져낸 금귤을 다시 넣고 식힌다.
금귤이 완전히 투명해질 때까지 이 과정을
3~4번 반복한다.

7

금귤을 채반에 밭쳐 시럽을 제거한 후
선풍기 바람으로 건조시키거나
50~60°C의 건조기에서
겉면이 끈적이지 않을 때까지 말린다.

단호박정과 / 감자정과 / 당근정과 / 연근정과

채소의 색과 모양을 그대로 살려, 오래 두고 먹을 수 있는 달콤한 정과입니다.
각 재료의 성질에 맞게 조리 과정을 따라 정과를 완성해보세요.

감자정과
• 레시피 217쪽

당근정과
• 레시피 218쪽

단호박정과
• 레시피 216쪽
연근정과
• 레시피 220쪽

약 20개 분량 40분(+ 당침 2~3시간, 건조 4~6시간)

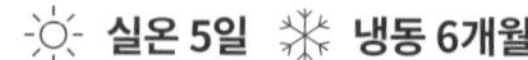

실온 5일 냉동 6개월

단호박정과

- 단호박 500g
- 설탕 8큰술 + 50g
- 물엿 2컵
- 소금 약간

도구 준비하기

칼

중간체

냄비

채반

1

단호박은 씨를 제거하고 0.5cm 두께로 썬다. 설탕(8큰술)을 뿌려 겉면의 설탕이 스며들어 없어질 때까지 절인 후 잠시 체에 밭쳐 물기를 제거한다.

2

냄비에 설탕(50g), 물엿, 소금을 넣고 센 불에서 가열하여 바글바글 끓어오르면 불을 끈다.

3

②의 시럽에 단호박을 넣어 당침한다. 시럽이 완전히 식으면 단호박을 건져내 다시 시럽을 끓인 후 불을 끄고 단호박을 넣어 당침한다. 단호박이 약간 투명해질 때까지 이 과정을 1~2번 더 반복한다.

4

단호박을 건져 채반에 널고 겉면이 끈적이지 않을 때까지 건조시킨다.

약 12~15개 분량 | 40분(+ 건조 4~6시간) | 실온 5일 | 냉동 6개월

감자정과

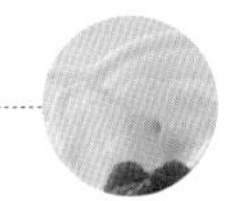

- 껍질 벗긴 감자 200g
- 설탕 5큰술 + 50g
- 물엿 2컵
- 소금 약간

도구 준비하기

칼

볼

냄비

채반

재료 준비하기

감자는 과도나 필러를 사용해 껍질을 벗긴다.

1

감자는 0.3cm 두께로 얇게 썬다. 잠길 만큼의 물에 5분간 담가 표면의 전분기를 제거한다.

2

설탕(5큰술)을 뿌려 말랑해질 때까지 절인 후 키친타월로 표면의 전분을 제거한다.

* 전분기를 제거하면 정과가 부서지지 않고 예쁘게 완성된다.

3

냄비에 물엿, 설탕(50g), 소금을 넣고 센 불에서 가열하여 바글바글 끓어오르면 불을 끄고 감자를 담근다. 시럽이 완전히 식을 때까지 그대로 둔다.

4

감자를 건져 채반에 널고 겉면이 끈적이지 않을 때까지 건조시킨다.

약 20개 분량 | 40분(+ 건조 4~6시간) | 실온 5일 | 냉동 6개월

당근정과

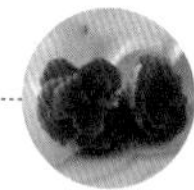

- 껍질 벗긴 당근 200g
- 설탕 5큰술 + 50g
- 물엿 2컵
- 소금 약간

도구 준비하기

칼

중간체

냄비

채반

재료 준비하기

당근은 과도나 필러를 사용해 껍질을 벗긴다.

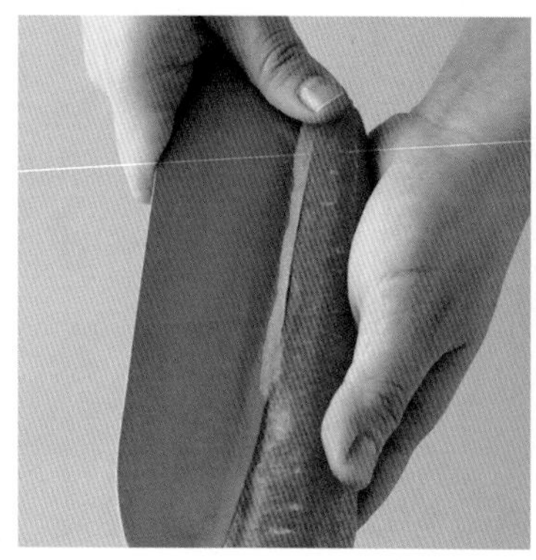

1

당근 끝부분에 V자 모양으로 10cm 이상의 칼집을, 일정한 간격으로 돌려가며 4~5개 넣는다.

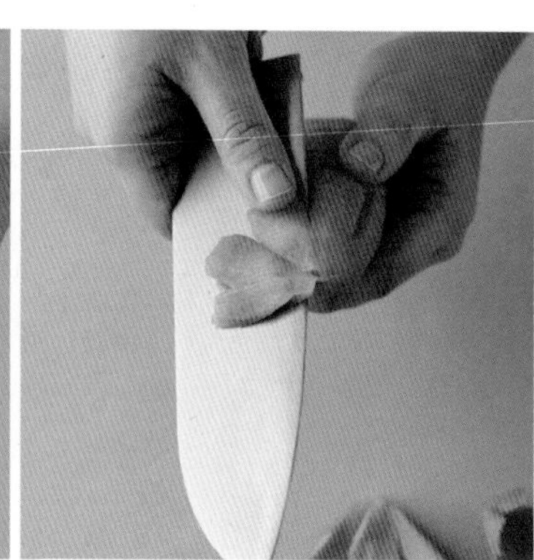

2

연필 깎듯이 돌려 깎는다.
* 짧게 끊어지지 않도록 한 바퀴 이상 이어 깎는다.

3

당근에 설탕(5큰술)을 뿌리고 수분이 나와 설탕 입자가 모두 녹을 때까지 절인 후 체에 밭쳐 물기를 제거한다.
* 완전히 숨이 죽을 때까지 절이기 때문에 정과용 당근은 싱싱한 것보다 약간 시든 것이 알맞다.

4

냄비에 설탕(50g), 물엿, 소금을 넣고 센 불에서 가열하여 바글바글 끓어오르면 불을 끈 후 당근을 넣어 당침한다.

5

시럽이 완전히 식으면 당근을 건져내고 다시 시럽만 센 불에 끓인다. 바글바글 끓어오르면 불을 끄고 다시 당근을 넣고 당침한다. 이 과정을 2번 더 반복한 후 당근을 체에 건진다.

6

당근을 꽃 모양으로 여러 장 겹쳐가며 촘촘하게 말아 모양을 낸다.

7

채반에 널어 겉면이 끈적이지 않을 때까지 건조시킨다.

당근정과의 쓰임

당근정과는 주로 떡이나 폐백상에 오르는 닭의 장식으로 사용되어 왔다. 음식을 장식할 때는 먹을 수 있는 재료로 장식하는 것이 원칙이기 때문에, 색도 모양도 예쁜 당근정과를 활용했다.

❀ **약 20개 분량** ◷ **40분(+ 건조 1시간)** ☼ **실온 5일** ❄ **냉동 6개월**

연근정과

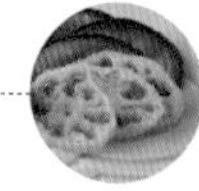

- 껍질 벗긴 연근 200g
- 소금 1/2작은술
- 물 1컵
- 설탕 1/2컵 + 1/2컵
- 물엿 2큰술
- 소금 1/2작은술
- 꿀 2큰술

도구 준비하기

칼

볼

냄비

중간체

채반

재료 준비하기

연근은 과도나 필러를 사용해 껍질을 벗긴다.

1

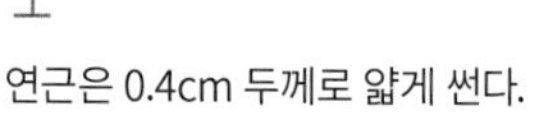

연근은 0.4cm 두께로 얇게 썬다.

2

갈변하지 않도록
잠길 만큼의 물 + 식초(약간)에
담가둔다.

3

냄비에 넉넉한 양의 물 + 소금(약간)을
넣어 센 불로 끓인 후 식초(1작은술)를
넣고 연근을 3분간 살짝 데친다.
찬물에 헹구고 체에 밭쳐 물기를
제거한다.

우엉정과 만들기

칼등으로 껍질을 벗기고 0.6cm 두께로 어슷 썬 후
식촛물에 담가두기, 데치기, 조리기 등
연근정과와 동일한 과정을 거치면 우엉정과가 완성된다.

4

냄비에 연근, 물, 설탕(1/2컵),
소금(1/2작은술)을 넣고
중간 불에서 끓어오르면 약한 불로
줄인 후 물엿을 넣고 서서히 조린다.
물기가 거의 날아가면 꿀을 넣고 섞는다.

5

조린 연근을 건져 시럽을 털어내고
설탕(1/2컵)을 담은 접시에 놓고
앞뒤로 뒤집어가며 설탕을 묻힌다.

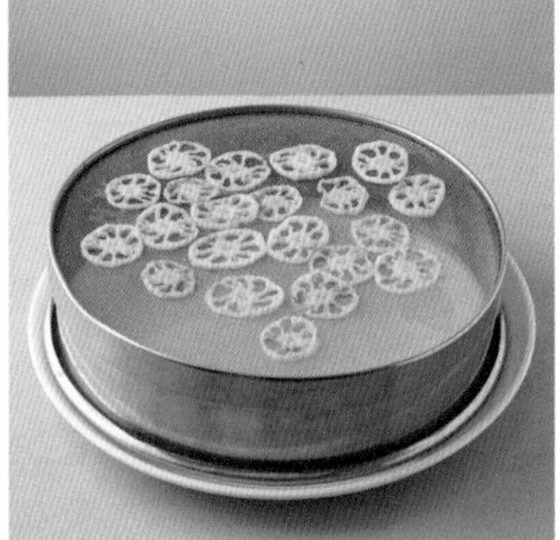

6

채반에 널어 1시간 이상 건조시킨다.

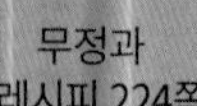

생강정과 / 무정과 / 도라지정과

단단하고 향이 강한 뿌리채소는 정과를 만들기에 적당한 재료입니다.
완성된 정과는 꿀물에 띄워 향을 내 음료로 활용하기도 합니다.

꼬치 10개 분량 40분(+ 건조 1시간) 실온 5일 냉동 6개월

생강정과

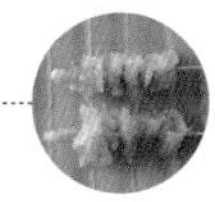

- 껍질 벗긴 생강 100g
- 설탕 1/3컵
- 잣 1큰술

시럽

- 물 1/2컵
- 설탕 50g
- 소금 약간
- 물엿 1큰술
- 꿀 1큰술

도구 준비하기

칼

볼

냄비

채반

재료 준비하기

1 생강은 칼로 껍질을 긁어 벗긴다(32쪽).

2 잣은 고깔을 뗀다(30쪽).

1

생강은 얇게 저며 냄비에 넉넉한 양의 물 + 소금(약간)을 넣고 센 불에서 3분간 데친 후 찬물에 헹군다.

2

냄비에 생강, 물(1/2컵), 설탕(50g), 소금(약간)을 넣고 센 불에서 끓기 시작하면 약한 불로 줄인다. 물엿을 넣어 생강이 투명해질 때까지 조린 후 꿀을 넣어 섞는다.

3

채반에 밭쳐 여분의 시럽을 제거한다.

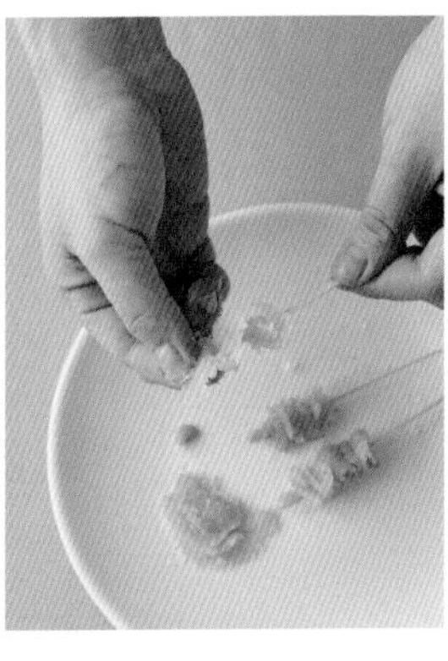

4

생강에 앞뒤로 설탕을 묻히고 1시간 자연 건조시킨 후 주름지게 잡아 꼬치에 잣과 함께 꽂는다.

* 설탕을 묻힌 생강정과를 완전히 건조시켜 딱딱하게 말린 것이 편강이다.

약 20쪽 분량 40분(+ 건조 1시간) 실온 5일 냉동 6개월

무정과

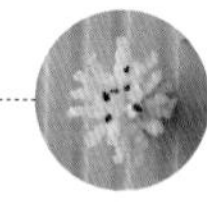

- 껍질 벗긴 무 100g
- 설탕 50g
- 잣 2큰술
- 대추채 약간(만들기 29쪽)
- 검은깨 약간

시럽

- 설탕 8큰술
- 물엿 3큰술
- 소금 약간
- 꿀 3큰술
- 치자물 1/2컵(만들기 34쪽)
- 체리에이드가루 2작은술
- 녹차가루 1큰술

도구 준비하기

칼

채반

냄비

중간체

재료 준비하기

1 체리에이드가루, 녹차가루는 각각 물 1/2컵에 섞어둔다.

2 잣은 고깔을 뗀다(30쪽).

3 무는 칼로 껍질을 벗긴다.

1

무는 0.5cm 두께의
지름 6cm 반원형,
사방 5cm 정사각형,
12×3cm 직사각형으로 썬다.

2

반원형 무에는 평행한 칼집을
3개 넣는다.

3

직사각형 무에는
빗 모양으로 칼집을 넣는다.

4

무에 설탕(50g)을 뿌려
설탕이 없어지고
물이 생길 때까지 재운다.

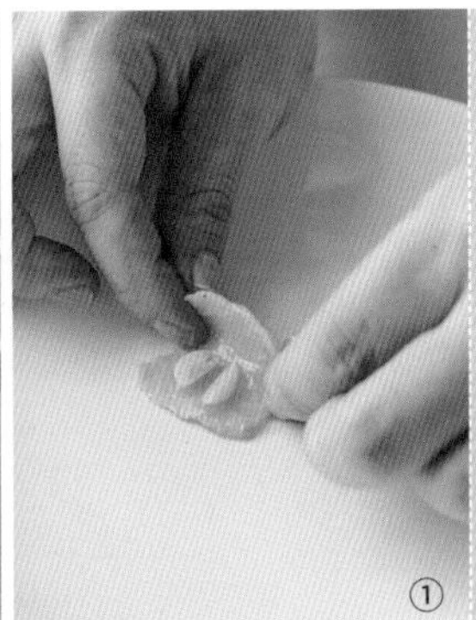

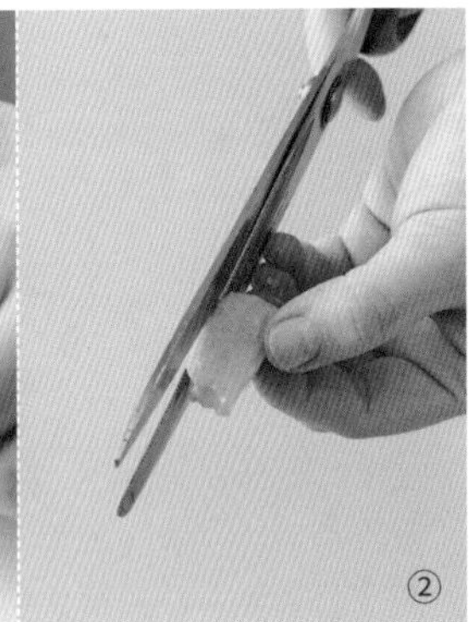

5

냄비에 시럽 재료의
설탕(8큰술), 물엿, 소금을
넣고 중약 불에서 설탕이
녹을 때까지 끓인다.
셋으로 나눠 각각 치자물,
체리에이드가루 섞은 물,
녹차가루 섞은 물을 넣고
색을 낸다.

6

냄비에 각각의 색을 낸
시럽을 넣고 약한 불에서
끓어오르면 무를 넣어
조린다. 무가 투명해지면서
색이 배면 꿀(1큰술씩)을
넣고 잠시 더 조린 후
체에 밭쳐 여분의 시럽을
제거한다.

7 — 정사각형 모양내기

1. 정사각형 무에 잣을 2알 넣고 반으로 접는다.
2. 잣을 감싼 반원형이 되도록 가위로 가장자리를 둥글게 오려낸다.

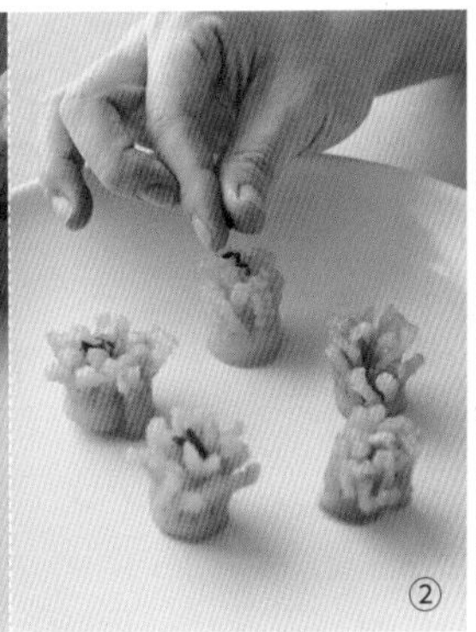

8 — 반원형 모양내기

반원형 무는
가운데 칼금 사이로
한 번 뒤집는다.

9 — 직사각형 모양내기

1. 직사각형 무는 칼집 없는 부분을 잡고 돌돌 말아 칼집 넣은 부분을 꽃처럼 만든다.
2. 검은깨, 대추채 등으로 장식한다.

10

채반에 널고 겉면이
끈적이지 않을 때까지
건조시킨다.

약 20~30쪽 분량 / 40분(+ 건조 1시간) / 실온 5일 / 냉동 6개월

도라지정과

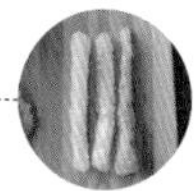

- 껍질 벗긴 통도라지 100g
- 소금 1/2작은술
- 설탕 1/2컵

시럽

- 설탕 50g
- 물 1큰술
- 물엿 1/2컵
- 꿀 1큰술

도구 준비하기

칼

볼

냄비

채반

재료 준비하기

도라지는 과도를 사용해 껍질을 벗긴다.

1

통도라지는 4cm 길이로 썰어 굵은 부분은 4등분하고, 가는 부분은 2등분한다.

2

볼에 ①, 소금(1/2작은술)을 넣고 주물러 쓴맛을 빼고 헹군다.

3

냄비에 넉넉한 양의 물 + 소금(약간)을 넣고 센 불에서 끓어오르면 도라지를 넣고 중간 불에서 3~5분간 무르지 않게 데쳐 찬물에 헹군다.

정과를 오래 두고 먹을 수 있는 이유

정과는 설탕, 물엿, 꿀 등의 당으로 절이거나 조리는 과정에서 재료의 수분 함량이 낮아져 미생물이 번식하기 어려운 환경을 만든다. 또한 표면의 시럽이나 설탕이 공기와의 접촉을 막아주기 덕분에 산패가 방지된다. 이 때문에 귀하거나 사계절 만나기 어려운 식재료는 예로부터 정과로 만들어 즐겼다.
밀폐 용기에 넣어 냉동하면 6개월까지 보관이 가능하며, 잠시 꺼내두면 금방 해동되니 처음 완성했을 때의 맛 그대로 즐길 수 있다.

4

냄비에 설탕(50g), 물을 넣어 중간 불에 올린 후 설탕이 녹으면 물엿, 꿀을 넣는다.
시럽이 끓어오르면 데친 도라지를 넣고 투명해질 때까지 시럽을 조린다.

5

도라지를 시럽에서 건져내 설탕(1/2컵)을 담은 접시에 놓고 앞뒤로 뒤집어가며 설탕을 묻힌다.

6

채반에 널어 정과가 꾸덕하게 마를 때까지 건조시킨다.

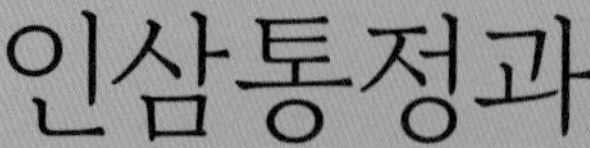

인삼통정과

굵직한 인삼을 통째로 조청에 넣고 오랜 시간 조려 만든 인삼통정과는
인삼의 쌉싸름한 맛과 달콤한 조청이 조화를 이루는 전통 약선간식입니다.

인삼 5뿌리 분량 · 20분(+ 당침 7~11시간, 건조 6~8시간) · 실온 5일 · 냉동 6개월

- 인삼 5뿌리
- 설탕 1컵

시럽
- 조청 2컵
- 설탕 1/2컵
- 물 1/2컵
- 소금 약간

도구 준비하기

찜기

실리콘시트

솔

웍

채반

재료 준비하기

인삼은 솔로 문질러가며 겉에 묻은 흙을 제거한 후 물로 깨끗이 씻고 뇌두 부분을 잘라낸다.

1

찜기에 실리콘시트를 깔고 인삼을 넣는다. 물이 끓는 솥에 찜기를 올리고 중간 불에서 30분간 찐다. 인삼을 큰 바늘로 여러 번 찌른다. * 굵은 쪽을 힘을 줘서 바늘로 뚫을 수 있을 만큼 찐다. 인삼을 바늘로 찌르면 안쪽까지 잘 익고 시럽이 고루 스며든다.

2

큰 웍에 조청, 설탕(1/2컵), 물, 소금을 넣고 센 불에 올려 설탕이 녹고 바글바글 끓으면 불을 끈다. 한 김 식힌 후 인삼을 넣고 뚜껑을 덮는다.

3

완전히 식으면 인삼을 꺼낸 후 뚜껑을 열고 시럽을 다시 끓인다. 시럽이 바글바글 끓으면 불을 끄고 한 김 식힌 후 다시 인삼을 넣고 뚜껑을 덮어 완전히 식힌다. 인삼이 투명해질 때까지 이 과정을 6~10번 반복한다.

4

인삼을 건져 채반에 널고 겉면이 끈적이지 않을 때까지 말린다. 설탕(1컵)을 담은 접시에 놓고 앞뒤로 뒤집어가며 설탕을 묻힌다.
* 식용금박으로 장식해도 좋다.

인삼편정과

인삼을 얄팍하게 편으로 썰어 당조림 한 것으로
향과 맛이 강한 인삼을 디저트로 즐길 수 있는 가장 좋은 방법입니다.

약 50~60쪽 분량 | 40분(+ 건조 4~6시간) | 실온 5일 | 냉동 6개월

- 껍질 벗긴 인삼 5뿌리
- 설탕 1/2컵
- 말린 꽃 약간
- 솔잎 약간

시럽

- 인삼 삶은 물 1/2컵 + 약간
- 설탕 1컵
- 물엿 2컵

도구 준비하기

칼

냄비

채반

재료 준비하기

인삼은 솔로 문질러가며 겉에 묻은 흙을 제거한 후 물로 깨끗이 씻고 껍질을 벗긴다.

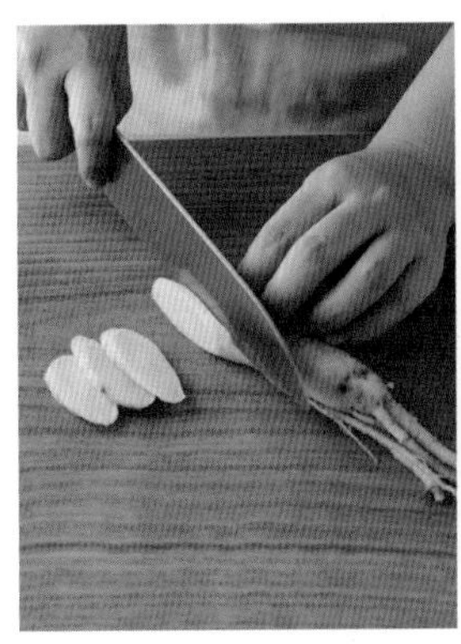

1

인삼은 0.4cm 두께로 어슷하게 썬다.

2

냄비에 ①의 인삼과 물 3컵 + 소금(약간)을 넣고 센 불에서 끓어오르면 약 30초간 삶은 후 찬물에 헹군다.

* 인삼 삶은 물은 버리지 않고 정과 만들 때 시럽에 물 대신 사용한다.

3

냄비에 ②의 인삼 삶은 물(1/2컵), 설탕(1컵)을 넣고 센 불에 올려 설탕이 녹으면 물엿을 넣는다. 끓어오르면 ②의 인삼을 넣어 약한 불로 줄이고 인삼 삶은 물(약간)을 조금씩 더해가며 인삼이 투명해질 때까지 조린다.

4

채반에 밭쳐 여분의 시럽을 제거한 후 실온에서 말린다. 설탕(1/2컵)을 담은 접시에 놓고 앞뒤로 뒤집어가며 설탕을 묻힌 후 말린 꽃, 솔잎 등으로 장식한다.

생란 / 율란 / 조란

란(卵)은 재료를 다져 꿀을 넣고 조린 다음 다시 원래 재료 모양으로 빚은 것을 뜻하며, 입자가 고운 재료로 만들었다고 하여 숙실과 중에서도 세실과(細實果)에 속합니다. 생란, 율란, 조란은 각각 생강, 밤, 대추로 만든 것이며 궁중 잔치에 올렸던 고급 간식입니다.

율란
• 레시피 236쪽

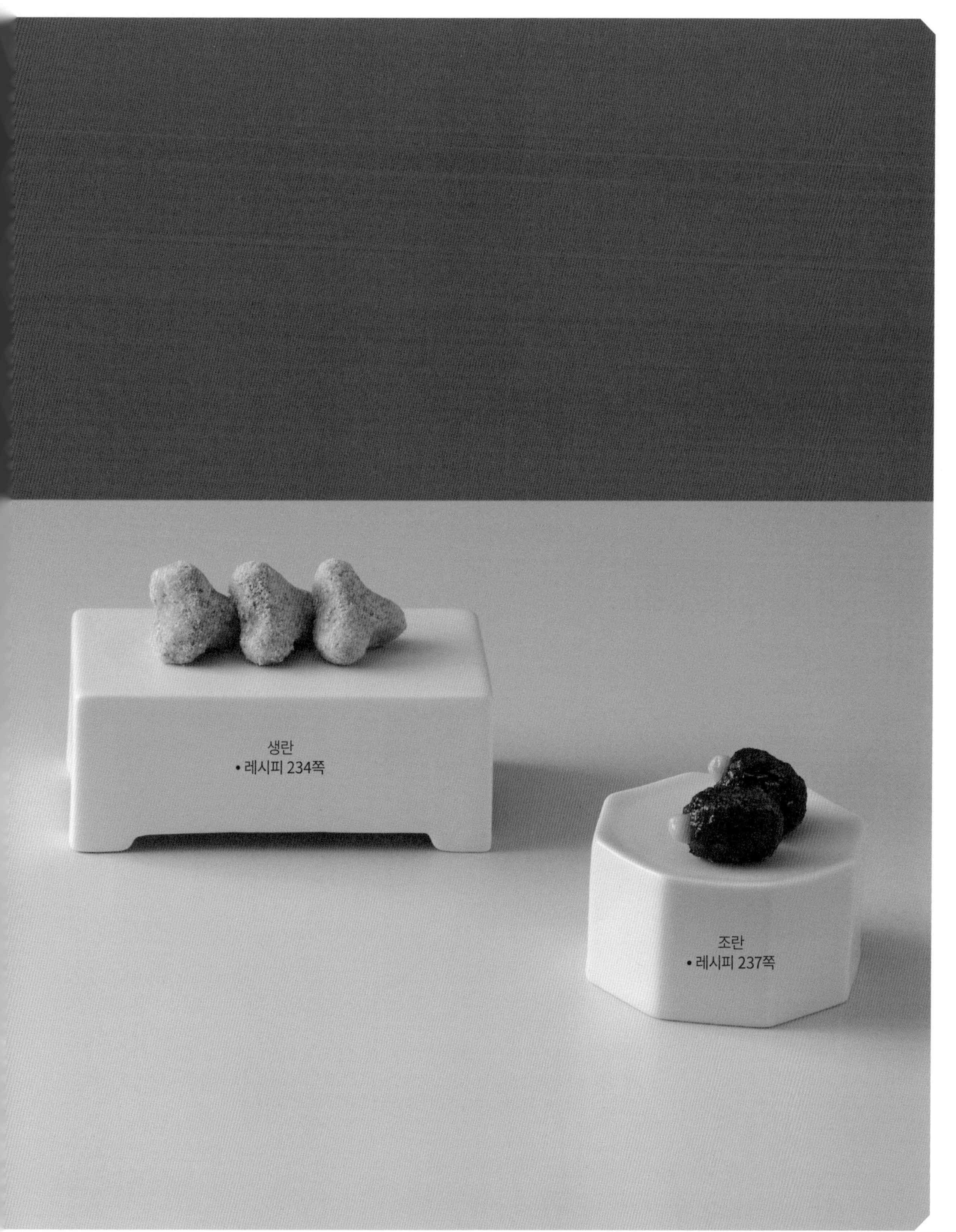

생란
• 레시피 234쪽

조란
• 레시피 237쪽

약 20개 분량 | 40분 | 실온 1일 | 냉동 6개월

생란

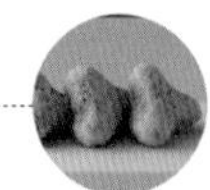

- 껍질 벗긴 생강 200g
- 물 1컵
- 설탕 100g
- 소금 약간
- 물엿 3큰술
- 꿀 1큰술 + 약간
- 볶은 콩가루 2/3컵(또는 잣가루)

도구 준비하기

푸드프로세서

볼

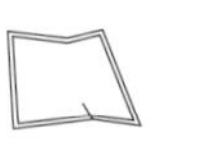
면포

냄비

재료 준비하기

생강은 껍질을 칼로 긁어 벗긴 후(32쪽) 물에 담가 놓는다.

1

푸드프로세서에 생강, 물(1컵)을 넣고 곱게 간다.

2

①을 면포에 걸러 건더기와 생강물을 분리한다.

3

볼에 물을 담고 건더기를 면포째로 헹궈 매운맛을 빼고, 생강물은 따로 담아 전분을 가라앉힌다.

* 전분을 가라앉힌 윗물은 얼음으로 얼려 양념이나 차로 이용할 수 있다.

4

냄비에 ③의 생강 건더기,
잠길 만큼의 물, 설탕, 소금을 넣고
중간 불에서 끓어오르면 약한 불로
줄여 물엿을 넣고 조린다.
* 떠오르는 거품은 말끔히 걷어낸다.

5

수분이 거의 없어지면 ③의 가라앉힌
전분을 넣고 엉기게 섞는다.
다시 되직해질 때까지 수분을 날린 후
꿀(1큰술)을 넣고 3분간 더 조린다.

6

접시에 펼쳐 차게 식힌 후
손에 꿀(약간)을 조금씩 발라가며
삼각뿔이 난 생강 모양으로 빚는다.

7

볶은 콩가루를 담은 접시에 놓고
앞뒤로 굴려가며 콩가루를 묻힌다.

약 20개 분량 | 50분 | 실온 1일 | 냉동 6개월

율란

- 껍질 벗긴 밤 20개(300g)
- 계핏가루 1/3작은술 + 약간
- 소금 약간
- 꿀 1작은술 + 약간
- 잣가루 약간(만들기 30쪽)

도구 준비하기

냄비

중간체

볼

재료 준비하기

밤은 속껍질까지 벗긴다(26쪽).

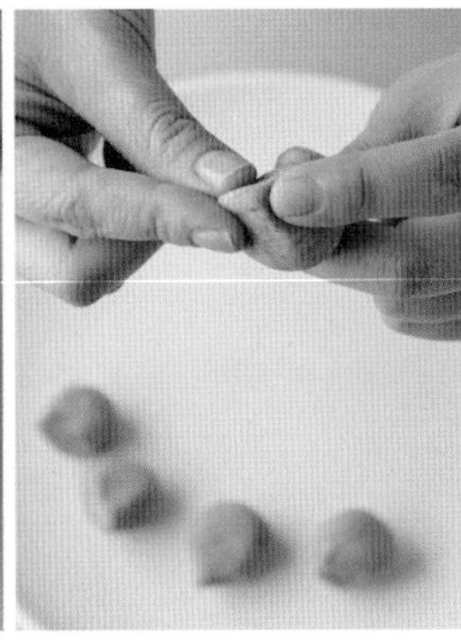

1

냄비에 밤, 잠길 만큼의 물을 넣고 센 불에서 25~30분간 부드럽게 삶는다.

2

뜨거울 때 중간체에 내린다.

3

계핏가루(1/3작은술), 소금을 넣어 섞은 후 꿀(1작은술)을 넣어 뭉쳐지도록 반죽하고 적당한 크기로 떼어 밤 모양으로 빚는다.

* 밤 자체에 수분이 많으면 꿀 대신 설탕을 넣어 단맛을 더한다.

4

밤 모양 아랫부분에 꿀(약간)을 묻혀 잣가루나 계핏가루(약간)를 묻힌다.

약 20개 분량 | 50분 | 실온 1일 | 냉동 6개월

조란

- 대추가루 100g(만들기 29쪽)
- 물 1컵
- 설탕 3큰술
- 소금 약간
- 물엿 3큰술
- 계핏가루 1/2작은술
- 잣 약간

도구 준비하기

냄비

재료 준비하기

잣은 고깔을 뗀다(30쪽).

1

냄비에 물, 설탕을 넣고 중간 불에 올린 후 설탕이 녹으면 물엿, 소금을 넣는다. 끓어오르면 약한 불로 줄여 대추가루를 넣고 저어가며 끓인다.

2

시럽이 졸아 대추가루가 뭉쳐지면 계핏가루를 넣어 섞은 후 불을 끈다.

3

넓은 접시에 펼쳐 한 김 식힌 후 적당한 크기로 떼어 대추 모양으로 빚는다.

4

한쪽 끝에 잣을 한 알 박아 꼭지를 만든다.

호박란 / 유자란 / 귤란 / 당근란

재료를 다져 꿀을 넣고 조린 후 다시 원래 재료 모양으로 빚는 란(卵)을 현대의 식재료로 응용한 메뉴입니다. 재료 고유의 자연스러운 맛과 모양을 가지고 있어 장식으로 사용하기에도 안성맞춤입니다.

호박란
• 레시피 240쪽

유자란
• 레시피 241쪽

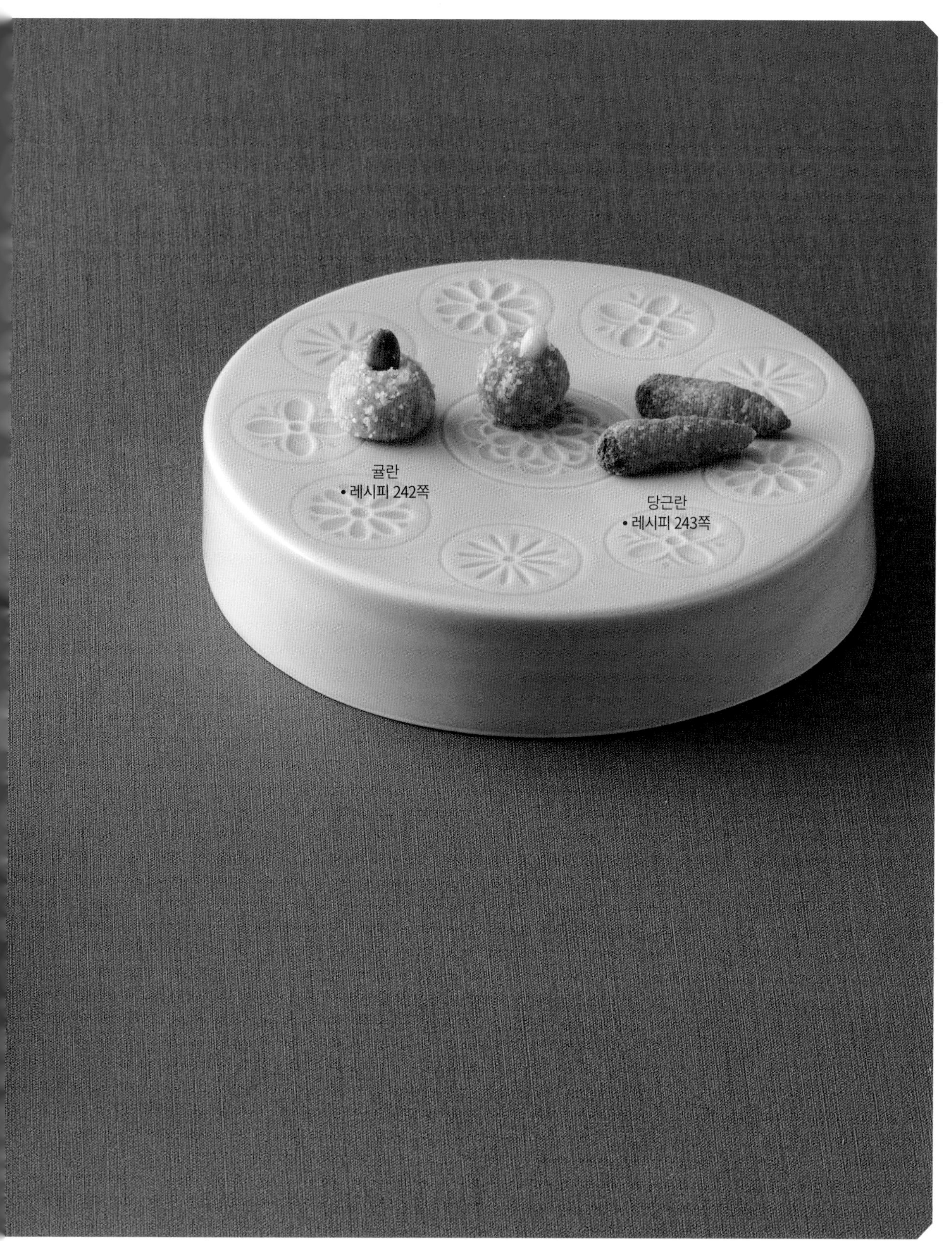
귤란
• 레시피 242쪽
당근란
• 레시피 243쪽

약 20개 분량 50분 실온 1일 냉동 6개월

호박란

- 손질한 단호박 200g
- 설탕 1/3컵
- 물엿 3큰술
- 소금 1/3작은술
- 전분물 3큰술
- 꿀 1큰술
- 호박가루 1/4컵
- 녹차가루 1/4컵
- 호박씨 1큰술

도구 준비하기

찜기

실리콘시트

솥

볼

절굿공이

재료 준비하기

1 단호박은 반 잘라 씨를 파내고 껍질을 벗긴다(32쪽).

2 전분물은 전분과 물을 1:1 비율로 섞어 분량만큼 준비한다.

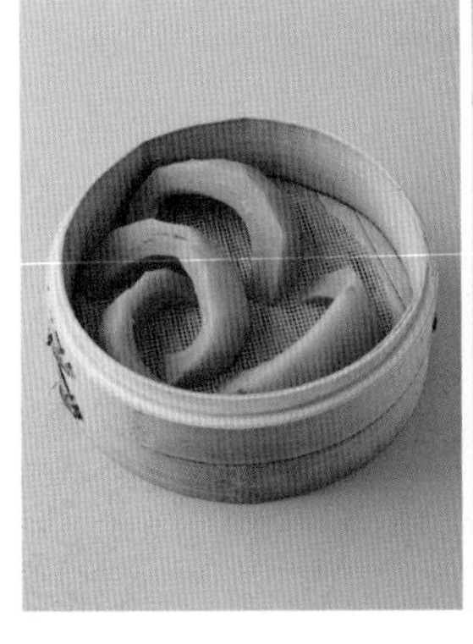

1

호박은 큼직하게 썰어 실리콘시트를 깐 찜기에 얹고 물이 끓는 솥에 올려 센 불에서 20~30분간 찐다.

2

뜨거울 때 방망이로 으깨거나 중간체에 내린다.

3

냄비에 ②, 설탕, 물엿, 소금을 넣고 약한 불에서 한 덩어리가 될 때까지 조리다가 전분물, 꿀을 넣어 섞은 후 불을 끈다.

4

반죽을 접시에 펼쳐 한 김 식힌 후 호박 모양으로 빚는다. 겉면에 호박가루나 녹차가루를 묻힌 후 꼬치로 그어 줄무늬를 그리고 호박씨를 박아 꼭지를 만든다.

약 30개 분량 | 50분 | 실온 1일 | 냉동 6개월

유자란

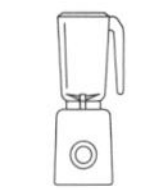

- 유자청 건더기 100g
- 물 1/4컵
- 유자청 시럽 1큰술
- 전분물 1큰술
- 꿀 1큰술
- 잣가루 1/4컵(만들기 30쪽)
- 잣 1작은술

도구 준비하기

푸드프로세서 냄비

재료 준비하기

1 전분물은 전분과 물을 1:1 비율로 섞어 분량만큼 준비한다.

2 잣은 고깔을 뗀다(30쪽).

1

푸드프로세서에 유자청 건더기, 물을 넣고 곱게 간다.

* 생유자를 설탕에 절여 사용해도 좋다.

2

냄비에 ①, 유자청 시럽을 넣고 약한 불에서 한 덩어리가 될 때까지 조리다가 전분물, 꿀을 넣어 섞은 후 불을 끈다.

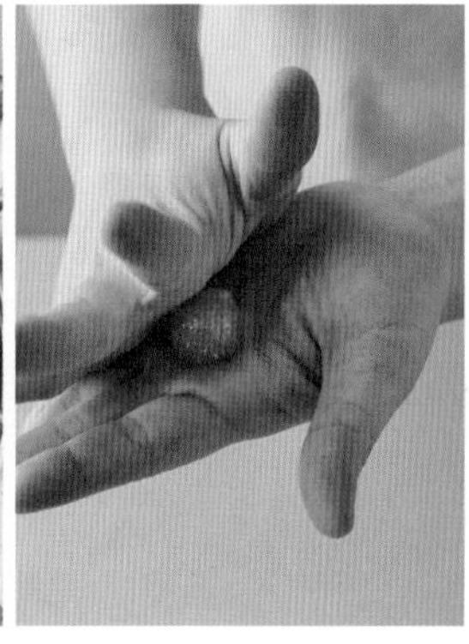

3

반죽을 접시에 펼쳐 한 김 식힌 후 둥글게 유자 모양으로 빚는다.

4

잣가루를 묻히고 잣을 박아 꼭지를 만든다.

(✻) 약 30~40개 분량 ⓛ 50분 ☼ 실온 1일 ❄ 냉동 6개월

귤란

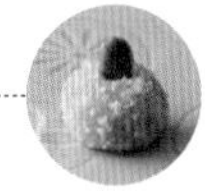

- 귤 껍질 25개 분량(약 250g)
- 귤 과육 8개 분량(약 650g)
- 물 1컵
- 설탕 1과 1/2컵~2컵
- 소금 1작은술
- 전분물 3큰술
- 꿀 4큰술
- 잣가루 1컵(만들기 30쪽)
- 호박씨 2큰술

도구 준비하기

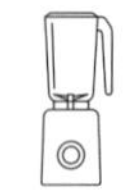
푸드프로세서

냄비

재료 준비하기

1 귤은 베이킹파우더를 푼 물에 담갔다가 문질러 닦고 맑은 물에 여러 번 헹군다.

2 전분물은 전분과 물을 1:1 비율로 섞어 분량만큼 준비한다.

1

푸드프로세서에 귤 껍질, 과육, 물(1컵)을 넣고 곱게 간다.

* 껍질까지 모두 사용하므로 가능하면 유기농 귤을 사용한다.

2

냄비에 ①, 설탕, 소금을 넣고 중간 불에서 끓어오르면 약한 불로 줄여 저어가며 조린다. 되직해지면 전분물, 꿀을 넣고 3~5분 더 조린 후 불을 끈다.

* 숟가락에서 천천히 툭툭 떨어지는 정도면 적당하다.

3

넓은 접시에 펼쳐 한 김 식힌 후 숟가락으로 작은 밤톨만 하게 떠서 잣가루를 묻혀가며 동그랗게 모양을 잡는다.

* 반죽이 뜨거울 때는 모양을 잡기 어려우니, 한 김 식힌 후에 작업한다.

4

호박씨를 박아 꼭지를 만든다.

약 20개 분량 | 50분 | 실온 1일 | 냉동 6개월

당근란

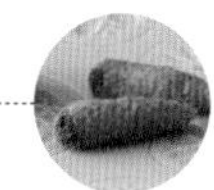

- 껍질 벗긴 당근 200g
- 설탕 1/3컵
- 물엿 1큰술
- 소금 약간
- 전분물 2큰술
- 꿀 1큰술 + 약간
- 볶은 콩가루 3큰술
- 쑥가루 1큰술(또는 녹차가루)

도구 준비하기

찜기

실리콘시트

솥

볼

절굿공이

냄비

재료 준비하기

전분물은 전분과 물을 1:1 비율로 섞어 분량만큼 준비한다.

1

당근은 큼직하게 썰어 실리콘시트를 깐 찜기에 얹고 물이 끓는 솥에 올려 센 불에서 30분간 찐다.

2

뜨거울 때 방망이로 으깨거나 중간체에 내린다.

3

냄비에 ②, 설탕, 물엿, 소금을 넣고 약한 불에서 한 덩어리가 될 때까지 조리다가 전분물, 꿀을 넣어 섞은 후 불을 끈다.

4

반죽을 접시에 펼쳐 한 김 식힌 후 손에 꿀(약간)을 묻혀가며 당근 모양으로 빚는다. 전체적으로 볶은 콩가루를 묻힌 후 쑥가루를 찍어 꼭지를 만든다.

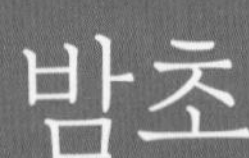

밤초

초(炒)는 윤기나게 볶는다는 뜻으로
밤초는 밤의 모양을 그대로 살려
꿀을 넣고 조리듯 볶아 만드는 한과입니다.

15개 분량 30분 실온 1일 냉동 6개월

- 껍질 벗긴 밤 15개(200g)
- 물 3컵
- 설탕 100g
- 소금 약간
- 치자물 1/2컵(생략 가능, 만들기 34쪽)
- 물엿 2큰술
- 꿀 1큰술
- 잣가루 2큰술(만들기 30쪽)

도구 준비하기

냄비

재료 준비하기

밤은 속껍질까지 벗긴다(26쪽).

1

냄비에 넉넉한 양의 물을 넣고 센 불에서 끓어오르면 밤, 소금(약간)을 넣어 1~2분간 데친다. 체로 건져내 찬물에 헹군다.
* 백반 녹인 물에 밤을 담가두면 조릴 때 잘 부서지지 않으나, 최근에는 건강상의 이유로 이 방법을 거의 사용하지 않는다.

2

냄비에 물, 설탕, 소금(약간), 치자물을 넣는다. 센 불에서 끓어오르면 중간 불로 줄인 후 밤을 넣고 물이 반쯤 졸아들 때까지 익힌다. 끓일 때 생기는 거품은 걷어낸다.

3

물엿을 넣고 시럽이 약 2큰술 남을 때까지 중간 불로 조리다가 꿀을 넣고 섞는다. 밤이 노랗고 윤기 나게 익으면 불을 끈다.

4

체에 밭쳐 여분의 시럽을 제거한 후 잣가루를 뿌린다.

대추초

말린 대추의 달콤한 맛과 쫄깃한 식감에 속에 채운 잣으로 고소함을 더했습니다.
특별한 재료를 사용해 더 쉽고 맛있게 만드는 팁을 전해드리니, 그대로 따라 해보세요.

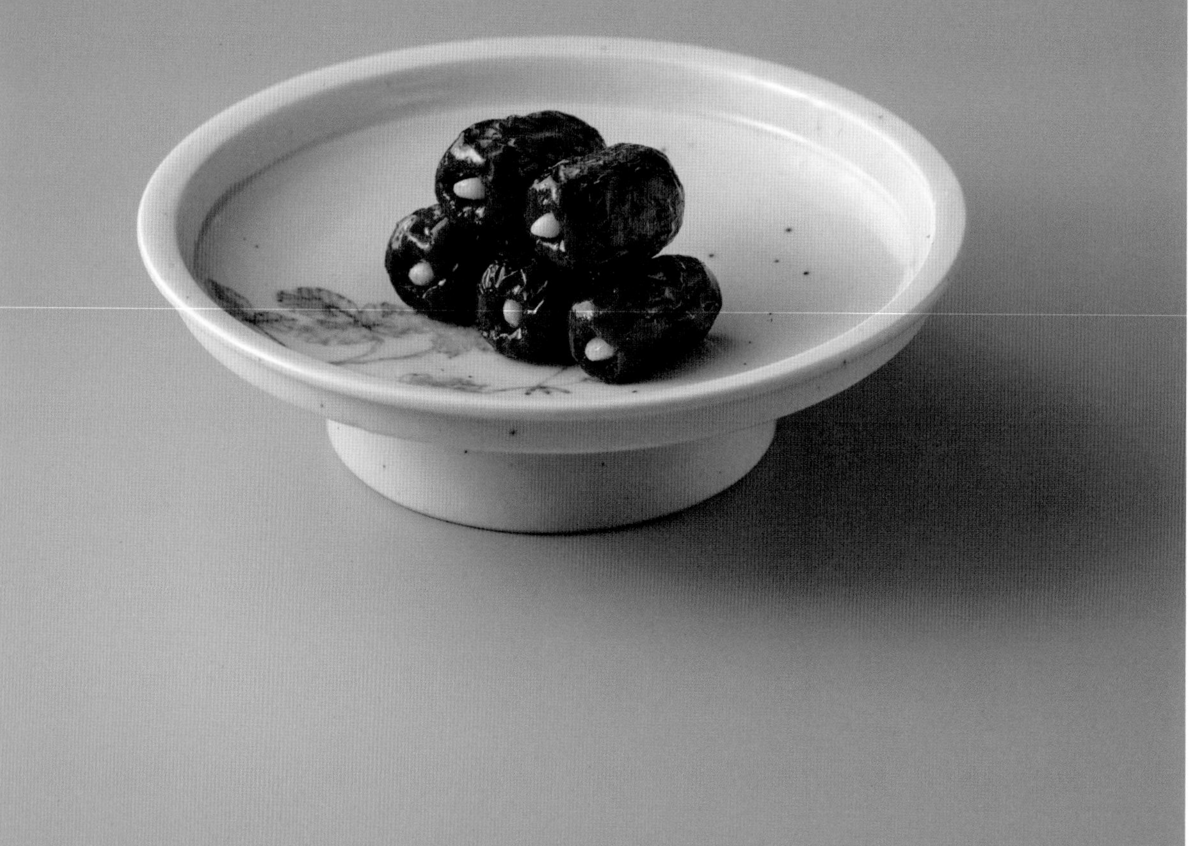

20개 분량 40분(+ 대추 불리기 1시간) 실온 1일 냉동 6개월

- 대추 20개(60g)
- 자양강장제(박카스) 1병
- 물 1/2컵
- 설탕 2큰술
- 물엿 1큰술
- 소금 약간
- 꿀 1큰술
- 계핏가루 약간
- 식용유 1/2작은술
- 잣 2큰술

도구 준비하기

볼

찜기

실리콘시트

솥

냄비

재료 준비하기

잣은 고깔을 뗀다(30쪽).

1

볼에 대추, 자양강장제를 넣고 실온에서 약 1시간 불린다.

2

뭉툭한 젓가락으로 대추의 꼭지 부분을 찔러 씨를 빼낸다. 실리콘시트를 깐 찜기에 대추를 얹고 물이 끓는 솥에 찜기를 올려 센 불에서 5분간 찐다.

3

냄비에 물, 설탕, 물엿, 소금을 넣고 중간 불에서 끓어오르면 대추를 넣고 약한 불에서 수분이 거의 없어질 때까지 조린다. 꿀을 넣고 2분간 더 조리다가 계핏가루, 식용유를 넣고 섞은 후 불을 끈다.

4

대추를 한 김 식힌 후 씨를 뺀 자리에 잣을 서너 개씩 채운다.

팥양갱 / 유자양갱 / 인삼양갱 / 녹차양갱 / 와인양갱

와인, 유자, 녹차, 인삼 등 원하는 재료를 넣어 다양한 맛과 색으로 즐겨보세요.
직접 만든 팥앙금을 활용할 수 있는 양갱 레시피도 함께 소개합니다.

각 15개 분량 50분(+ 굳히기 2시간) 실온 3일 냉동 6개월

팥양갱

- 시판 팥앙금 250g
- 올리고당 1/4컵
- 물 1컵
- 소금 약간
- 한천가루 1큰술(12g)
- 젤라틴매스 30g

젤라틴매스

- 젤라틴가루 5g
- 물 25g

유자양갱

- 시판 백앙금 250g
- 유자청 건더기 2큰술
- 유자청 시럽 2큰술
- 치자물 1/4컵(만들기 34쪽)
- 물 3/4컵
- 소금 약간
- 한천가루 1큰술(12g)
- 젤라틴매스 30g

젤라틴매스

- 젤라틴가루 5g
- 물 25g

인삼양갱

- 시판 백앙금 250g
- 껍질 벗긴 인삼 15g
- 올리고당 1/4컵
- 물 1컵
- 소금 약간
- 한천가루 1큰술(12g)
- 젤라틴매스 30g

젤라틴매스

- 젤라틴가루 5g
- 물 25g

녹차양갱

- 시판 백앙금 250g
- 녹차가루 1큰술
- 올리고당 1/4컵
- 물 1컵
- 소금 약간
- 한천가루 1큰술(12g)
- 젤라틴매스 30g

젤라틴매스

- 젤라틴가루 5g
- 물 25g

와인양갱

- 시판 백앙금 250g
- 올리고당 1/4컵
- 와인 1컵
- 소금 약간
- 한천가루 1큰술(12g)
- 젤라틴매스 30g

젤라틴매스

- 젤라틴가루 5g
- 물 25g

도구 준비하기

냄비

고무주걱

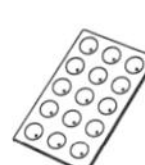
양갱틀

분무기

재료 준비하기

1 젤라틴가루, 물을 섞어 1시간 동안 두고 젤라틴매스를 만든다.

2 실리콘 양갱틀에 분무기로 물을 뿌려둔다.

3 **유자양갱** 유자청 건더기는 곱게 다진다.

4 **인삼양갱** 인삼은 껍질을 벗겨 강판에 간다.

1 — 팥양갱

냄비에 팥앙금, 올리고당, 물, 소금을 넣고 잘 섞는다. 한천가루를 넣고 약한 불에서 10분간 끓인다.

1 — 와인양갱

냄비에 백앙금, 와인, 올리고당, 소금을 넣고 잘 섞는다. 한천가루를 넣고 약한 불에서 10분간 끓인다.

1 — 인삼양갱

냄비에 백앙금, 인삼, 올리고당, 물, 소금을 넣고 잘 섞는다. 한천가루를 넣고 약한 불에서 10분간 끓인다.

1 — 유자양갱

냄비에 백앙금, 유자청 건더기, 유자청 시럽, 치자물, 물, 소금을 넣고 잘 섞는다. 한천가루를 넣고 약한 불에서 10분간 끓인다.

1 — 녹차양갱

냄비에 백앙금, 녹차가루, 올리고당, 물, 소금을 넣고 잘 섞는다. 한천가루를 넣고 약한 불에서 10분간 끓인다.

2

끓어오르면 젤라틴매스를
넣고 잘 섞는다.

3

양갱틀에 적당량을 붓고
2시간 이상 냉장실에서 굳힌다.

4

틀에서 분리할 수 있을 만큼
굳으면 꺼낸다.

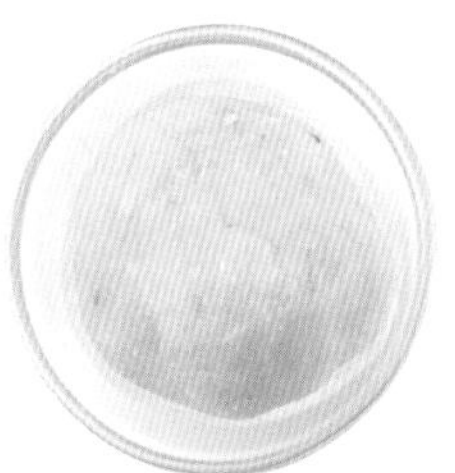

직접 만든 팥앙금을 사용한다면 설탕을 추가하기

시판 팥앙금, 백앙금을 사용해 양갱을 만들면 편리하지만
직접 만든 팥앙금(만들기 21쪽), 백앙금(만들기 22쪽)을
사용할 수도 있다. 수제 앙금은 시판 앙금에 비해 당도가 낮으니
냄비에 수제 앙금을 넣고 끓일 때 설탕 100g을 더해 당도를 맞춘다.

오색 쌀강정 • 레시피 254쪽

쌀과 엿을 재료로 하여 만든 달고 단단한 과자로
넉넉히 만들어 세찬(설음식)에 올리고 다 함께 나눠 먹었다고 합니다.

25×30×1.5cm 사각 강정틀 5판 분량 　 2시간(+ 쌀 불리기 5시간, 건조 8시간) 　 실온 5일 　 냉동 6개월

오색 쌀강정

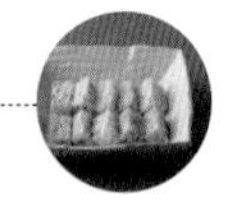

- 튀밥 25컵
- 시럽 2와 1/2컵
- 마른 파래가루 1/2큰술
- 유자청 건더기 1큰술
- 오미자청 2큰술
- 대추고 1큰술(만들기 29쪽)
- 대추 1알
- 곱게 간 인삼 1큰술
- 통들깨 1큰술(또는 치아시드)

튀밥(25컵 분량)

- 멥쌀 6컵
- 물 12ℓ + 5컵
- 소금 약간 + 1큰술
- 식용유 1.5~2ℓ

시럽(약 3컵 분량)

- 설탕 2컵
- 물엿 2컵
- 물 4큰술
- 소금 1/8작은술

도구 준비하기

냄비

중간체

볼

채반

유산지

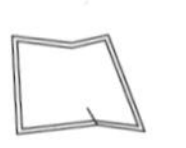
면포

튀김솥

나무젓가락

프라이팬

나무주걱

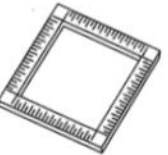
강정틀

떡비닐

밀대

\+ 자, 커터칼

재료 준비하기

1 쌀은 5시간 이상 불린다.

2 마른 파래가루는 물 1큰술과 섞는다.

3 대추는 돌려 깎아 씨를 제거한 후(28쪽) 곱게 다진다.

4 유자청 건더기는 곱게 다진다.

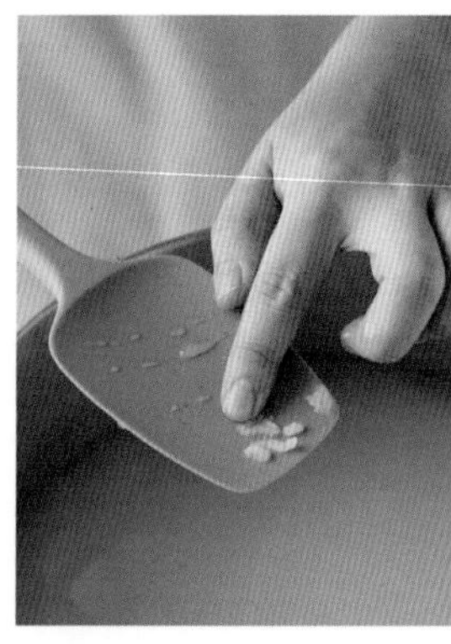

1

큰 냄비에 물(12ℓ)을 채우고 물이 끓기 시작하면 쌀을 넣어 센 불에서 15~20분간 쌀알의 심이 없어질 때까지 끓인다.

2

익힌 쌀을 체에 밭쳐 맑은 물이 나올 때까지 헹군다. 마지막 헹구는 물에 소금(1큰술)을 풀고 3~4분 담가 간이 배도록 한다.

3

삶은 밥알의 물기를 체에 밭쳐 제거한 후 채반에 유산지를 깔고 얇게 펼쳐 말린다. 선풍기 바람으로 말리면서 밥알이 뭉치지 않도록 중간중간 뒤집거나 40°C의 건조기에서 8시간 이상 바짝 말린다.

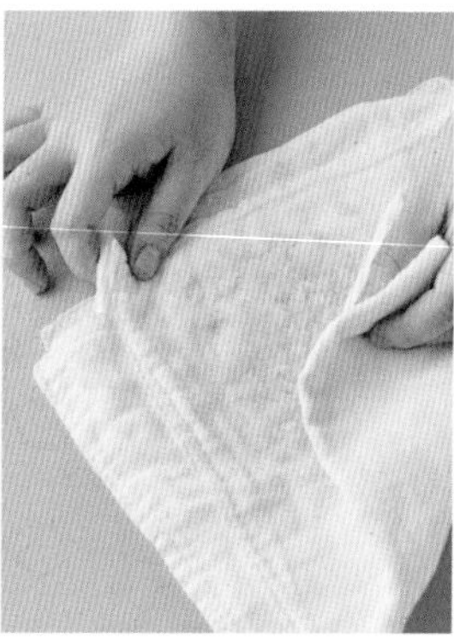

4

다 마른 쌀은 면포에 싸서 하나하나 떨어뜨린 후 체에 쳐서 쌀가루를 털어낸다.

5

튀김솥에 식용유를 붓고 200°C 이상으로 달군다. 마른 쌀 1컵을 체에 쳐서 쌀가루를 털어낸 후 쌀이 담긴 체를 달군 식용유에 담가 나무젓가락으로 빠르게 저으면서 3초간 튀긴다.

6

볼에 키친타월을 깔고 튀겨낸 쌀튀밥을 담아 기름을 제거한다.

* 말린 쌀 1컵을 튀기면 튀밥 5컵이 된다.

7

냄비에 시럽 재료를 넣고 중간 불에서 설탕이 모두 녹고 시럽이 바글바글 끓어오르면 약한 불로 줄인다. 2분간 더 끓인 후 끓는 물에 중탕한다.

* 시럽을 중탕하면서 사용해야 굳지 않는다.

8

프라이팬에 시럽(1/2컵)을 넣고 약한 불에서 끓어오르면 색내는 재료와 튀밥 5컵을 넣는다.

* 파래가루로 초록색을, 유자청으로 노란색을, 오미자청으로 분홍색을, 대추고와 대추, 인삼을 넣어 갈색을 내고 흰 강정에는 통들깨를 넣어 포인트를 준다.

9

약한 불에서 시럽이 얇은 실처럼 늘어나고 전체적으로 한 덩어리가 될 때까지 나무주걱으로 섞어가며 볶는다.

10

도마에 식용유를 바른 비닐을 깔고 강정틀을 놓은 후 ⑨를 쏟아 붓는다. 비닐을 덮고 튀밥을 밀대로 밀어 펴 강정틀을 빈틈없이 채운다.

11

반쯤 식으면 커터칼을 사용해 5×2cm 크기로 자른다.

* 커터칼은 날이 얇고 날카로워 깔끔하게 자를 수 있다.

깨엿강정

• 레시피 258쪽

깨, 잣, 땅콩 등을 엿에 버무려 굳힌 음식으로 추운 계절에 만드는 과자입니다.
근래에는 엿 대신 물엿과 설탕을 이용합니다.

잣박산

• 레시피 260쪽

강정은 크게 강정과 산자(糤子)로 구분하는데,
산자는 빛깔과 모양에 따라 백산자·홍산자·매화산자 등이 있습니다.
백산자는 잣으로 만든 과자로 추측하며 이것이 잣박산의 원형입니다.

25×30×0.8cm 사각 강정틀 1/2판 분량 | 1시간 | 실온 5일 | 냉동 6개월

깨엿강정

- 실깨 1컵(만들기 25쪽)
- 검은깨 1컵
- 들깨 1컵
- 식용유 약간
- 시럽 1/2컵 + 1/2컵 + 1/2컵

시럽(약 3컵 분량)

- 설탕 2컵
- 물엿 2컵
- 물 4큰술
- 소금 1/8작은술

고명

- 대추채 2큰술(만들기 29쪽)
- 대추말이꽃 10개(만들기 28쪽)
- 비늘잣 2작은술(만들기 30쪽)
- 석이채 1큰술(만들기 33쪽)
- 호박씨 2작은술

도구 준비하기

냄비

프라이팬

나무주걱

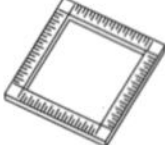
강정틀

떡비닐

밀대

스크레이퍼

+ 자, 커터칼

재료 준비하기

호박씨는 얇게 반 가른다(31쪽).

1

냄비에 시럽 재료를 넣고 중간 불에서 설탕이 모두 녹고 시럽이 바글바글 끓어오르면 약한 불로 줄인다. 2분간 더 끓인 후 끓는 물에 중탕한다.

* 시럽을 중탕하면서 사용해야 굳지 않는다.

2

중간 불로 달군 프라이팬에 각각의 깨를 넣고 약 3분씩 따뜻하게 볶는다.

3

각각의 깨에 시럽을 1/2컵씩 넣어 약한 불에 올린 후 시럽이 얇은 실처럼 늘어나고 전체적으로 한 덩어리가 될 때까지 나무주걱으로 섞어가며 볶는다.

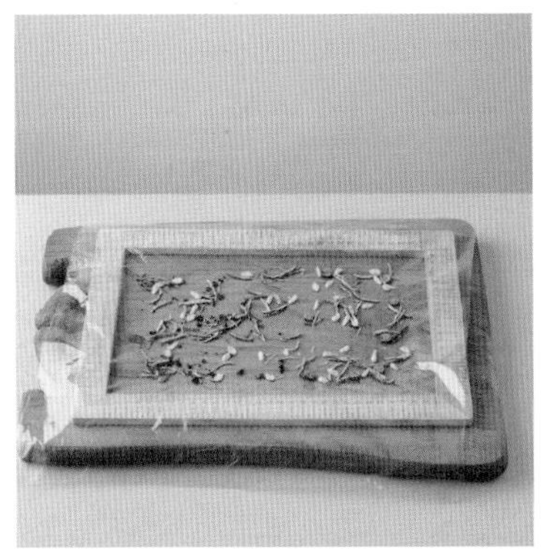

4

강정틀에 식용유 바른 비닐을 깔고 고명 재료를 놓는다.

⋆ 깔린 비닐에 닿는 면이 강정의 윗면이 되니 고명 재료를 놓을 때 그 점을 유의한다.

5

장식용 재료 위로 ③의 깨가 식기 전에 쏟는다.

6

깨 위에 비닐을 덮고 밀대로 얇게 편다. 강정의 높이를 평평하게 맞추면서 스크레이퍼를 사용해 각을 살린다.

7

식어서 굳으면 원하는 크기에 맞게 커터칼로 자른다.

⋆ 커터칼은 날이 얇고 날카로워 깔끔하게 자를 수 있다.

강정의 양에 비해 틀이 클 때는?

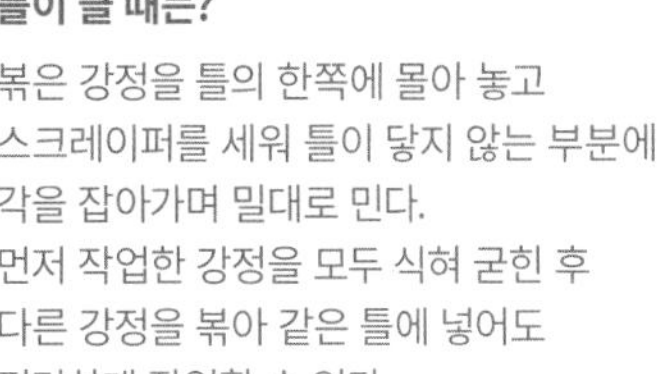

볶은 강정을 틀의 한쪽에 몰아 놓고 스크레이퍼를 세워 틀이 닿지 않는 부분에 각을 잡아가며 밀대로 민다.
먼저 작업한 강정을 모두 식혀 굳힌 후 다른 강정을 볶아 같은 틀에 넣어도 편리하게 작업할 수 있다.

㊌ 25×30×1.5cm 사각 강정틀 1판 분량 | 1시간 | 실온 5일 | 냉동 6개월

잣박산

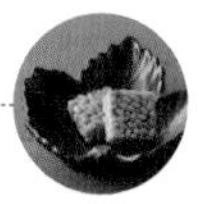

- 잣 5컵
- 시럽 1/2컵
- 식용유 약간

시럽(약 3컵 분량)
- 설탕 2컵
- 물엿 2컵
- 물 4큰술
- 소금 1/8작은술

도구 준비하기

냄비

프라이팬

나무주걱

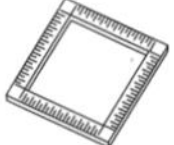
강정틀

떡비닐

밀대

스크레이퍼

+ 자, 커터칼

재료 준비하기

잣은 고깔을 뗀다(30쪽).

1

냄비에 시럽 재료를 넣고 중간 불에서 설탕이 모두 녹고 시럽이 바글바글 끓어오르면 약한 불로 줄인다. 2분간 더 끓인 후 끓는 물에 중탕한다.

* 시럽을 중탕하면서 사용해야 굳지 않는다.

2

잣은 약한 불로 달군 팬에 넣고 약 3분간 타지 않게 볶는다.

3

잣에 시럽을 넣고 약한 불에서 시럽이 얇은 실처럼 늘어나고 전체적으로 한 덩어리가 될 때까지 나무주걱으로 섞어가며 볶는다.

다양한 견과로 강정 만들기

잣 대신 호박씨, 굵게 다진 땅콩, 캐슈넛, 해바라기씨 등을 함께 사용해 견과바를 만들어도 좋다.

4

강정틀에 식용유 바른 비닐을 깔고 ③의 잣이 식기 전에 쏟는다.

5

잣 위에 비닐을 덮고 밀대로 얇게 편다. 높이를 평평하게 맞추면서 스크레이퍼를 사용해 각을 살린다.

6

식어서 굳으면 원하는 크기에 맞게 커터칼로 자른다.

* 커터칼은 날이 얇고 날카로워 깔끔하게 자를 수 있다.

호두강정

호두를 엿이나 시럽에 버무려 튀긴 디저트로
현대적인 한식 디저트의 장식으로 쓰이기도 합니다.

20개 분량 30분 실온 5일 냉동 12개월

- 호두 반태 20쪽
- 물 1/2컵
- 설탕 2큰술
- 물엿 2큰술
- 소금 약간
- 꿀 2~4큰술
- 식용유 2컵

도구 준비하기

냄비

튀김솥

체

채반

1

냄비에 호두가 잠길 만큼의 물 + 소금(약간)을 넣고 센 불에 올려 끓인다. 호두 반태를 넣고 3분간 데친 후 건진다.

2

냄비에 물(1/2컵), 설탕, 물엿, 소금(약간)을 넣고 센 불에서 설탕이 녹으면 호두를 넣는다. 약한 불에서 저으며 조리다가 시럽이 약 1큰술 남으면 꿀을 넣어 1분간 볶고 불을 끈다. 서로 붙지 않게 체에 올려 여분의 시럽을 제거한다.

3

튀김솥에 식용유를 넣고 150°C로 달군 후 ②를 넣고 튀긴다. 갈색이 나기 시작하면 체로 건진다.

* 건지고 나면 생각보다 색이 진할 수 있으니 너무 오래 튀기지 않도록 주의한다.

4

채반에 튀긴 호두강정을 서로 붙지 않게 두고 겉면이 단단하고 매끈해질 때까지 식힌다.

K-디저트

한국적인 재료와 조리 방식을 새롭게 재해석한 모던 한식 디저트부터
쌀가루를 사용해 색다른 맛과 식감을 선사하는 쌀 베이킹 메뉴까지,
한식의 깊이에 현대 디저트의 다양성을 더해
누구나 함께 즐길 수 있는 K-디저트를 소개합니다.

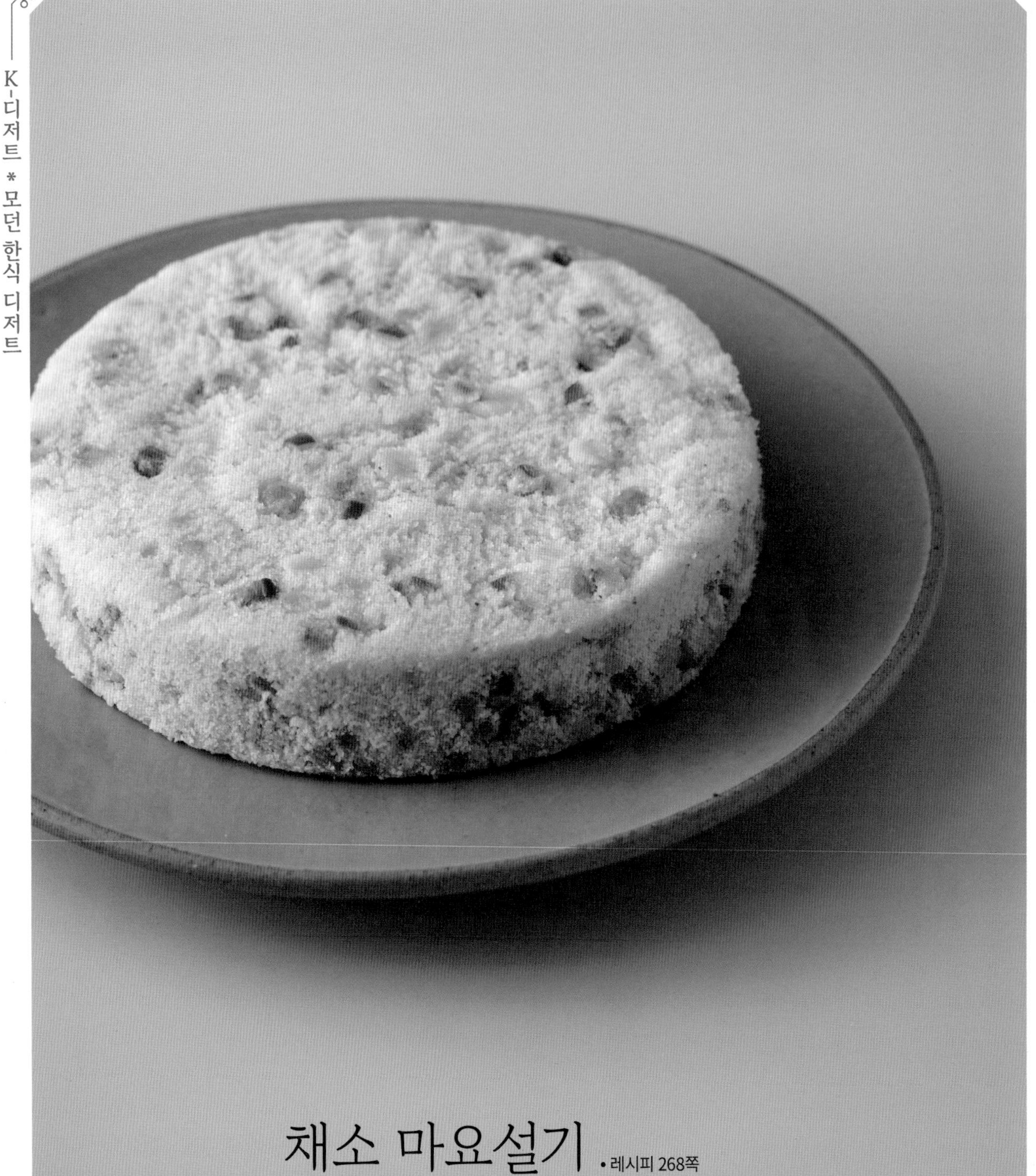

채소 마요설기

• 레시피 268쪽

햄, 피망, 마요네즈, 핫소스 등의 재료를 쌀가루에 섞어 이국적인 맛을 더한 설기떡입니다.
여러 색의 재료가 콕콕 박힌 모양도 예쁘고, 맛도 아주 좋으니 꼭 따라 해보세요.

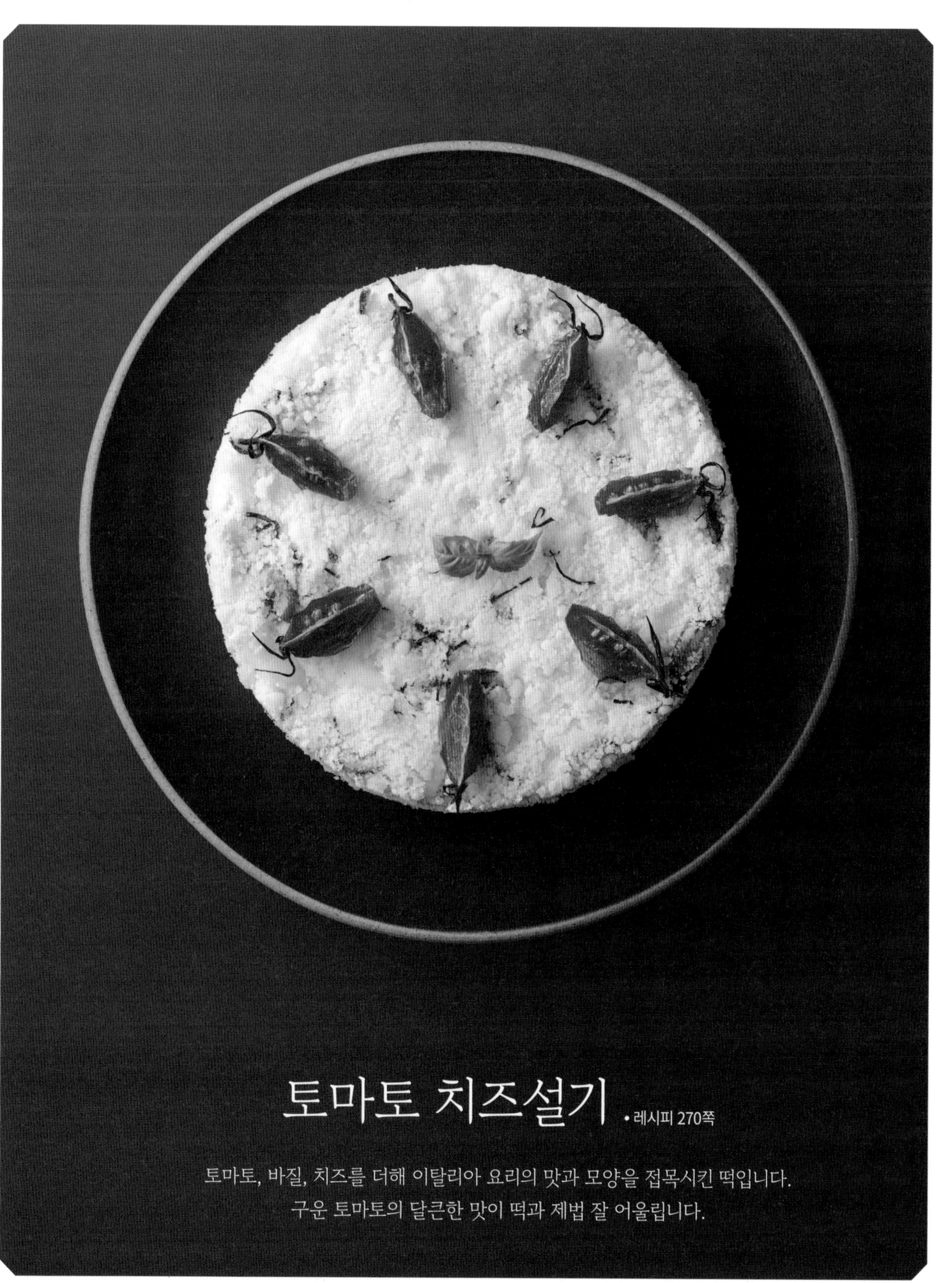

토마토 치즈설기

• 레시피 270쪽

토마토, 바질, 치즈를 더해 이탈리아 요리의 맛과 모양을 접목시킨 떡입니다.
구운 토마토의 달큰한 맛이 떡과 제법 잘 어울립니다.

지름 25cm, 높이 6cm 원형 찜기 1개 분량 · 50분 · 실온 1일 · 냉동 3개월

채소마요 설기

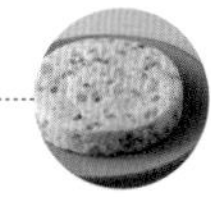

- 습식 멥쌀가루 10컵
- 마요네즈 100g
- 핫소스 2큰술
- 설탕 10큰술
- 양파 50g
- 피망 50g
- 당근 50g
- 옥수수 50g
- 햄 50g
- 버터 4작은술

도구 준비하기

볼

중간체

찜기

실리콘시트

솥

스크레이퍼

칼

프라이팬

1

양파, 피망, 당근, 햄을
사방 0.5cm 크기로 썬다.

2

중약 불로 달군 팬에
버터(각 1작은술)를 녹여
양파, 피망, 당근, 햄을
각각 볶아서 식힌다.

* 떡이 질척해지지 않도록 수분을
날려가며 충분히 볶는다.

3

볼에 멥쌀가루, 마요네즈, 핫소스를
넣고 함께 비벼 섞은 후 수분이
부족하면 물을 더한다(45쪽).
중간체에 2~3번 내린다.

4

설탕, ②의 볶은 재료를 넣고
섞는다.

5

찜기에 실리콘시트를 깔고
스크레이퍼로 평평하게 안친다.

6

물이 끓는 솥에 찜기를 올리고
김이 고루 오르면 뚜껑을 덮는다.
중강 불에서 약 20분간 찐 후
불을 끄고 5분간 뜸 들인다.

7

한 김 식힌 후 접시를 이용해
뒤집어 담는다(49쪽).

지름 25cm, 높이 6cm 원형 찜기 1개 분량　40분(+ 토마토 굽기 1시간)　실온 1일　냉동 3개월

토마토 치즈설기

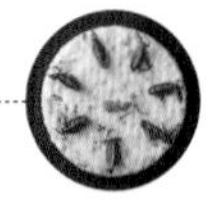

- 습식 멥쌀가루 8컵
- 크림치즈 5큰술
- 물 2~3큰술 + 1~2큰술
- 설탕 5큰술 + 6~8큰술
- 방울토마토 12개
- 올리브오일 1큰술
- 바질 잎 10g
- 대추채 1/3컵(만들기 29쪽)
- 슈레드 모짜렐라치즈 3큰술

도구 준비하기

볼 
중간체 
찜기 
실리콘시트 
솥 
스크레이퍼
칼 
오븐팬 
냄비 

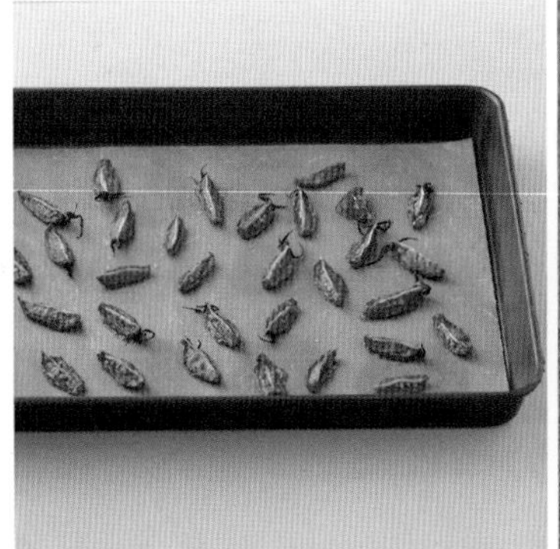

1

방울토마토는 꼭지와 수직으로 3~4등분한다. 올리브오일에 버무린 후 오븐팬에 놓고 설탕(5큰술)을 뿌려 150°C로 예열한 오븐에 1시간 굽는다.

2

바질 잎은 장식용으로 1~2장만 남기고 잘게 썬다.

3

냄비에 대추, 설탕(5큰술), 물(2~3큰술)을 넣고 중약 불에서 시럽이 약 1큰술 남을 때까지 조린다.

4

멥쌀가루에 크림치즈를 넣고
비벼 섞은 후 수분이 부족하면
물(1~2큰술)을 주고(45쪽)
중간체에 내린다.

5

①, ②, ③, 슈레드 모짜렐라치즈,
설탕(6~8큰술)을 넣고 섞는다.
* 방울토마토는 장식용으로
약간 남겨둔다.

6

찜기에 실리콘시트를 깔고
⑤의 쌀가루를 담은 후 스크레이퍼로
평평하게 안친다. 물이 끓는 솥에
찜기를 올리고 김이 고루 오르면
뚜껑을 덮는다. 센 불에서 약 20분간
찐 후 불을 끄고5분간 뜸 들인다.

7

한 김 식힌 후 접시를 이용해
뒤집어 담고(49쪽) 남겨둔 바질 잎,
방울토마토로 장식한다.

오레오쿠키 떡케이크

• 레시피 274쪽

오레오쿠키를 더한 달콤한 설기를 초콜릿으로 장식한 케이크입니다.
우유로 수분을 더해 한층 부드러운 맛으로 완성했습니다.

지름 25cm, 높이 6cm 원형 찜기 1개 분량 | 50분 | 실온 1일 | 냉동 3개월

오레오쿠키 떡케이크

- 습식 멥쌀가루 8컵
- 오레오쿠키 7개
- 초코칩 1큰술
- 우유 8~12큰술
- 설탕 6~7큰술

토핑

- 코팅용 초콜릿 200g
- 오레오쿠키 3~4개

도구 준비하기

볼

중간체

찜기

실리콘시트

솥

스크레이퍼

냄비

스패튤러

1

오레오쿠키(7개)를 비닐에 담고 밀대(또는 절굿공이)로 두드려 고운 가루를 만든다.

2

볼에 멥쌀가루, 우유를 넣고 비벼 섞어 수분을 준 후(45쪽) 중간체에 내린다.

* 쌀가루에 쿠키를 섞으므로 다른 떡을 만들 때보다 물을 조금 넉넉하게 준다.

3

①, 초코칩, 설탕을 넣고 섞는다.

4

찜기에 실리콘시트를 깔고 스크레이퍼를 사용해 ③의 떡가루를 평평하게 안친다. 물이 끓는 솥에 찜기를 올리고 김이 고루 오르면 뚜껑을 덮는다. 센 불로 약 20분간 찐 후 불을 끄고 5분간 뜸 들인다.

5

코팅용 초콜릿은 중탕으로 녹인다.

6

떡은 한 김 식혀 접시를 이용해 뒤집어 담고(49쪽) 완전히 식힌다. 스패튤러를 사용해 떡의 윗면에 ⑤를 펴 바른다.

7

장식용 오레오쿠키(3~4개)를 굵게 부숴 윗면을 장식한다.

다른 방법으로 장식하려면?

녹인 초콜릿으로 떡케이크의 옆면까지 모두 덮어 깔끔하게 장식하는 방법도 있다. 또는 초콜릿을 윗면에 펴 바른 후 견과류를 부수어 올리거나, 슈거파우더를 뿌려 장식할 수도 있다.

고구마 카스텔라떡케이크

• 레시피 278쪽

고구마를 으깨어 떡가루에 섞고, 살짝 조려 장식으로도 사용해
고구마의 맛과 향이 진하게 더해진 설기입니다.
카스텔라고물을 묻혀 달콤한 맛과 보송보송한 비주얼을 살렸습니다.

쌍화병 케이크

• 레시피 280쪽

쌍화탕을 이용해 쉽게 만들 수 있는 떡입니다. 향긋한 약재의 맛에 절로 건강해지는 느낌이 드니, 부모님이나 어르신 생신 선물로 준비하기에도 손색이 없습니다.

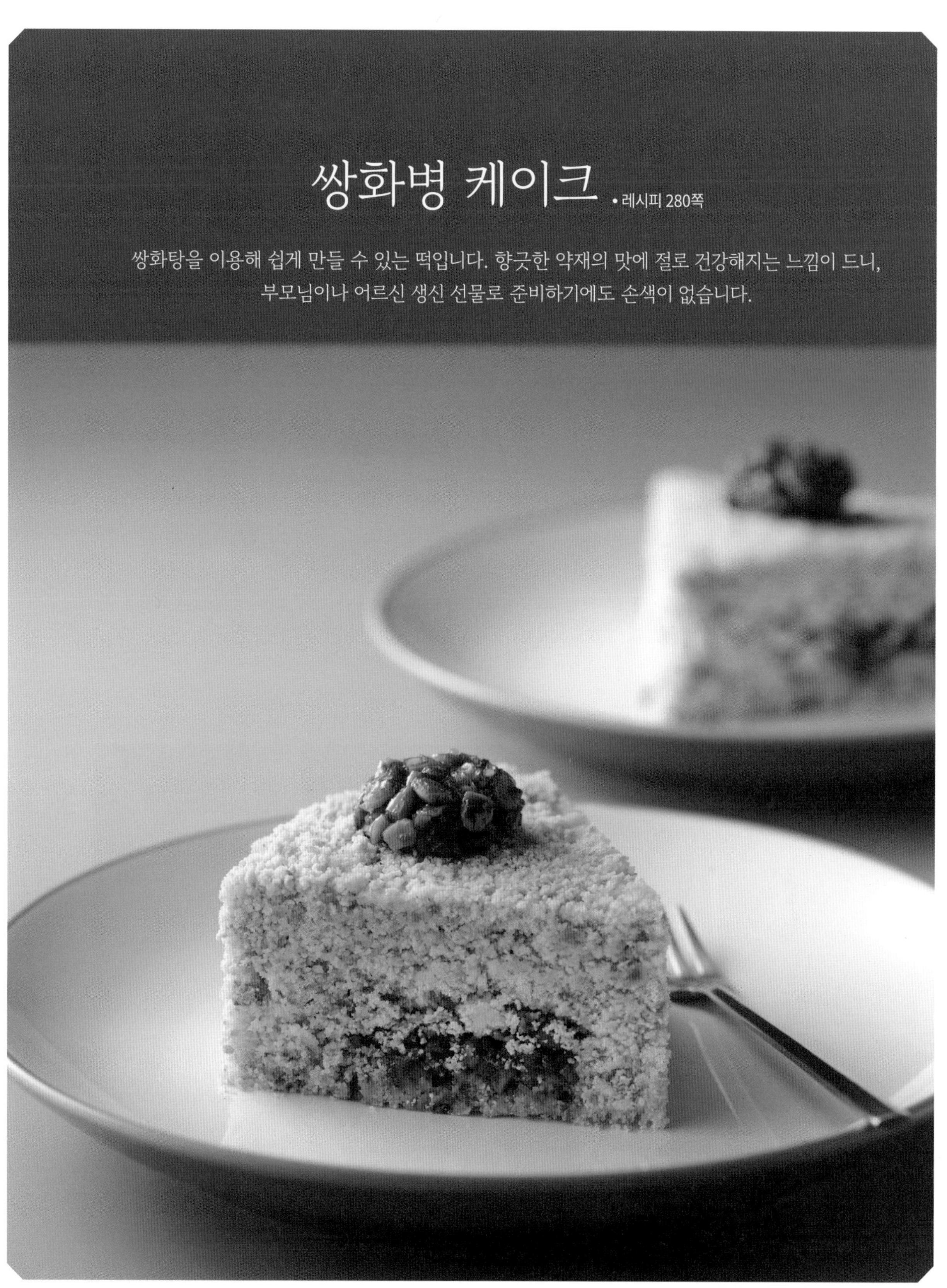

㊎ 지름 25cm, 높이 6cm 원형 찜기 1개 분량 ⓛ 40분(+ 고구마 찌기 20분) ☼ 실온 1일 ❄ 냉동 3개월

고구마 카스텔라떡케이크

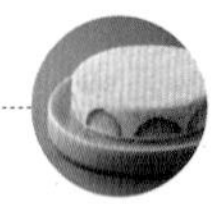

- 습식 멥쌀가루 7컵
- 고구마 200g
- 우유 3~5큰술
- 설탕 5~6큰술
- 카스텔라고물 2컵(만들기 25쪽)

장식

- 고구마 100g
- 설탕 6큰술
- 물 1/2컵
- 꿀 1큰술(또는 물엿)

도구 준비하기

볼

중간체

찜기

실리콘시트

솥

스크레이퍼

칼

냄비

재료 준비하기

떡가루용 고구마(200g)는 찜기에 넣고 강불로 15~20분간 찐 후 껍질을 벗긴다.

1

장식용 고구마(100g)는 0.5cm 두께의 반달모양으로 썬다.

2

냄비에 물, 설탕(6큰술)을 넣고 중간 불에서 끓인다. 설탕이 모두 녹으면 ①의 고구마, 꿀을 넣고 7분간 조린 후 체에 밭쳐 여분의 시럽을 제거한다.

3

떡가루용 고구마(200g)는 포크나 매셔를 사용해 덩어리 없이 곱게 으깬다.

4

멥쌀가루에 ③을 넣고 비벼 섞은 후 수분이 부족하면 우유를 넣어 수분을 준다(45쪽).

5

④를 중간체에 내린 후 설탕(5~6큰술)을 넣어 섞는다.

6

찜기에 실리콘시트를 깔고 ⑤의 쌀가루 1/2 분량을 넣어 스크레이퍼로 평평하게 안친다. 장식용 고구마 중 모양이 예쁜 것을 골라 찜기 옆면에 세워 장식하고 남은 것은 위에 듬성듬성 얹는다.

* 쌀가루를 찌고 나면 부피가 줄어들어 장식용 고구마가 떡 위로 올라올 수 있으니 조금 깊숙이 밀어넣는다.

7

남은 쌀가루를 모두 넣고 스크레이퍼로 평평하게 다듬은 후 숟가락으로 가장자리를 누른다.

* 가장자리를 누르면 완성 후 옆면의 장식이 찜기 벽면에서 쉽게 떨어져 떡에 온전히 붙어 나온다.

8

물이 끓는 솥에 찜기를 올리고 김이 고루 오르면 뚜껑을 덮는다. 중강 불에서 약 20분간 찐 후 불을 끄고 5분간 뜸 들인다. 한 김 식힌 후 윗면에 카스텔라고물 1/2 분량을 뿌린다.

9

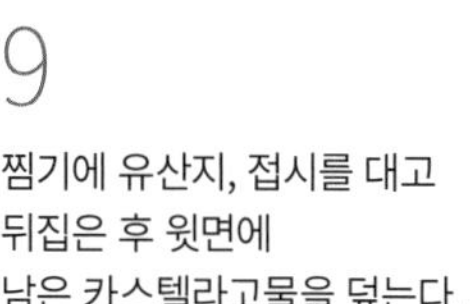

찜기에 유산지, 접시를 대고 뒤집은 후 윗면에 남은 카스텔라고물을 덮는다.

10

다른 접시를 대고 뒤집어 옆면의 장식이 아래로 가도록 한다.

지름 25cm, 높이 6cm 원형 찜기 1개 분량 | 50분 | 실온 1일 | 냉동 3개월

쌍화병 케이크

- 습식 멥쌀가루 10컵
- 쌍화탕 1/2컵
- 꿀 3큰술

쌍화조림
- 대추 10개
- 잣 3큰술
- 호두 10알
- 해바라기씨 3큰술
- 호박씨 3큰술
- 쌍화탕 3큰술
- 조청 3큰술
- 설탕2큰술
- 소금 1/8작은술

도구 준비하기

볼

중간체

찜기

실리콘시트

솥

스크레이퍼

칼

냄비

재료 준비하기

1 대추는 돌려 깎아 씨를 제거한다(28쪽).

2 잣은 고깔을 뗀다(30쪽).

3 호두는 한 번 데친 후 질긴 껍질을 벗겨낸다(31쪽).

1

대추, 잣, 호두, 호박씨, 해바라기씨는 사방 0.3cm 크기로 굵게 다진다.

2

냄비에 쌍화탕(3큰술), 조청, 설탕, 소금을 넣고 중간 불에 올린다. 끓기 시작하면 ①의 다진 재료를 넣고 섞어 하나로 뭉쳐질 때까지 조린다.

3

②의 일부를 덜어서 지름 3cm 크기로 동글 납작하게 빚어 고명을 6개 만든다.

4

볼에 멥쌀가루, 쌍화탕(1/2컵), 꿀을 넣고 고루 비벼 물을 준 후(45쪽) 중간체에 내린다. ②의 남은 분량 중 절반을 덜어 떡가루에 넣고 섞는다.

5

찜기에 실리콘시트를 깔고 ④의 떡가루 중 절반을 안친 후 ②의 남은 분량을 군데군데 놓는다.

6

남은 ④의 떡가루를 전부 안치고 스크레이퍼로 평평하게 다듬는다.

7

물이 끓는 솥에 찜기를 올려 김이 고루 오르면 뚜껑을 덮는다. 센 불로 약 20분간 찐 후 불을 끄고 5분간 뜸 들인다. 한 김 식힌 후 접시를 이용해 뒤집어 담고(49쪽) ③의 고명을 얹어 장식한다.

쌍화차가루가 있다면?

쌍화차가루 1/2큰술을 물 1/2컵에 녹여 쌍화탕 대신 사용한다. 더 은은하거나 더 진하게 완성하려면 가루의 양을 조절한다.

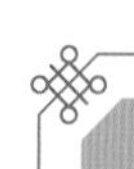

찹쌀오븐떡

찹쌀가루에 견과류, 팥앙금 등을 넣고 오븐에 구운 떡으로
다채로운 풍미를 즐길 수 있는 디저트입니다.

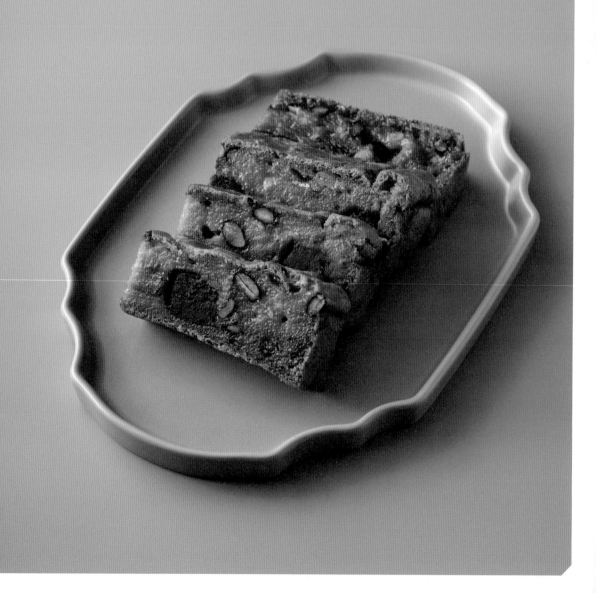

20×20×5cm 정사각형틀 1개 분량 · 50분(+ 콩 불리기 8시간) · 실온 1일 · 냉동 3개월

- 팥앙금 1컵(만들기 21쪽)
- 식용유 약간

반죽
- 습식 찹쌀가루 6컵
- 건식 찹쌀가루 3컵
- 흑설탕 2/3컵
- 우유 1~1과 1/2컵
- 달걀 2개
- 베이킹소다 1/2작은술
- 베이킹파우더 1작은술
- 소금 1/2작은술
- 물 1/2~1컵

부재료
- 검은콩 1/4컵
- 진피(말린 귤 껍질) 20g
- 대추 5개
- 호두 1/3컵
- 잣 2큰술
- 건포도 2큰술

도구 준비하기

볼

고무주걱

칼
붓

정사각형틀

재료 준비하기

1 검은콩을 8시간 이상 불려 중약 불에서 20분간 삶는다.
2 진피는 물에 담가 부드럽게 불린 후 물기를 짠다.
3 대추는 돌려 깎아 씨를 제거한다(28쪽).
4 호두는 한 번 데쳐 질긴 껍질을 벗겨내고(31쪽) 굵게 다진다.
5 잣은 고깔을 뗀다(30쪽).
6 정사각형틀에 붓으로 식용유를 바른다.

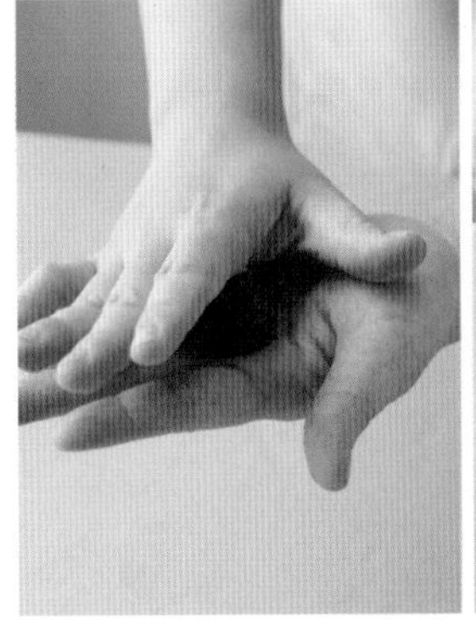

1
팥앙금을 호두알 크기로 빚는다.

2
볼에 반죽 재료, 부재료를 한꺼번에 넣고 섞어 걸쭉한 반죽을 만든다.
오븐 예열

3
정사각형틀에 반죽의 절반을 부은 후 팥앙금을 군데군데 놓는다.

4
남은 반죽을 틀의 80%까지 채우고 고무주걱으로 윗면을 평평하게 정리한다. 160~170°C로 예열한 오븐에서 40분간 구운 후 한 김 식혀 틀에서 꺼낸다.

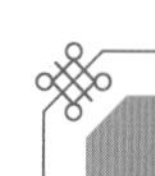

쑥떡와플

쑥 찹쌀떡을 와플팬에 구워 만드는 간단한 디저트입니다.
쑥구리단자 등을 만들고 남은 떡을 얼려두었다가 바삭하게 구워서
콩가루나 조청을 더해 드세요.

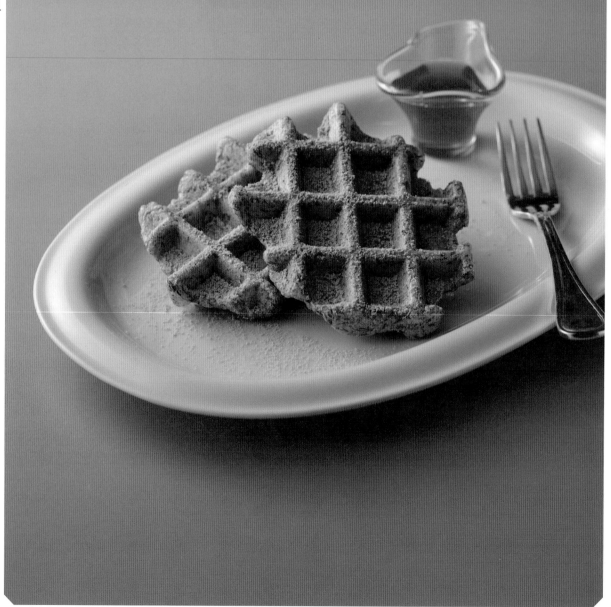

지름 12cm 와플 4개 분량 50분 실온 2일

- 습식 찹쌀가루 3컵
- 쑥가루 1과 1/2작은술(생략 가능)
- 물 3큰술
- 데친 쑥 50g(만들기 143쪽)
- 식용유 약간

도구 준비하기

볼

중간체

찜기

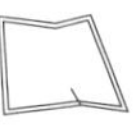
면포

솥

절굿공이

와플팬

붓

재료 준비하기

데친 쑥은 곱게 다진다.

1

찹쌀가루에 쑥가루를 섞은 후 물을 주고(45쪽) 중간체에 내린다. 찜기에 젖은 면포를 깔고 설탕을 뿌린 후 쌀가루를 주먹 쥐어 안친다. 데친 쑥을 한쪽에 얹어 물이 끓는 솥에 찜기를 올리고 김이 고루 오르면 뚜껑을 덮고 센 불에서 20분 동안 찐다.

2

①의 떡을 뜨거울 때 바로 볼에 옮겨 담고 식용유를 바른 절굿공이로 적당히 찰기가 생기도록 친다.

3

붓을 사용해 와플팬에 식용유를 바른 후 ②의 쑥 찹쌀떡을 약 50g 떼어 올린다.

⋆ 떡을 미리 만들어 살짝 얼려두었다가 구우면 한층 모양 잡힌 와플을 완성할 수 있다.

4

뚜껑을 덮어 5분간 굽는다.

⋆ 와플팬의 크기가 다른 경우, 팬이 절반 정도 채워질 만큼 떡을 떼어 올리면 된다.

팥티라미수

• 레시피 288쪽

마스카포네치즈로 만든 크림에 커피를 적신 과자를 쌓아올려 만드는 이탈리아 디저트 티라미수를 커피 대신 달콤하게 조린 팥과 상큼한 과일퓌레로 응용한 컵디저트입니다.

150㎖ 용기 6개 분량 | 30분(+ 팥 조리기 1시간) | 냉장 3일

팥티라미수

- 카스텔라 200g
- 마스카포네치즈 300g(또는 크림치즈)
- 생크림 250g
- 설탕 100g + 80g

조린 팥(2컵 분량)
- 팥 2/3컵
- 소금 1/3작은술
- 설탕 4큰술
- 전분물 2큰술
- 꿀 1큰술

망고퓌레(1컵 분량)
- 냉동 망고 200g
- 레몬즙 1큰술
- 럼 1큰술(생략 가능)

토핑
- 볶은 콩가루 약간
- 곶감 치즈쌈 6쪽(만들기 312쪽)
- 허브 잎 약간
- 시리얼 약간

도구 준비하기

냄비

볼

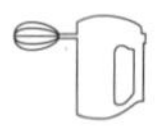
핸드믹서

고무주걱

거품기

칼

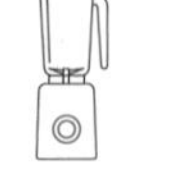
푸드프로세서

중간체

재료 준비하기

전분물은 전분과 물을 1:1 비율로 섞어 분량만큼 준비한다.

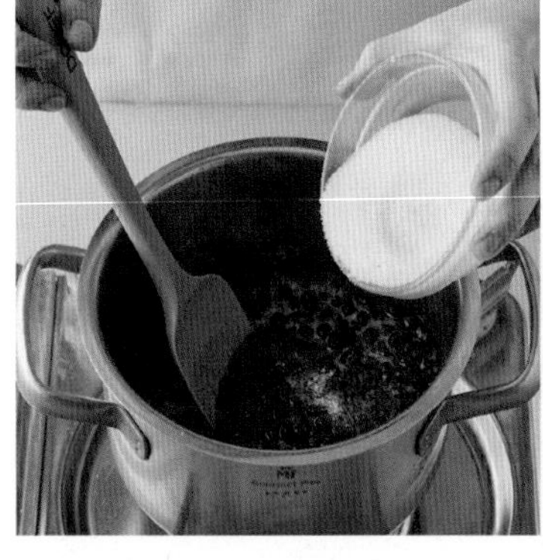

1

냄비에 팥, 잠길 만큼의 물을 넣고 센 불에서 끓으면 3분 더 끓인 후 물을 버리고 다시 물을 부어 끓인다. 끓어오르면 약한 불에서 물을 1~2회 더 부어가며 팥이 완전히 물러질 때까지 약 40분간 삶은 후 불을 끄고 설탕(4큰술), 전분물, 꿀을 넣고 섞어 완전히 식힌다.

2

생크림에 설탕(100g)을 넣고 핸드믹서의 고속으로 휘핑한다.

* 거품기로 크림을 들어 올렸을 때 뾰족한 삼각뿔 모양이 될 때까지 휘핑한다.

3

다른 볼에 마스카포네치즈와 설탕(80g)을 넣고 거품기로 섞은 후 ②의 생크림을 조금씩 넣어가며 잘 섞는다.

4

카스텔라는 0.7cm 두께로 자른다.

5

푸드프로세서에 냉동 망고, 레몬즙, 럼을 넣고 갈아 망고퓌레를 만든다.

6

용기에 망고퓌레를 2~3큰술씩 담고 ④의 카스텔라로 덮는다.

7

③의 크림을 1cm 높이로 올리고 조린 팥을 얹는다.

8

윗면에 콩가루를 체로 쳐서 덮은 후 곶감 치즈쌈, 허브 잎, 시리얼 등으로 장식한다.

마스카포네치즈란?

이탈리아에서 유래한 부드럽고 크리미한 치즈로, 우유의 풍미가 강하고 은은한 달콤함을 가지고 있어 주로 티라미수 등 디저트를 만드는 데 사용된다. 시고 짠 맛이 없고, 발효나 숙성 과정을 거치지 않은 생치즈라 치즈 특유의 냄새가 거의 없다.

감태 오란다강정 / 커피 오란다강정 / 크랜베리 오란다강정

동글동글한 알맹이 과자를 오란다라고 합니다.
이 과자에 엿과 다양한 재료를 넣고 버무리면 쉽게 추억의 과자를 맛볼 수 있습니다.

6×6×3cm 사각형 몰드 10개 분량　30분　실온 5일　냉동 12개월

감태 오란다강정

• 오란다 160g
• 감태 1장

시럽
• 조청 1/2컵
• 설탕 1큰술
• 식용유 15g

커피 오란다강정

• 오란다 160g
• 건블루베리 50g
• 검은깨 1큰술

시럽
• 커피가루 1큰술
• 조청 1/2컵
• 설탕 큰술
• 식용유 15g

크랜베리 오란다강정

• 오란다 160g

시럽
• 건크랜베리 50g
• 계핏가루 5g
• 조청 1/2컵
• 설탕 1큰술
• 식용유 15g

도구 준비하기

프라이팬

고무주걱

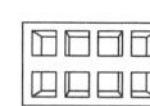
사각형 실리콘몰드

재료 준비하기 감태는 틀 크기에 맞춰 가위로 자른다.

1

프라이팬에 시럽 재료를 넣고 중약 불에 올려 설탕을 모두 녹인다.

2

시럽이 바글바글 끓으면 오란다를 넣고 실이 보일 때까지 고루 섞는다.
* 커피 오란다강정의 건블루베리, 검은깨는 이때 함께 넣고 볶는다.

3

뜨거울 때 실리콘틀에 채워 넣고 식으면 틀에서 빼낸다.
* 감태 오란다강정의 감태는 틀 밑에 미리 깔아둔 후 볶은 오란다를 넣고 눌러 붙인다.

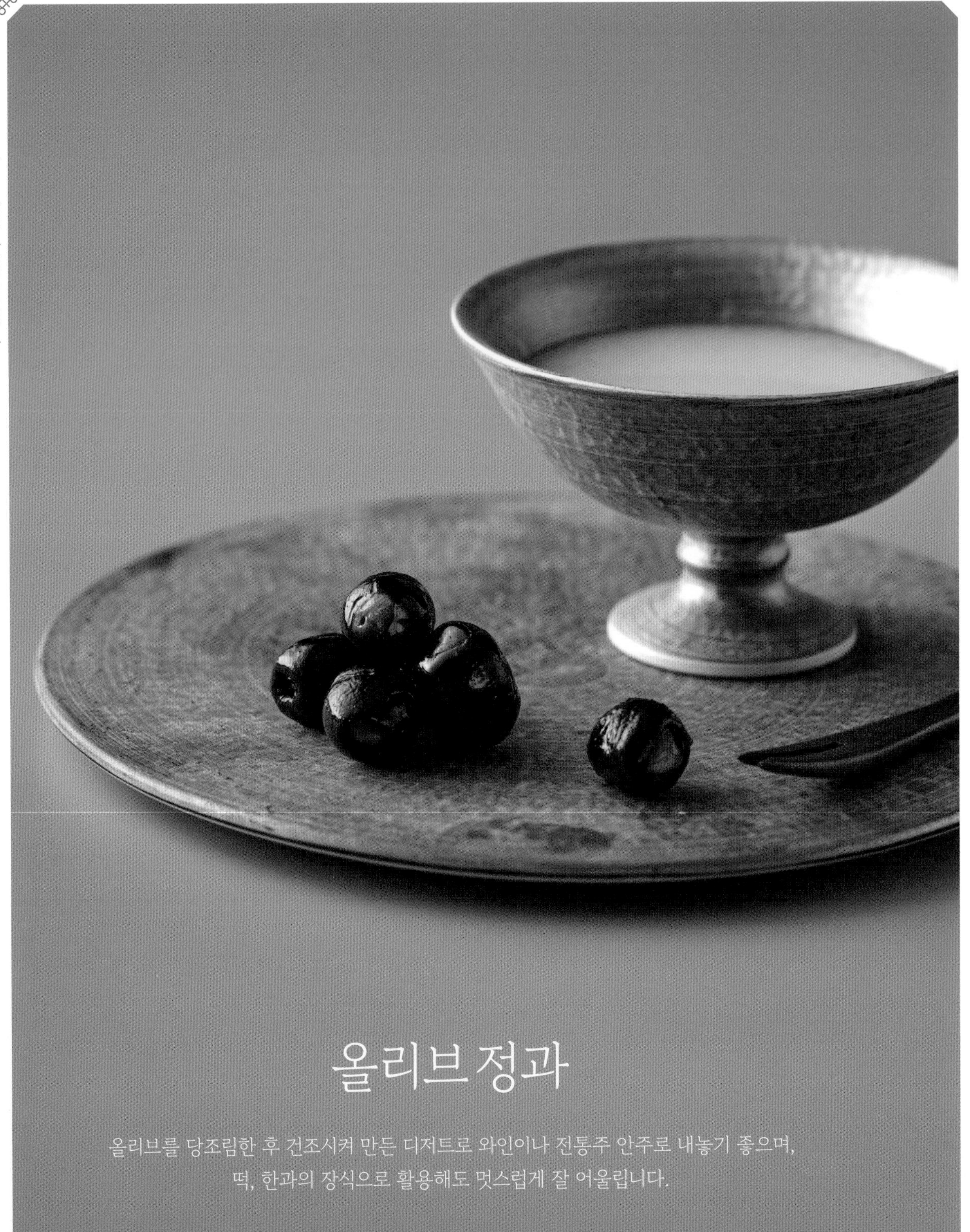

올리브 정과

올리브를 당조림한 후 건조시켜 만든 디저트로 와인이나 전통주 안주로 내놓기 좋으며,
떡, 한과의 장식으로 활용해도 멋스럽게 잘 어울립니다.

올리브 100g 분량 · 30분(+ 당침 4~5시간, 건조 2~3일) · 실온 2일 · 냉동 6개월

- 통조림 블랙올리브 100g
- 피스타치오 50g
- 물 1/2컵
- 설탕 50g
- 물엿 2컵
- 꿀 1큰술
- 소금 약간

도구 준비하기

중간체

냄비

채반

재료 준비하기

통조림 블랙올리브는 체에 밭쳐 물기를 제거한다.

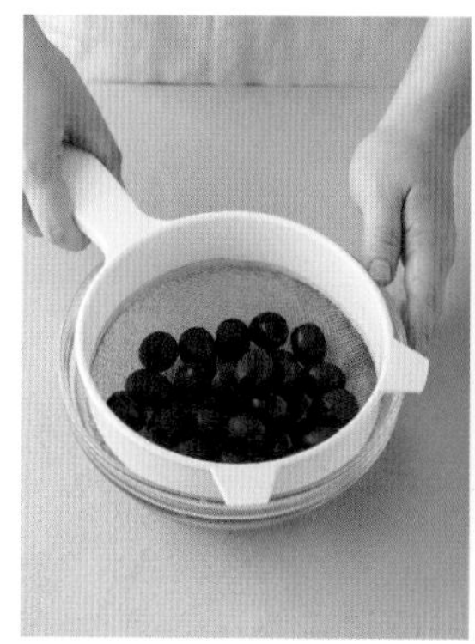

1

냄비에 넉넉한 양의 물을 끓여 블랙올리브를 넣고 살짝 데친 후 체에 밭쳐 물기를 제거한다.

2

냄비에 물(1/2컵), 설탕을 넣고 중간 불에 올려 설탕이 다 녹으면 물엿, 꿀, 소금을 넣는다. 바글바글 끓어오르면 올리브를 넣고 불을 끈다.

3

②의 시럽이 완전히 식으면 올리브를 건져낸다. 다시 중간 불에 올려 시럽이 끓어오르면 불을 끄고 올리브를 넣는다. 겉면에 윤기가 나고 시럽이 끈적해질 때까지 2~3회 반복한다.

4

올리브는 채반에 밭쳐 여분의 시럽을 제거하고 가운데 구멍에 피스타치오를 꽂는다. 4시간마다 뒤집어 가며 2~3일간 손에 시럽이 묻지 않을 때까지 선풍기 바람으로 건조시킨다.

* 건조기를 사용한다면 40°C로 맞춰 8시간 말린다.

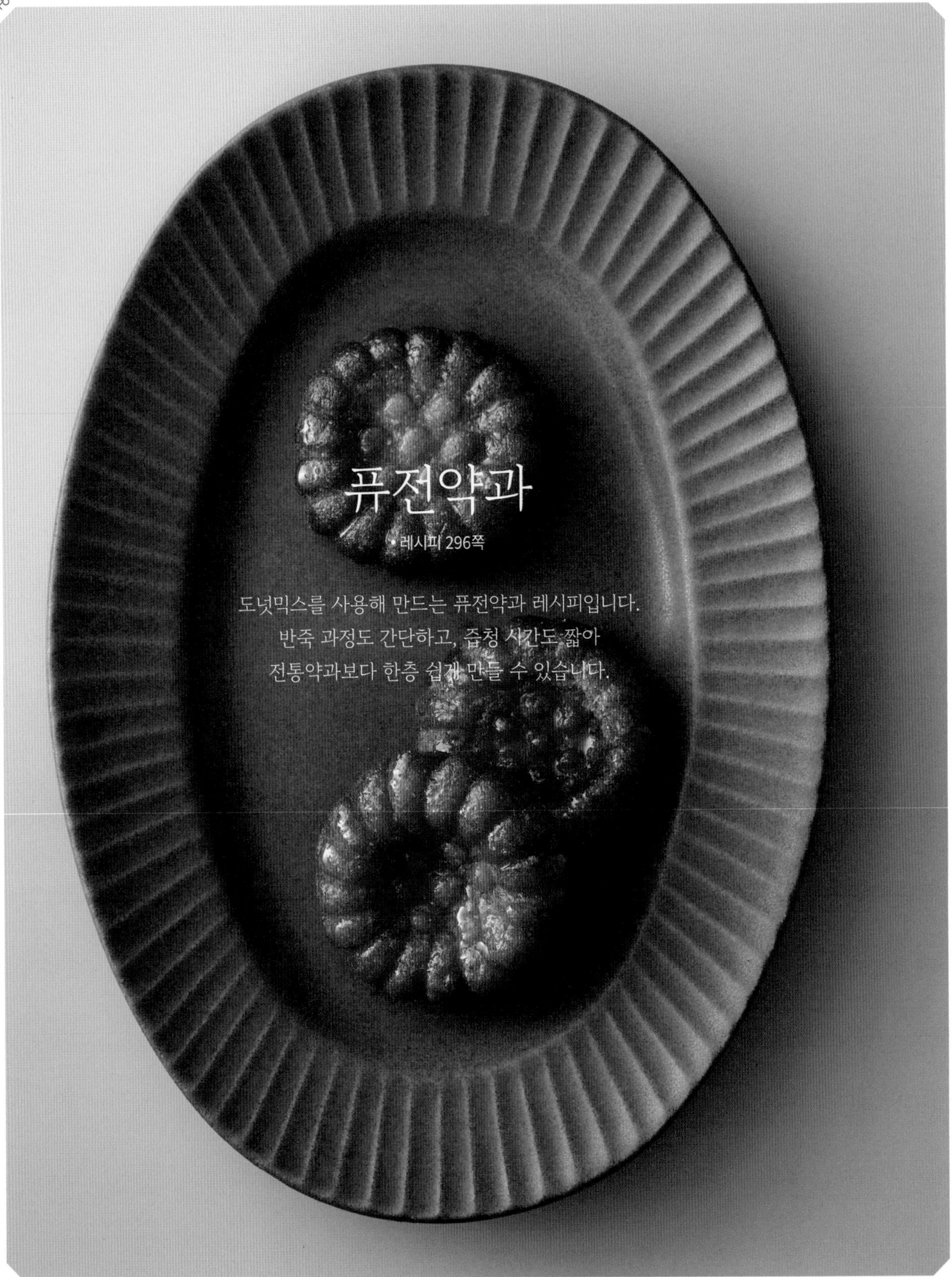

퓨전약과

• 레시피 296쪽

도넛믹스를 사용해 만드는 퓨전약과 레시피입니다.
반죽 과정도 간단하고, 즙청 시간도 짧아
전통약과보다 한층 쉽게 만들 수 있습니다.

르뱅 약과쿠키

• 레시피 298쪽

큼직한 크기와 달콤한 맛으로 널리 알려져 국내 제과점 메뉴로도 인기 있는 미국의 르뱅쿠키에 퓨전약과를 얹어 먹음직스럽게 조합했습니다.

지름 5cm 약과 25개 분량 | 35분(+ 휴지 1시간) | 실온 5일 | 냉동 6개월

퓨전약과

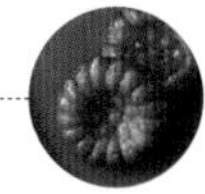

- 밀가루(중력분) 250g
- 건식 찹쌀가루 50g
- 시판 도넛믹스 50g
- 베이킹파우더 1g
- 달걀 2개
- 설탕 100g
- 식용유 15g
- 식용유 1~1.5ℓ

즙청시럽
- 조청 100g
- 올리고당 75g
- 물 30g
- 계핏가루 약간
- 생강가루 약간

도구 준비하기

볼

고운체

약과틀

붓

거품기

고무주걱

냄비

튀김솥

채반

재료 준비하기

1 밀가루, 찹쌀가루, 도넛믹스, 베이킹파우더는 고운체에 함께 내린다.

2 약과틀에 붓으로 식용유를 바른다.

1

볼에 달걀을 넣고 설탕을 3~4회 나누어 넣으며 거품기로 섞은 후 식용유를 넣고 섞는다.

2

체에 내린 가루 재료를 넣고 섞은 후 랩을 씌워 냉장실에서 1시간 휴지시킨다.

3

반죽을 20g씩 분할해 약과틀에 찍어낸다.

4

냄비에 즙청시럽 재료를 넣고
중약 불에서 끓기 시작하면
약한 불로 줄여서 5분간 졸인다.

5

튀김솥에 식용유를 붓고
약한 불에서 120°C로 달군 후
반죽을 넣고 서서히 온도를
160°C까지 올려가며 튀긴다.

6

겉이 갈색으로 충분히
튀겨지면 체에 밭쳐
기름을 뺀다.

7

즙청시럽에 5분간 담갔다가
채반에 밭쳐 여분의 시럽을
제거한다.

시판 도넛믹스를 사용하는 이유

베이킹파우더와 밀가루, 맛을 내는
향료 등이 섞여 있는 도넛믹스를
약과 반죽에 섞으면 시판 약과와
상당히 비슷한 맛과 식감이 만들어진다.
찹쌀도넛믹스가 아닌 일반 도넛믹스를
사용하도록 한다.

지름 7cm 쿠키 12개 분량 2시간 냉장 5일, 냉동 6개월

르뱅 약과쿠키

- 밀가루(중력분) 360g
- 베이킹파우더 5g
- 계핏가루 4g
- 생강가루 2g
- 버터 200g
- 흑설탕 130g
- 소금 3g
- 달걀 100g
- 바닐라에센스 2g
- 퓨전약과 12개(만들기 296쪽)

크림치즈 필링

- 크림치즈 250g
- 슈거파우더 10g

도구 준비하기

볼

고운체

고무주걱

거품기

떡비닐

짤주머니

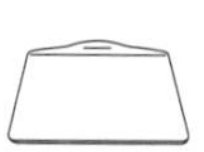
오븐팬

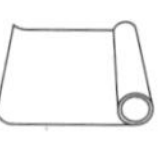
테프론시트

재료 준비하기

1 버터, 달걀, 크림치즈는 1시간 전 냉장실에서 꺼내 실온에 둔다.

2 밀가루, 베이킹파우더, 계핏가루, 생강가루를 고운체에 함께 내린다.

1

크림치즈를 부드럽게 풀어 슈거파우더와 섞은 후 짤주머니에 담는다.

2

볼에 버터를 넣어 거품기로 부드럽게 푼 후 흑설탕, 소금을 넣고 휘핑한다. 달걀, 바닐라에센스를 넣고 가볍게 섞은 후 체에 내린 가루 재료를 넣고 고무주걱으로 날가루가 보이지 않게 섞는다.

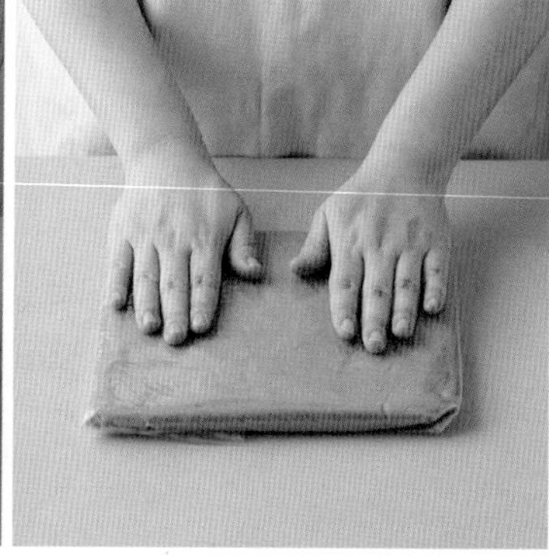

3

반죽을 비닐로 감싸고 1cm 두께로 펴 냉장실에서 30분 이상 휴지시킨다.

오븐 예열

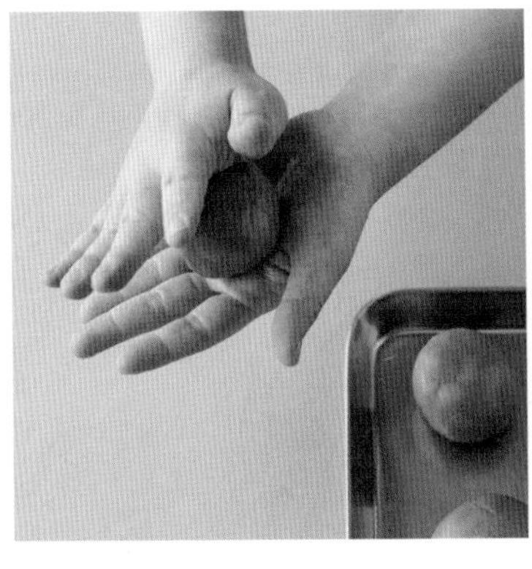

4

반죽을 80g씩 분할한 후
동그랗게 빚는다.

5

테프론시트를 깐 오븐팬에
반죽을 놓고 반죽 가운데를
손가락으로 눌러 공간을 만든다.

6

①의 크림치즈 필링을
가운데 공간에 약 20g씩 짜넣는다.

7

180°C로 예열한 오븐에 넣고
20분간 굽는다.

8

쿠키를 완전히 식힌 후
윗면에 크림치즈 필링을 살짝 짜고
퓨전약과를 얹어 고정시킨다.

약과를 활용한 디저트

약과가 SNS상에서 크게 유행하면서
크림치즈, 생크림, 아이스크림 등을 더해
먹는 방법이 알려지고 약과를 활용한
디저트 메뉴가 인기를 얻었다.
책에서 소개한 르뱅 약과쿠키처럼
계핏가루, 생강가루 등 약과 재료를
다른 디저트에 사용하면 서로의 맛이
한층 자연스럽게 어우러진다.
르뱅쿠키 외에도 피낭시에, 버터바 등으로
활용하거나 아이스크림 토핑으로
곁들이기도 한다.

단호박 과일양갱

단호박 퓨레에 과일, 젤라틴, 한천을 넣어 굳힌
상큼하고도 부드러운 디저트입니다.

지름 3.4cm, 높이 2.5cm 호박 모양 양갱틀 약 12개 분량 | 20분 (+ 굳히기 2시간) | 냉장 1주일

- 손질한 단호박 200g
- 설탕 80g
- 올리고당 1/4컵
- 물 25g + 2컵
- 한천가루 1큰술
- 젤라틴매스 50g
- 키위 1개
- 방울토마토 2개

젤라틴매스

- 젤라틴가루 9g
- 물 41g

도구 준비하기

칼 찜기

실리콘시트

솥

붓

절굿공이

분무기

양갱틀

냄비

재료 준비하기

1 젤라틴가루, 물을 섞어 1시간 동안 두고 젤라틴매스를 만든다.

2 키위, 방울토마토는 사방 1cm 크기로 썬다.

3 단호박은 적당한 크기로 잘라 씨를 제거하고 껍질을 벗긴다(32쪽).

4 실리콘 양갱틀에 분무기로 물을 뿌려둔다.

1

찜기에 실리콘시트를 깔고 단호박을 올려 센 불에서 약 20분간 푹 익힌 후 절굿공이로 으깬다.

2

냄비에 ①, 설탕, 올리고당, 물을 넣고 잘 섞은 후 한천가루를 넣고 약한 불에서 10분간 끓인다. 젤라틴매스를 넣고 잘 저어 녹인 후 5분간 더 끓인다.

3

실리콘 양갱틀에 키위, 방울토마토를 조금씩 나눠 넣는다.

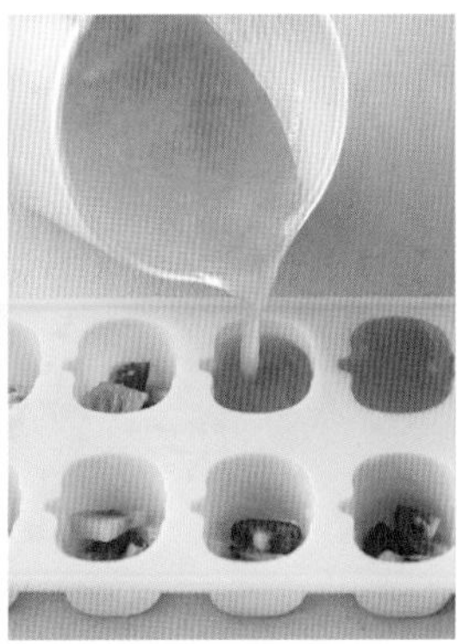

4

②를 붓고 냉장실에서 2시간 이상 굳힌다. 다 굳으면 틀에서 분리한다.

커피 마블양갱

커피와 우유 두 가지 양갱을 틀에 함께 넣어
자연스러운 마블링 무늬를 낸 퓨전 양갱입니다.

5×5×5cm 사각형 몰드 약 10개 분량　20분(+ 굳히기 2시간)　냉장 1주일

커피양갱
- 시판 백앙금 150g
- 에스프레소 1컵
- 올리고당 1/4컵
- 한천가루 1큰술
- 소금 약간
- 젤라틴매스 30g

우유양갱
- 시판 백앙금 100g
- 우유 1/2컵
- 설탕 1큰술
- 한천가루 1/2큰술
- 소금 약간
- 젤라틴매스 18g

➤ 젤라틴매스
- 젤라틴가루 8g
- 물 40g

도구 준비하기

냄비

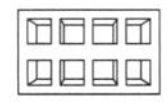
사각형 실리콘몰드

분무기

젓가락

재료 준비하기

1 젤라틴가루, 물을 섞어 1시간 동안 두고 젤라틴매스를 만든다.

2 실리콘 양갱틀에 분무기로 물을 뿌려둔다.

1

냄비에 백앙금(150g), 에스프레소, 올리고당, 한천가루(1큰술), 소금(약간)을 넣고 잘 섞어 약한 불에서 10분간 끓이다가 젤라틴매스(30g)를 넣고 녹인다.

2

다른 냄비에 백앙금(100g), 우유, 설탕, 한천가루(1/2큰술), 소금(약간)을 넣고 잘 섞어 약한 불에서 10분간 끓이다가 젤라틴매스(18g)를 넣고 녹인다.

3

실리콘 양갱틀에 ①을 먼저 부어 절반 정도 채우고, 그 위에 바로 ②를 붓는다.

4

두 가지 색 양갱이 뒤섞이는 무늬가 나도록 젓가락으로 3~4회 섞은 후 냉장실에 넣어 2시간 이상 굳힌다. 다 굳으면 틀에서 분리한다.

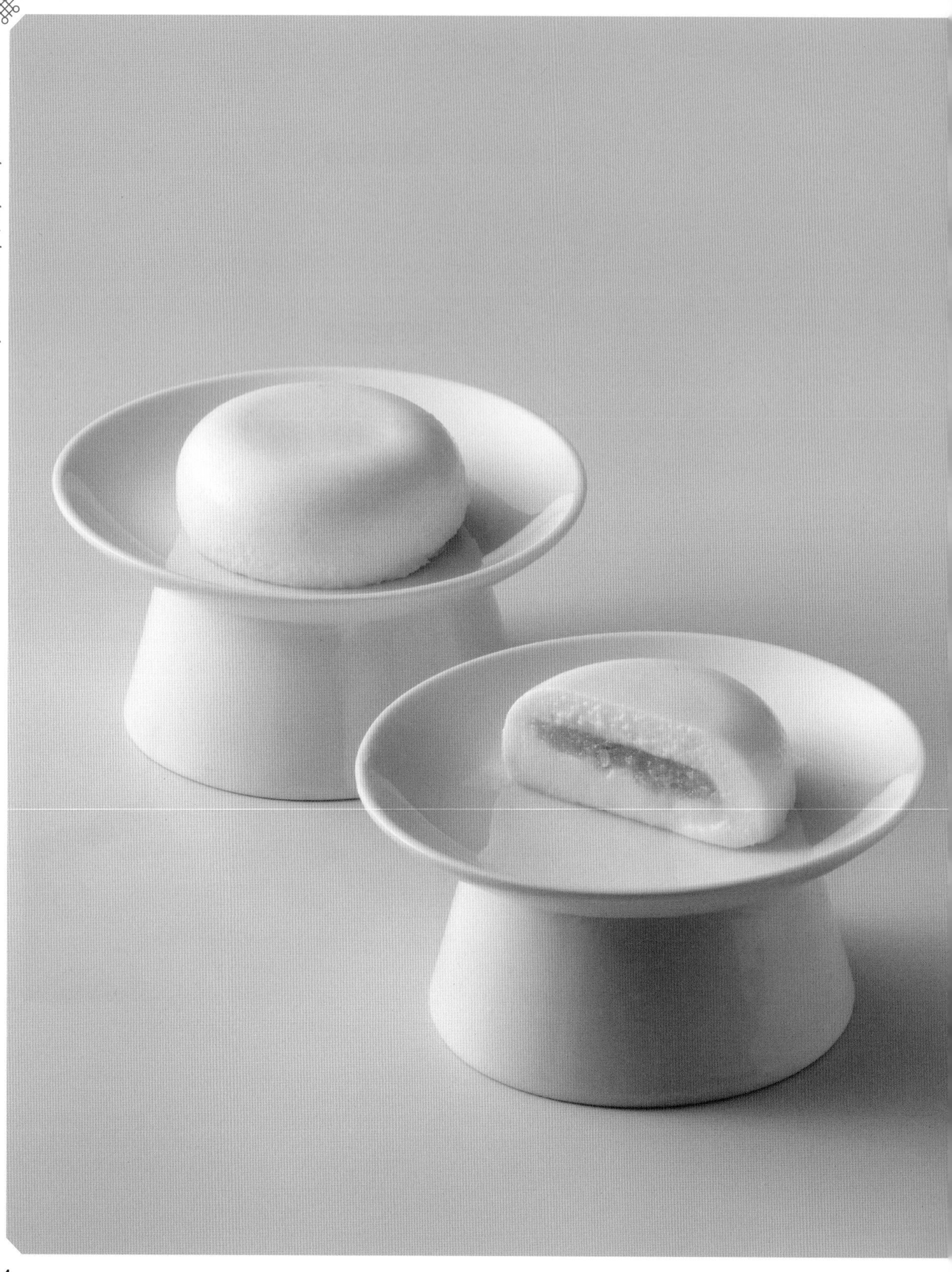

유자 라이스무스 • 레시피 306쪽

부드러운 쌀무스와 유자젤리, 유자란이 만들어낸
기품 있는 맛과 향의 조화를 느껴보세요.

지름 6.5cm, 높이 3cm 반원형 몰드 10개 분량 | 30분(+ 무스 굳히기 3~4시간) | 냉장 2일

유자 라이스무스

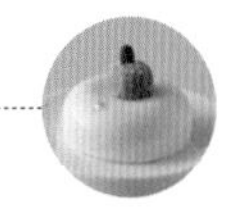

유자젤리
- 유자청 건더기 80g
- 물 80g
- 레몬즙 20g
- 젤라틴매스 18g
- 오렌지리큐르 6g
  (또는 럼, 위스키, 바닐라에센스)

라이스무스
- 건식 멥쌀가루 65g
- 설탕 45g
- 우유 1컵
- 화이트초콜릿 150g
- 젤라틴매스 24g
- 생크림 180g
- 오렌지리큐르 15g
  (또는 럼, 위스키, 바닐라에센스)

젤라틴매스
- 젤라틴가루 7g
- 물 35g

도구 준비하기

칼

냄비

볼

고무주걱

사각형 용기

거품기

짤주머니

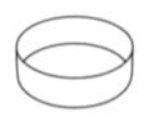
원형 쿠키커터

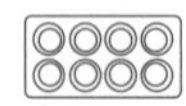

반원형 실리콘몰드

스패튤러

재료 준비하기

1 젤라틴가루, 물(35g)을 섞어 1시간 동안 두고 젤라틴매스를 만든다.

2 유자청 건더기는 곱게 다진다.

1

냄비에 유자청 건더기, 물(80g), 레몬즙을 넣고 중약 불에서 뜨겁게 데운다.

2

젤라틴매스(18g)와 오렌지리큐르(6g)를 넣고 잘 섞은 후 불을 끈다. 사각형 용기에 1cm 두께가 되도록 부어 냉장실에서 굳힌다.

3

볼에 건식 멥쌀가루와 설탕을 넣고 섞는다.

4

냄비에 ③, 우유를 넣고 약한 불에서 저어가며 가열한다.

5

걸쭉하게 농도가 생기면 화이트초콜릿을 넣어 섞고 초콜릿이 다 녹으면 불을 끈다. 젤라틴매스(24g)를 넣어 덩어리 없이 섞고 한 김 식힌다.

6

볼에 생크림을 넣고 거품기로 부드럽게 휘는 뿔이 생길 정도로 휘핑한다.

7

⑤를 볼로 옮겨 ⑥의 생크림, 오렌지리큐르(15g)를 넣고 거품기로 부드럽게 섞은 후 짤주머니에 담는다.

8

②의 유자젤리를 원형 쿠키커터를 사용해 반원형 실리콘몰드에 들어갈 정도의 크기로 자른다.

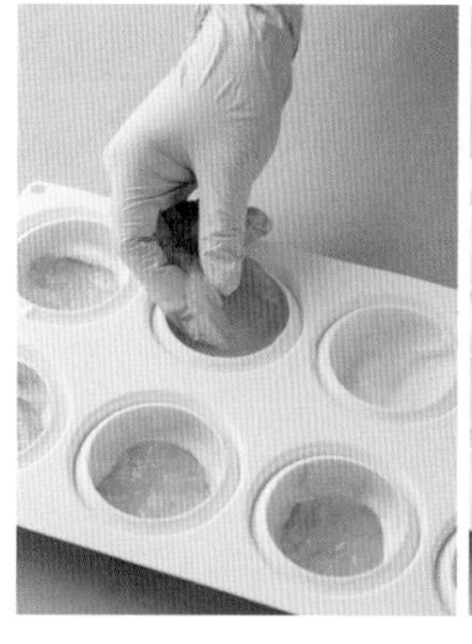

9

반원형 몰드에 ⑦의 라이스무스를 30% 채운 후 ⑧의 유자젤리를 넣는다.

10

라이스무스를 몰드에 가득 채우고 윗면을 스패튤러로 평평하게 정리한 후 냉동실에 넣어 굳힌다.

11

완전히 굳힌 무스를 몰드에서 꺼낸다.

* 금박, 유자란(만들기 241쪽) 등으로 장식한다.

와인밤조림

속껍질이 붙은 보늬밤을 오랜 시간 와인에 조려 풍미를 살렸습니다.
계피, 팔각이 깊은 향을 더해 겨울에 즐기기 좋습니다.

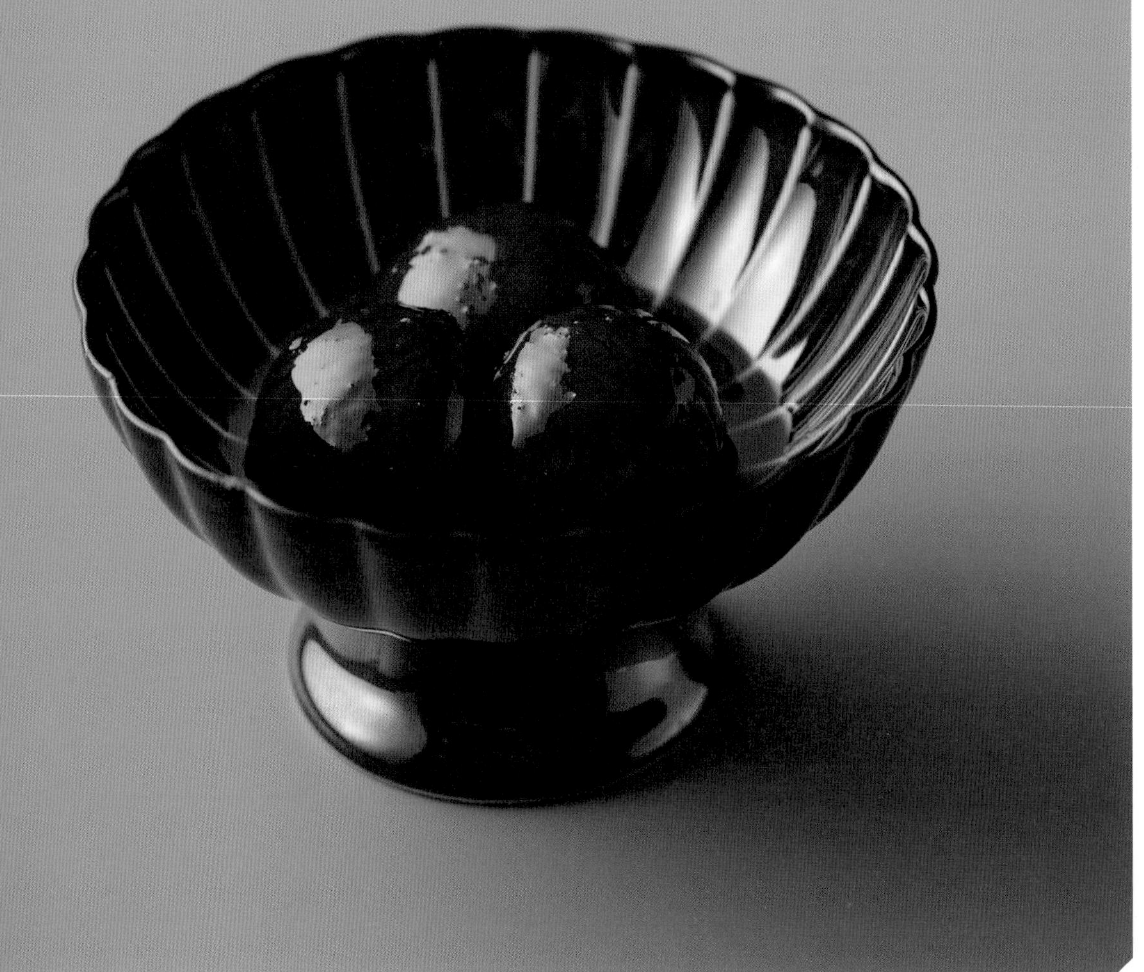

밤 1kg 분량 **40분(+ 밤 불리기 반나절)** **냉장 3개월, 냉동 12개월**

- 밤 1kg
- 베이킹소다 4큰술
- 소금 약간
- 설탕 400g
- 물 1컵
- 진간장 1큰술
- 레드와인 3컵
- 꿀 3큰술
- 통계피 1쪽(생략 가능)
- 팔각 2쪽(생략 가능)

도구 준비하기

칼

냄비

재료 준비하기

밤은 뜨거운 물에 담가 반나절 이상 둔다.

1

밤은 속껍질이 벗겨지지 않게 주의하며 겉껍질을 벗긴다.
⋆ 속껍질에 흠집이 나면 조릴 때 밤의 속살이 터져나올 수 있다.

2

냄비에 밤, 잠길 만큼의 물, 베이킹소다(2큰술씩)를 넣고 약한 불에서 20분간 끓인 후 찬물에 헹군다. 이 과정을 1번 더 반복한 후 소금을 넣은 물에 다시 한번 삶는다.
⋆ 베이킹소다를 넣고 여러 번 끓이면 떫은맛이 없어지고 속껍질이 부드러워진다.

3

밤을 체에 밭쳐 한 김 식힌 후 물기를 닦아낸다. 바늘을 사용해 속껍질에 붙은 질긴 섬유질을 제거한다.

4

냄비에 설탕, 물을 넣고 중간 불에 올려 설탕이 녹으면 진간장, 와인, 꿀, 통계피, 팔각을 넣는다. 끓어오르면 ③의 밤을 넣고 중약 불로 줄여 시럽의 양이 60%로 줄어들고 윤기가 날 때까지 조린다.
⋆ 완성된 밤조림은 열탕 소독한 유리병에 보관한다.

곶감 치즈쌈

• 레시피 312쪽

달콤한 곶감에 크림치즈, 호두, 대추로 다양한 맛을 더했습니다.
만들기 쉬우면서도 맛이 고급스러워
찻상이나 술상에 내어놓기 좋은 메뉴입니다.

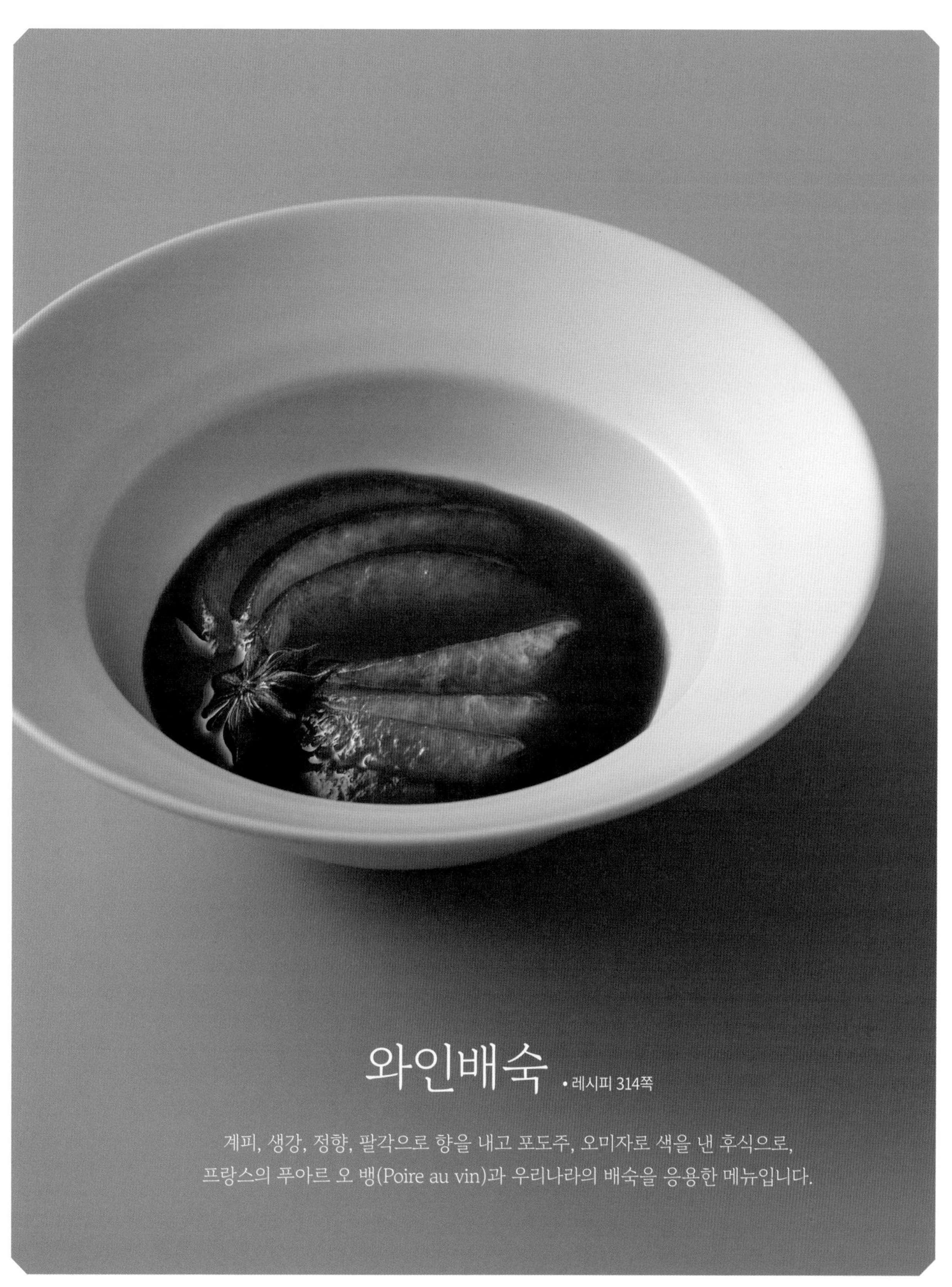

와인배숙

• 레시피 314쪽

계피, 생강, 정향, 팔각으로 향을 내고 포도주, 오미자로 색을 낸 후식으로, 프랑스의 푸아르 오 뱅(Poire au vin)과 우리나라의 배숙을 응용한 메뉴입니다.

15개 분량 20분(+ 굳히기 1시간) 냉동 6개월

곶감 치즈쌈

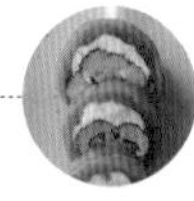

- 곶감 5개
- 호두 반태 5개
- 대추 4개
- 크림치즈 5큰술

도구 준비하기

칼

김발

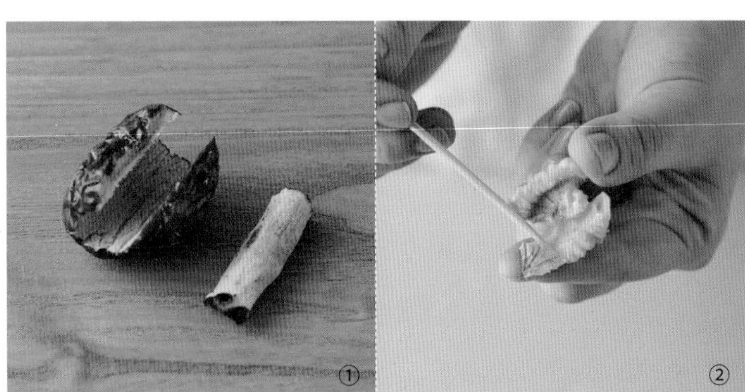

1

❶ 대추는 돌려 깎아 씨를 제거한다(28쪽).

❷ 호두는 한 번 데친 후 질긴 껍질을 벗겨낸다(31쪽).

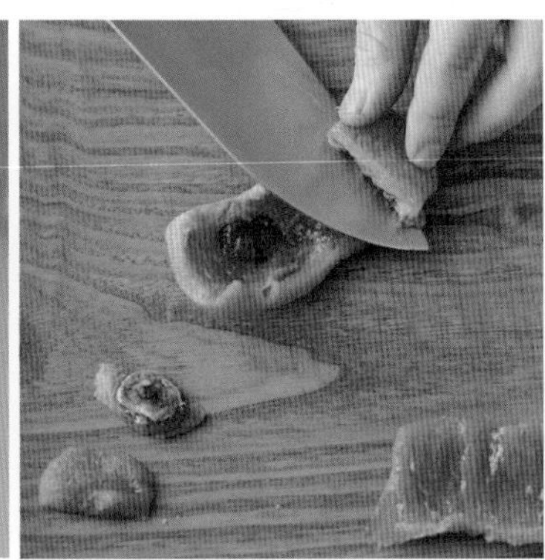

2

곶감은 꼭지를 떼고
위아래를 살짝 잘라내 정리한 후
넓게 펼치고 씨를 제거한다.

3

김발에 랩을 깔고 곶감을
0.5cm씩 겹치도록 나란히 펼친 후
크림치즈를 도톰하게 올린다.

4

크림치즈 위에 대추의 안쪽 면이
위를 향하도록 나란히 올리고,
그 위에 호두를 올린다.

5

김발을 사용해 빈틈없이 만다.

6

랩 양쪽을 사탕 모양으로 꼬아
고정시키고 냉동실에 보관해
적당히 굳힌다.

7

약 1.5cm 두께로 썬다.

배 2개 분량 **80분(+ 생강, 계피 우려내기 40분)** **냉장 2주**

와인배숙

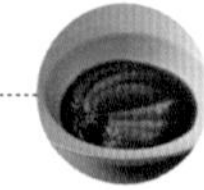

- 배 2개
- 생강 100g
- 통계피 30g
- 물 10컵 + 12컵
- 레드와인 1병
- 황설탕 2~3컵
- 통후추 1큰술
- 팔각 1~2개
- 정향 1/2큰술
- 건오미자 1큰술(생략 가능)

도구 준비하기

칼 냄비 중간체

재료 준비하기

1 생강은 껍질을 칼로 긁어 벗긴 후(32쪽) 편 썬다.

2 통계피는 조각을 내어 깨끗이 씻는다.

1

냄비에 생강과 물(10컵)을 넣고 약한 불에서 40분간 서서히 끓인 후 체에 거른다.

2

다른 냄비에 통계피와 물(12컵)을 넣고 약한 불에서 40분간 서서히 끓여 체에 거른다.

* 계피와 생강은 각각 끓여야 맛과 향을 제대로 우려낼 수 있다.

3

배는 6~8등분한 후 씨를 제거하고 껍질을 벗긴다.

4

냄비에 ①의 생강 끓인 물, ②의 계피 끓인 물을 붓고, 와인, 황설탕, 통후추, 팔각, 정향, 건오미자를 넣어 약한 불에 끓인다.

5

20분간 끓인 후 오미자, 팔각, 정향은 건져낸다.

6

배를 넣고 30분간 더 끓인 후 배에 색이 들고 적당히 물러지면 건져낸다.

7

건져낸 배에 2~3회 칼집을 낸 후 부채 모양으로 벌린다.

8

국물은 약한 불에서 마저 졸여 기호에 맞게 농도를 조절하고 차갑게 식힌다.
배와 국물을 함께 담는다.

와인배숙에 사용된 향신료

통계피, 통후추, 팔각, 정향은 독특한 풍미를 더해주는 재료다. 향균 효과도 있어 완성된 와인배숙을 밀폐 용기에 넣어 장기간 냉장 보관할 수 있다. 적은 양으로도 강한 맛과 향이 나니 너무 많이 넣지 않도록 한다.

라이스 롤케이크

• 레시피 318쪽

쌀가루와 팥앙금을 이용하여 만든 롤케이크로,
쌀가루 특유의 촉촉함이 더해져 더욱 맛있습니다.

당근 쌀케이크

• 레시피 320쪽

당근과 향신료, 견과류, 크림치즈 프로스팅의 오묘한 조화로
전 세계에서 사랑받는 당근케이크를 쌀가루로 먹음직스럽게 만들었습니다.
앞에서 소개한 당근란을 올려 예쁘게 장식해보세요.

40×30cm 롤케이크팬 1개 분량 · 40분(+ 굳히기 30분) · 냉장 2일

라이스 롤케이크

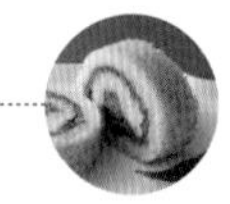

- 건식 멥쌀가루 80g
- 달걀 4개
- 설탕 95g
- 소금 1/8작은술
- 우유 1/5컵(40㎖)
- 버터 15g
- 호두 1줌

팥크림
- 팥앙금 200g(만들기 21쪽)
- 생크림 2큰술

시럽
- 설탕 2큰술
- 물 2큰술
- 럼 1큰술(생략 가능)
- 조청 1큰술

도구 준비하기

볼

고운체

롤케이크틀

유산지

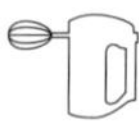
핸드믹서

고무주걱

스크레이퍼

붓

스패튤러

재료 준비하기

1 버터, 우유를 볼에 함께 넣고 중탕으로 데운다.
2 호두는 한 번 데쳐 질긴 껍질을 벗겨낸 후(31쪽) 굵게 부순다.
3 오븐팬에 유산지를 깐다.

1

볼에 달걀을 넣고 전체적으로 거친 거품이 올라올 때까지 핸드믹서의 중속으로 약 1분간 휘핑한다. 설탕(95g), 소금을 2번에 나눠 넣으면서 색이 뽀얗게 변하고 촘촘한 거품이 생길 때까지 휘핑한다.

2

멥쌀가루를 고운체에 쳐서 넣고 주걱으로 거품이 꺼지지 않도록 섞는다.

3

중탕한 버터, 우유를 담은 볼에 ②의 반죽을 1컵 떠서 넣고 섞은 후 다시 전체 반죽에 넣고 가볍게 섞는다.

오븐 예열

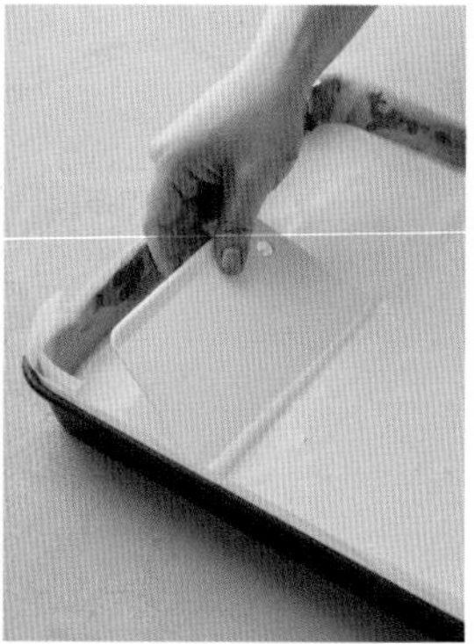

4

유산지를 깐 오븐팬에 반죽을 붓고 스크레이퍼로 평평하게 펼친다. 팬을 가볍게 바닥에 내리쳐 큰 기포를 제거한다

5

180°C로 예열한 오븐에 넣고 12분간 구운 후 바로 틀에서 꺼내 식힘망에 올려 식힌다.

6

냄비에 시럽 재료를 모두 넣고 중간 불에 올려 설탕이 녹을 때까지 가열한다.

7

유산지 위에 식용유(약간)를 바른 후 케이크 시트의 윗면에 올리고 시트에 붙은 유산지와 함께 잡고 빠르게 뒤집는다. 시트에 붙은 유산지를 조심스럽게 떼어낸다.

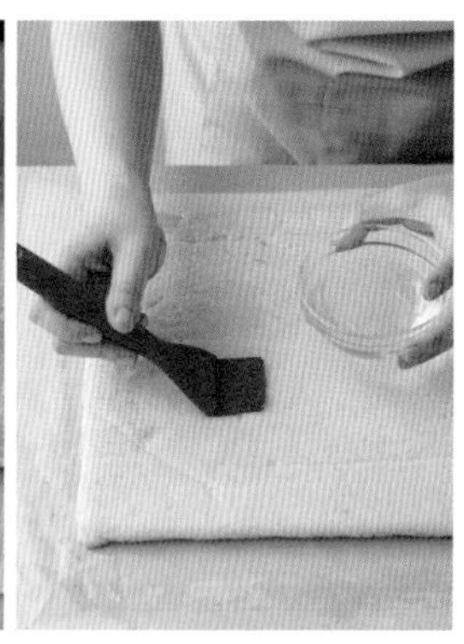

8

유산지를 떼어낸 자리에 붓으로 ⑥의 시럽을 바른다.

9

팥앙금과 생크림을 잘 섞은 팥크림을 스패튤러로 시트 위에 평평하게 바르고 호두를 골고루 뿌린다.

10

케이크 시트 한쪽 끝을 1cm 접어 심을 만든 후 김밥 말 듯이 돌돌 만다.

11

유산지로 감싸서 냉장실에 30분 이상 굳힌 후 먹기 좋게 자른다.

지름 18cm 원형 케이크 1개 분량 · 70분 · 냉장 2일

당근 쌀케이크

- 건식 멥쌀가루 240g
- 베이킹파우더 1작은술
- 베이킹소다 1/2작은술
- 시나몬가루 2작은술
- 달걀 1개
- 흑설탕 100g
- 소금 1/2작은술
- 식용유 약간 + 110g
- 우유 1/2컵
- 당근 240g
- 호두 30g
- 건크랜베리 30g
- 당근란 5개(만들기 243쪽)

크림치즈 아이싱

- 크림치즈 200g
- 설탕 50g
- 생크림 1큰술

도구 준비하기

칼

볼

고운체

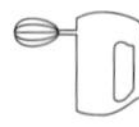
핸드믹서

고운체

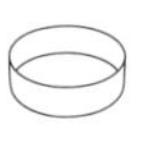
원형틀

짤주머니

원형 깍지

재료 준비하기

1 크림치즈는 1시간 전 냉장실에서 꺼내 실온에 둔다.

2 당근, 크랜베리는 곱게 다진다.

3 호두는 한 번 데친 후 질긴 껍질을 벗겨내고(31쪽) 곱게 다진다.

4 원형틀에 붓으로 식용유(약간)를 얇게 바른다.

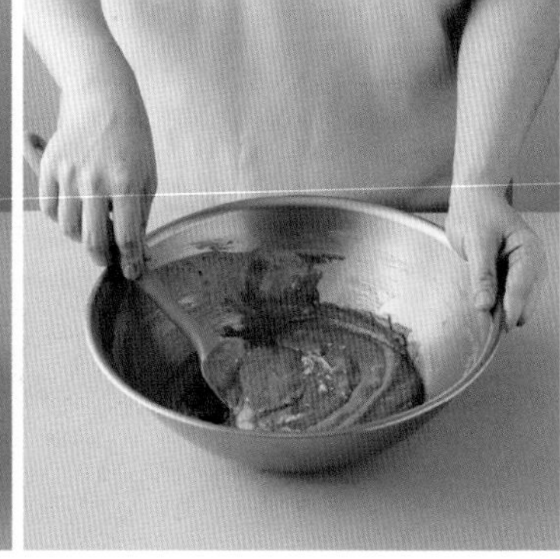

1

쌀가루와 베이킹파우더, 베이킹소다, 시나몬가루를 섞어서 고운체에 내린다.

2

볼에 달걀을 넣고 핸드믹서의 중속으로 약 1분간 휘핑한 후 흑설탕, 소금을 2번에 나눠 넣으면서 색이 밝게 변하고 촘촘한 거품이 생길 때까지 휘핑한다. 식용유를 조금씩 흘려 넣으면서 조금 더 섞는다.

오븐 예열

3

체에 내린 가루 재료, 우유를 넣고 고무주걱으로 거품이 꺼지지 않게 잘 섞는다.

4

당근, 호두, 크랜베리를 넣고
가볍게 섞는다.

5

원형틀에 반죽을 붓고
175°C로 예열한 오븐에서
45분간 굽는다.
뜨거울 때 틀에서 꺼내
식힘망에 올려 식힌다.

6

볼에 크림치즈를 넣고 핸드믹서의
저속으로 30초간 부드럽게 푼다.
설탕, 생크림을 넣고 1분간 더 섞어
크림치즈 아이싱을 만든다.

7

지름 0.7cm 원형 깍지를
끼운 짤주머니에 ⑥을 넣고
케이크 시트 윗면에
둥글게 짠다.

8

당근란을 올려 장식한다.

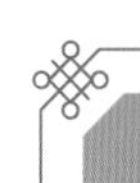

견과류타르트 / 코코넛 에그타르트

• 레시피 324쪽

쌀가루와 아몬드파우더로 타르트셸을 만들어
두 종류의 타르트를 구웠습니다.
고소한 맛이 진해 더 매력적인 글루텐프리 디저트를 만나보세요.

견과류타르트

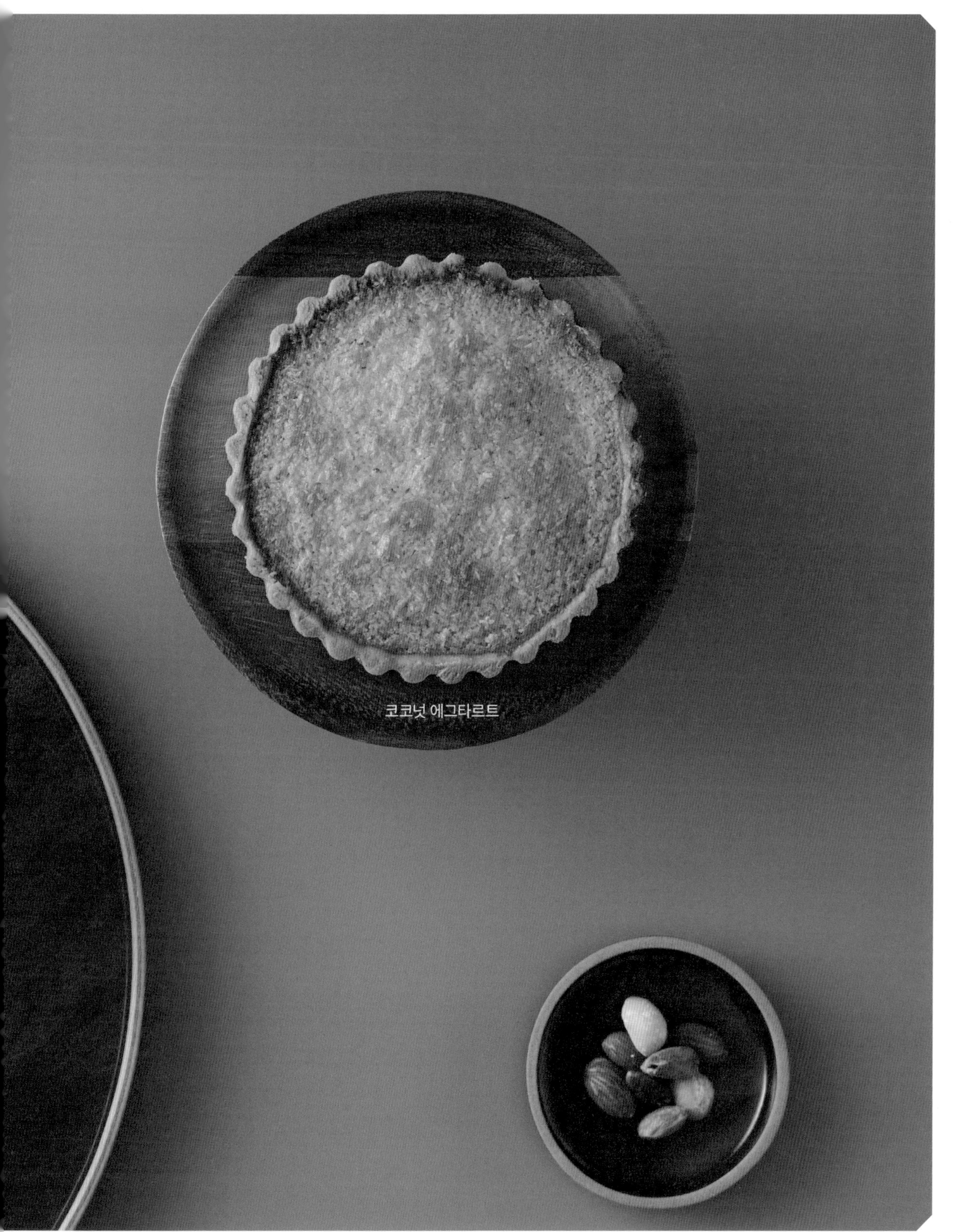
코코넛 에그타르트

지름 18cm 타르트 1개 분량 | 30분 (+ 휴지 30분) | 실온 2일 | 냉동 3개월

견과류타르트

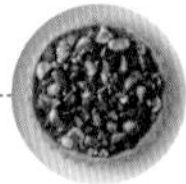

- 건식 멥쌀가루 135g
- 아몬드파우더 28g
- 버터 100g
- 설탕 45g
- 소금 1g
- 달걀 30g

견과류 필링
- 견과류 250g
- 황설탕 55g
- 흑설탕 8g
- 조청 15g
- 버터 20g
- 시나몬가루 4g
- 달걀 2개
- 생크림 30g

코코넛 에그타르트

- 건식 멥쌀가루 135g
- 아몬드파우더 28g
- 버터 100g
- 설탕 45g
- 소금 1g
- 달걀 30g

코코넛 에그필링
- 달걀 3개
- 설탕 180g
- 우유 155g
- 녹인 버터 100g
- 코코넛가루 100g

도구 준비하기

볼

중간체

거품기

고무주걱

떡비닐

밀대

타르트틀

스크레이퍼

냄비

재료 준비하기

1 버터는 1시간 전 냉장실에서 꺼내 실온에 둔다.
2 건식 멥쌀가루, 아몬드파우더는 함께 중간체에 내린다.
3 견과류는 150°C로 예열한 오븐에서 30분간 굽는다.

1

볼에 버터, 소금, 설탕을 넣고 거품기로 잘 섞어 크림화시킨 후 달걀을 넣고 잘 섞는다.

2

체에 내린 가루 재료를 넣고 고무주걱으로 섞는다.

3

반죽을 비닐로 감싸고 0.5cm 두께로 펴 냉장실에서 30분 이상 휴지시킨다.

오븐 예열

4

밀대를 사용해 반죽을 0.3cm 두께로 밀어 편다.

* 반죽이 바닥과 밀대에 들러붙지 않도록 덧가루를 사용한다.

5

타르트틀에 반죽을 얹고
틀과 반죽 사이에 공기가
들어가지 않도록
구석구석 밀착시킨다.
* 반죽보다 큰 비닐에 반죽을
올린 후 비닐을 잡고 팬닝하면
편하다.

6

틀 위로 올라온 반죽을
스크레이퍼로 깎아내고
포크로 반죽 바닥과 옆면을
구석구석 찌른다.
170°C로 예열한 오븐에서
10~15분간 굽는다.

7 — 견과류타르트

볼에 황설탕, 흑설탕, 조청,
버터, 시나몬가루를 넣고
중탕으로 따뜻하게 데운다.
달걀, 생크림을 넣어 섞은 후
냉장실에 넣어 1시간 이상
휴지시킨다.

7 — 코코넛 에그타르트

볼에 달걀, 설탕을 넣고
설탕이 녹을 때까지 섞는다.
우유와 녹인 버터를 넣고
섞은 후 코코넛가루를 넣고
섞는다.

8

구운 타르트에 필링을 채워
170°C로 예열한 오븐에서
20분간 굽는다.

9

틀째로 식힘망에 올려
완전히 식힌 후 틀에서 꺼낸다.

코코넛 향을 좋아하지 않는다면?

코코넛 에그필링 재료에서
코코넛가루를 빼고 만들면
부드러운 에그타르트를 즐길 수 있다.
이때 우유를 생크림으로 대체하면
한층 더 부드러워진다.

보리떡머핀

보리쌀가루에 막걸리를 넣어 구운,
옛날 즐겨 먹던 술빵을 떠오르게 하는 정겨운 감성의 디저트입니다.

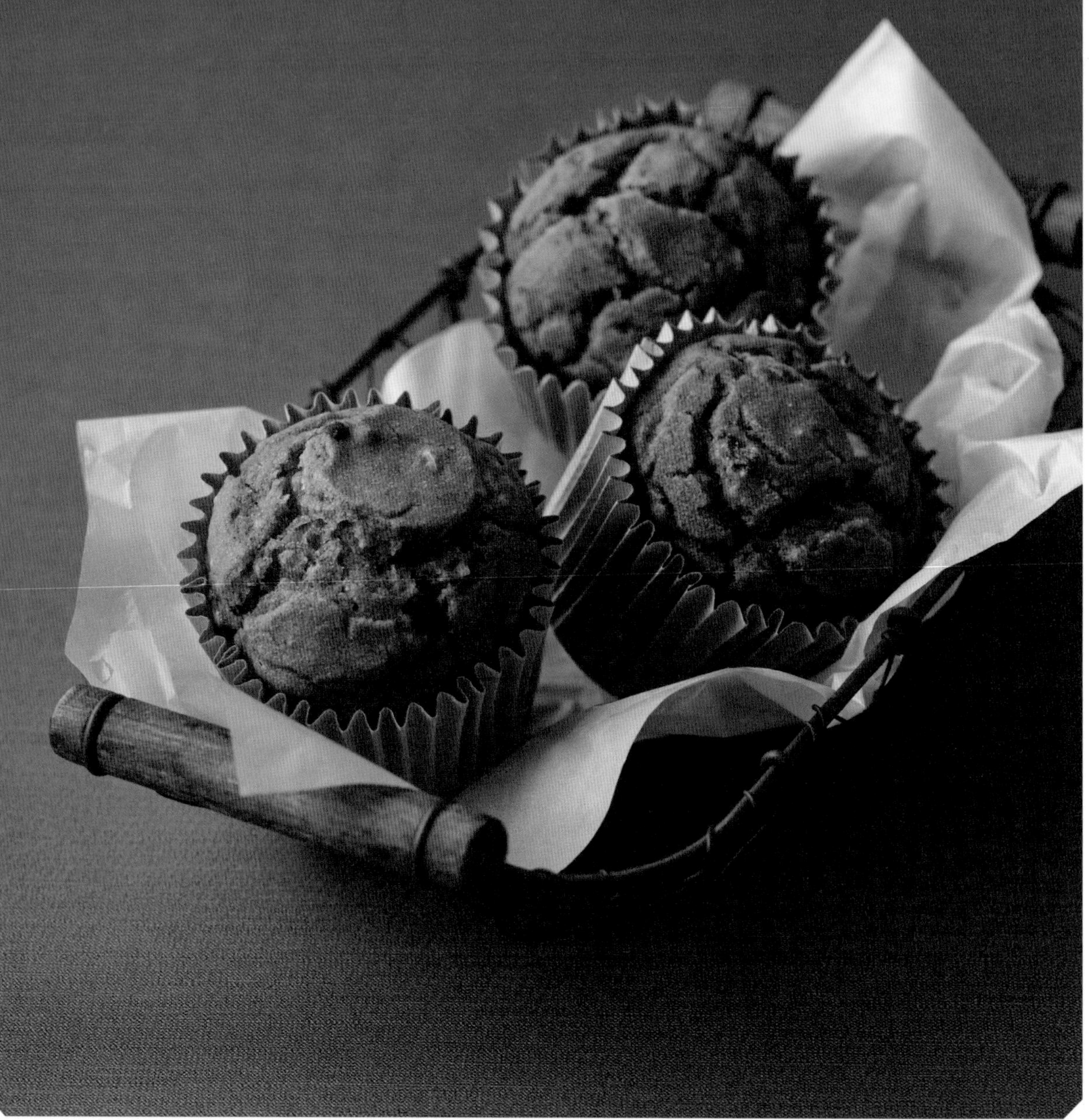

지름 7cm 머핀 24개 분량 | 40분(+ 휴지 20분) | 실온 3일 | 냉동 3개월

- 보리쌀가루 500g
- 건식 멥쌀가루 30g
- 설탕 150g
- 소금 5g
- 베이킹파우더 20g
- 베이킹소다 10g
- 생막걸리 500g
- 물 400g

부재료

- 통팥고물 70g(만들기 20쪽)
- 시판 콩배기 70g
- 아몬드 슬라이스 50g
- 해바라기씨 40g
- 건포도 60g

도구 준비하기

볼

고운체

떡비닐

머핀틀

짤주머니

재료 준비하기

1 견과류는 150°C로 예열한 오븐에서 30분간 굽는다.

2 물, 막걸리를 중탕해 약 50°C로 데운다.

3 보리쌀가루, 멥쌀가루, 설탕, 소금, 베이킹파우더, 베이킹소다는 함께 고운체에 내린다.

4 머핀틀에 머핀용 주름종이를 깐다.

1

볼에 체에 내린 가루 재료, 막걸리, 물을 넣고 섞은 후 비닐로 윗면을 덮고 실온에서 20분간 휴지시킨다.

오븐 예열

2

반죽에 부재료를 넣고 섞은 후 짤주머니에 담는다.

3

머핀틀에 80% 정도 채운다.

* 머핀용 주름종이가 없을 때는 식용유를 붓으로 얇게 바른다.

4

180°C로 예열한 오븐에 넣고 20~30분간 굽는다. 틀에서 꺼내 식힘망에 올려 식힌다.

옥수수 쌀머핀

옥수수로 만든 디저트가 매년 여름마다 크게 사랑받고 있지요.
초여름 초당옥수수 철에는 통조림 옥수수 대신 초당옥수수를 사용해 만들어도 좋습니다.

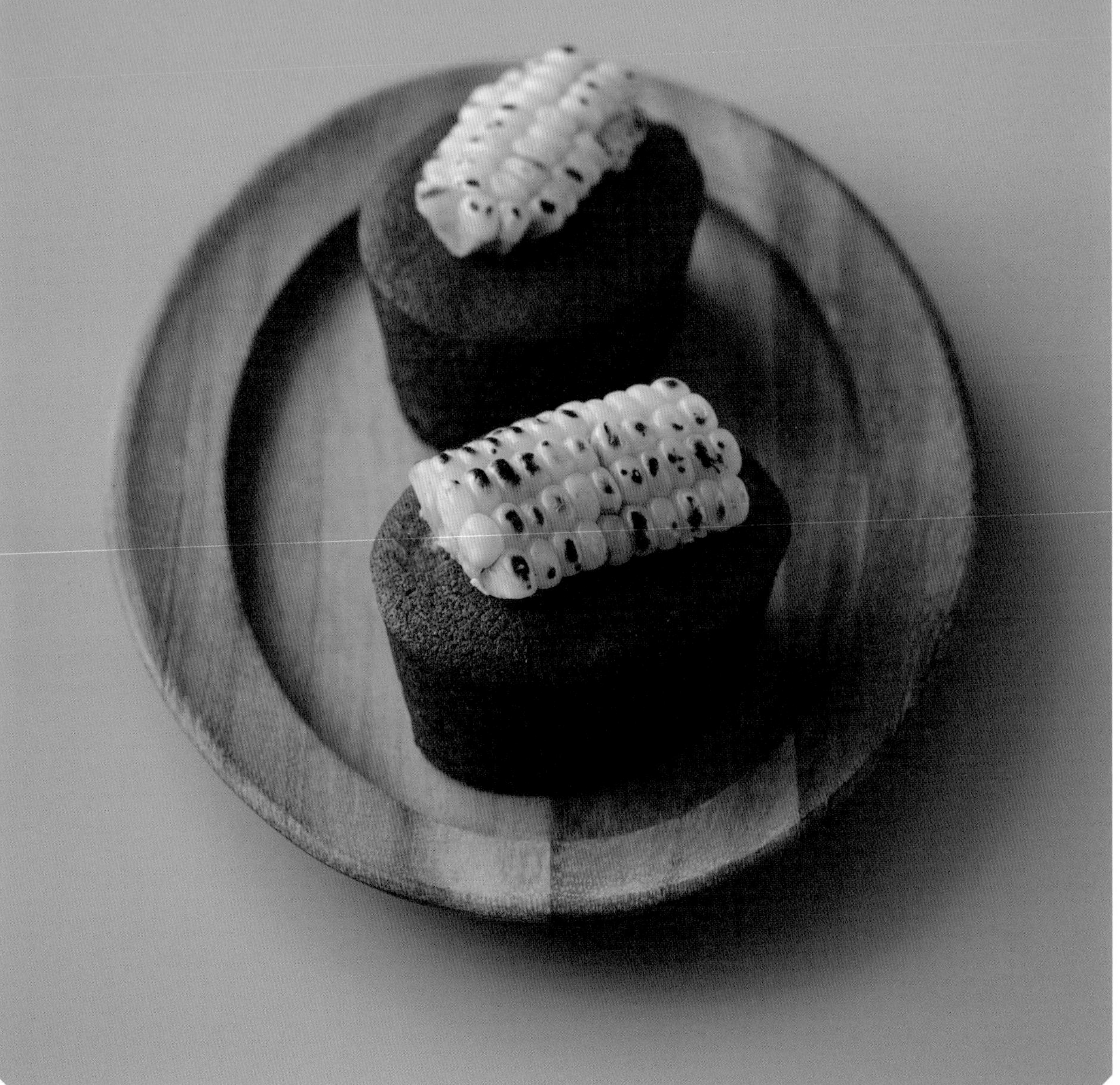

8×4cm 타원형 실리콘몰드 6~8개 분량 | 40분 | 실온 3일

- 건식 멥쌀가루 160g
- 아몬드파우더 60g
- 베이킹파우더 1작은술
- 버터 100g
- 설탕 80g
- 소금 1/4작은술
- 달걀 2개
- 꿀 1큰술
- 우유 125g
- 통조림 옥수수 100g

도구 준비하기

볼

중간체

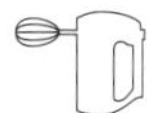
핸드믹서

고무주걱

짤주머니

타원형 실리콘몰드

재료 준비하기

1 버터는 1시간 전 냉장실에서 꺼내 실온에 둔다.
2 건식 멥쌀가루, 아몬드파우더, 베이킹파우더는 함께 중간체에 내린다.
3 통조림 옥수수는 체에 밭쳐 물기를 제거한다.

1

큰 볼에 버터를 넣고 핸드믹서의 중속으로 부드러운 크림 상태가 될 때까지 30초간 푼다. 설탕과 소금, 달걀과 꿀을 순서대로 2번씩 나눠 넣으며 고속으로 휘핑한다.

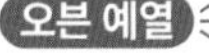
오븐 예열

2

체에 내린 가루를 넣고 고무주걱으로 가볍게 섞은 후 우유를 넣고 다시 섞는다. 통조림 옥수수는 토핑용으로 약간만 덜어두고 나머지는 반죽에 넣고 섞는다.

3

반죽을 짤주머니에 담고 실리콘몰드의 80%까지 채운 후 남은 옥수수를 올린다.

4

180°C로 예열한 오븐에 넣고 25분간 굽는다. 실리콘몰드에서 꺼내 식힘망에 올려 식힌다.
* 직화로 구운 옥수수 알맹이를 칼로 도려내 장식용으로 올려도 좋다.

찹쌀 초콜릿구겔호프

찹쌀가루를 사용한 퓨전 디저트입니다.
진한 초콜릿 맛과 찹쌀의 쫀득함이 마치 브라우니처럼 느껴집니다.

아랫면 지름 18cm 구겔호프 2개 분량 1시간 냉장 3~7일

- 건식 찹쌀가루 220g
- 무가당 코코아가루 30g
- 베이킹파우더 3작은술
- 달걀 3개
- 달걀노른자 3개
- 설탕 120g
- 소금 1/2작은술
- 우유 270g
- 다크초콜릿 150g
- 아몬드 슬라이스 10g
  (또는 호박씨, 해바라기씨, 피칸)
- 식용유 약간

도구 준비하기

볼

냄비

고운체

거품기

짤주머니

구겔호프틀

재료 준비하기

1 다크초콜릿은 중탕으로 녹인다.

2 구겔호프틀에 붓으로 식용유를 얇게 바른다.

3 찹쌀가루, 코코아가루, 베이킹파우더를 함께 고운체에 내린다.

1

볼에 달걀, 노른자, 설탕, 소금, 우유를 섞은 후 체 친 가루 재료를 넣어 섞는다.

2

중탕으로 녹인 다크초콜릿을 넣고 섞은 후 짤주머니에 담는다.

3

구겔호프틀 안에 아몬드 슬라이스를 뿌리고 반죽을 틀의 80%까지 채운다.

4

170°C로 예열한 오븐에 넣고 40분간 굽는다. 틀째로 식힘망에 식혀 완전히 식으면 틀에서 꺼낸다.

쌀카스텔라

거품 낸 달걀로 가볍게 반죽해 부드럽고,
쌀가루를 사용해 더 촉촉한 쌀카스텔라입니다.

지름 12cm 원형틀 2개 분량 　 1시간 　 실온 2일 　 냉동 3개월

- 건식 멥쌀가루 120g
- 달걀 4개
- 설탕 130g
- 소금 1/4작은술
- 꿀 40g
- 우유 2큰술
- 식용유 4작은술
- 맛술 2작은술

도구 준비하기

볼

고운체

원형틀

유산지

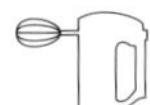
핸드믹서

고무주걱

재료 준비하기

1 우유를 따뜻하게 데운다.

2 건식 멥쌀가루를 고운체에 내린다.

3 원형틀에 유산지를 깐다.

1

볼에 달걀을 넣고 전체적으로 거친 거품이 올라올 때까지 핸드믹서의 중속으로 약 1분간 휘핑한다. 설탕, 소금, 꿀을 2번에 나눠 넣으면서 설탕이 완전히 녹고, 색이 뽀얗게 변하면서 촘촘한 거품이 생길 때까지 휘핑한다.

오븐 예열

2

멥쌀가루를 넣고 고무주걱으로 거품이 꺼지지 않도록 가볍게 섞는다. 우유, 식용유, 맛술을 한 볼에 넣고 반죽을 조금 덜어 섞은 후 다시 반죽에 부어 전체적으로 섞는다.

* 거품이 꺼지지 않도록 주의한다.

3

반죽을 원형틀에 80%까지 채운다.

4

180°C로 예열한 오븐에 넣어 20분간 굽는다. 틀에서 꺼내어 식힘망에 올려 식힌다.

* 부드럽게 휘핑한 크림을 곁들이면 좋다.

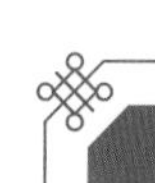

두부 올리브 찹쌀피낭시에

• 레시피 336쪽

두부를 넣어 고소함을 더하고 토마토, 올리브, 치즈로 이국적인 맛을 내
금괴 모양의 피낭시에 틀에 구워낸 세이버리 디저트입니다.

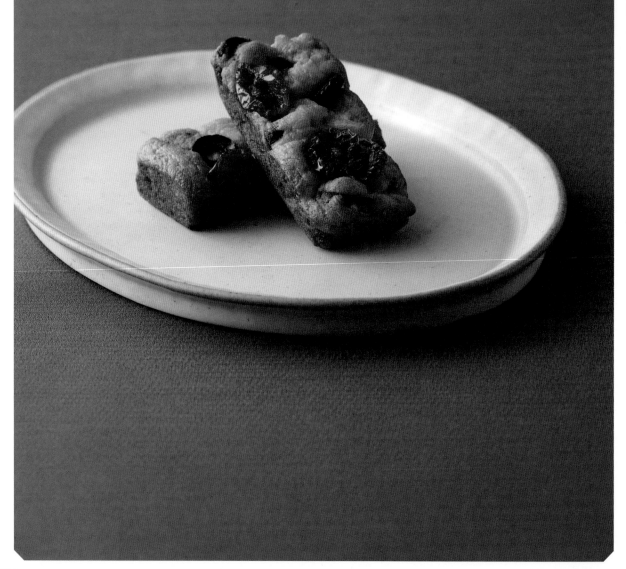

레몬 쌀마들렌

• 레시피 338쪽

쌀가루로 만든 마들렌의 촉촉함과 레몬의 향긋함이 잘 어우러진 디저트입니다.
레몬즙으로 만든 글레이즈를 얇게 발라 식감과 달콤함을 더했습니다.

8×3×2.5cm 피낭시에 16개 분량 | 50분(+ 토마토 굽기 1시간) | 실온 2일 | 냉동 3개월

두부 올리브 찹쌀피낭시에

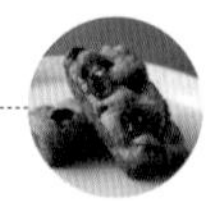

- 건식 찹쌀가루 150g
- 파마산치즈가루 80g
- 베이킹파우더 5g
- 순두부 250g
- 양파 1개
- 방울토마토 16개
- 블랙올리브 80g
- 달걀 2개
- 설탕 약간
- 올리브오일 50g + 약간
- 식용유 약간

도구 준비하기

칼

볼

고운체

피낭시에틀

붓

오븐팬 | 프라이팬 | 고무주걱 | 거품기 | 짤주머니

재료 준비하기

1 양파는 사방 0.5cm 크기로, 방울토마토는 0.5cm 두께로, 블랙올리브는 0.3cm 두께로 썬다.

2 찹쌀가루, 파마산치즈가루, 베이킹파우더를 섞어 고운체에 내린다.

3 피낭시에틀에 붓으로 식용유를 골고루 바른다.

1

방울토마토는 올리브오일(약간)에 버무린 후 오븐팬에 놓고 설탕을 뿌려 150°C로 예열한 오븐에 1시간 굽는다.

2

약한 불로 달군 프라이팬에 양파를 넣고 갈색이 날때까지 볶은 후 식힌다.
* 식용유는 두르지 않는다.

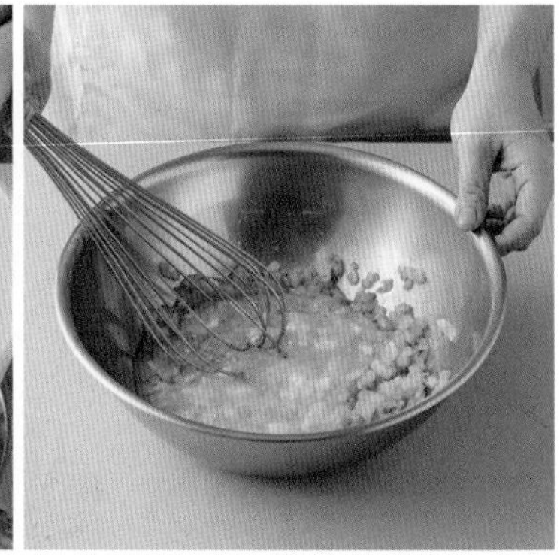

3

볼에 ②, 달걀, 올리브오일(50g), 순두부를 넣고 거품기로 섞는다.
오븐 예열

4

체에 내린 가루 재료를 넣고
가볍게 섞어 반죽한 후
블랙올리브 3/4 분량을 넣어
섞고 짤주머니에 담는다.
* 남은 블랙올리브는 토핑용으로
사용한다.

5

피낭시에틀에 반죽을 80% 채우고
그 위에 방울토마토와
블랙올리브를 한 쪽씩 올린다.
* 피낭시에틀이 없다면
넓은 사각틀에 한꺼번에 구운 후
적당한 크기로 잘라도 좋다.

6

토핑 위에 붓으로
올리브오일(약간)을 바른다.

7

180°C로 예열한 오븐에 25분간 굽는다.
틀째로 식힌 후 꺼낸다.

길이 7cm, 폭 4cm 마들렌 18개 분량 40분(+ 휴지 1시간) 실온 5일 냉동 3개월

레몬 쌀마들렌

- 건식 멥쌀가루 70g
- 아몬드파우더 30g
- 베이킹파우더 1/2작은술
- 달걀 2개
- 설탕 50g
- 소금 1/8작은술
- 꿀 20g
- 버터 100g
- 레몬제스트 50g
- 식용유 약간

글레이즈

- 슈거파우더 100g
- 레몬즙 20g

도구 준비하기

볼

중간체

마들렌틀

붓

거품기

짤주머니

재료 준비하기

1 버터를 중탕해 녹인다.

2 멥쌀가루, 아몬드파우더, 베이킹파우더를 함께 중간체에 내린다.

3 마들렌틀에 붓으로 식용유를 골고루 바른다.

1

볼에 달걀을 넣고 거품기로 푼 후 설탕, 소금, 꿀을 넣고 설탕이 녹을 때까지 섞는다.

2

체에 내린 가루 재료, 레몬제스트를 넣고 거품기로 가볍게 섞는다.

3

버터를 넣고 섞은 후 1시간 냉장 휴지시킨다.

* 반죽을 하루 이상 휴지시키면 풍미가 훨씬 더 좋아진다.

오븐 예열

레몬제스트 만들기

제스트란 요리나 베이킹에 향을 더하기 위해 사용하는 향이 있는 감귤류 (오렌지, 레몬, 자몽)의 껍질을 의미한다. 레몬제스트를 안전하게 사용하기 위해서는 레몬 껍질을 깨끗하게 세척하는 것이 중요하니, 아래 과정을 따라 준비한다.

1 냄비에 물을 끓여 레몬을 30초 데친다.
2 물 1ℓ에 베이킹소다 1큰술을 넣고 레몬을 5~10분간 담가둔다.
3 레몬을 부드러운 솔이나 깨끗한 수세미로 문질러 닦고 흐르는 물로 헹군다.
4 깨끗한 면포로 표면의 물기를 닦아낸다.
5 제스터(또는 강판)로 레몬 껍질의 노란 부분만 긁어내거나, 칼로 저민 후 곱게 다진다.

4

짤주머니에 반죽을 담고 마들렌틀에 80%까지 반죽을 채운다. 바닥에 틀을 가볍게 탁탁 내려쳐 반죽 속의 기포를 없앤 후 180°C로 예열한 오븐에서 12분간 굽는다. 틀에서 꺼내 식힘망에 올려 식힌다.

5

슈거파우더와 레몬즙을 섞어 글레이즈를 만든다

6

식힌 마들렌 윗면에 ⑤의 글레이즈를 바른다.
* 식용금박을 사용해 장식해도 좋다.

무궁화 쌀쿠키

• 레시피 342쪽

쌀로 만든 K-쿠키.
무궁화 모양으로 만든 후 자색고구마가루로 색을 더해
한층 아름답게 완성합니다.

떡카롱

• 레시피 344쪽

박력분 대신 멥쌀가루를 섞어 만든 꼬끄부터 속에 채워 넣은 인절미까지,
한국인의 정서와 입맛에 딱 맞는 마카롱입니다.

지름 7cm 꽃모양 쿠키 25개 분량　50분(+ 휴지 1시간)　실온 10일

무궁화 쌀쿠키

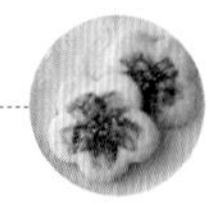

- 건식 멥쌀가루 300g
- 베이킹파우더 1작은술
- 버터 150g
- 슈거파우더 100g
- 소금 1/2작은술
- 바닐라에센스 1작은술
- 달걀노른자 1개
- 우유 3~4큰술
- 자색고구마가루 2작은술
- 설탕 3큰술
- 달걀흰자 1개
- 검은깨 약간
- 참깨 약간

도구 준비하기

볼

고운체

고무주걱

거품기

밀대

꽃모양 쿠키커터

오븐팬

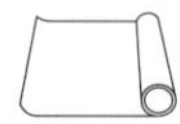
테프론시트

스크레이퍼

붓

재료 준비하기

1 버터는 1시간 전 냉장실에서 꺼내 실온에 둔다.

2 건식 멥쌀가루, 베이킹파우더를 함께 고운체에 내린다.

1

볼에 자색고구마가루, 설탕을 넣고 섞는다.

2

볼에 버터를 넣고 거품기로 부드러운 크림 상태가 될 때까지 푼 후 슈거파우더, 소금, 바닐라에센스를 넣고 잘 섞는다.

3

달걀노른자와 우유를 섞어 조금씩 넣어가며 섞는다.

4

체에 내린 가루 재료를 넣고 날가루 없이 섞는다.

5

반죽을 비닐로 감싸고 1cm 두께로 펴 냉장실에서 1시간 휴지시킨다.

오븐 예열

6

밀대로 반죽을 0.5cm 두께로 밀어 편 후 꽃모양 쿠키커터로 찍는다.

* 반죽이 바닥과 밀대에 들러붙지 않도록 덧가루를 사용한다.

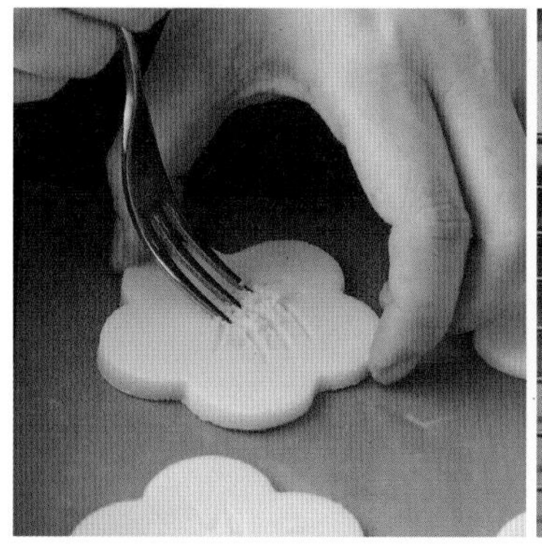

7

테프론시트를 깐 오븐팬에 반죽을 놓고 가운데 부분을 포크로 그어 꽃술 모양을 낸다.

* 반죽을 옮길 때는 스크레이퍼를 사용한다.

8

반죽에 붓으로 달걀흰자를 칠한 후 170°C로 예열한 오븐에 12분간 굽는다. 오븐에서 꺼내자마자 ①을 붓에 묻혀 꽃술 모양을 낸 부분에 칠한다.

9

쿠키의 가운데에 검은깨와 참깨를 뿌려 장식한다.

25개 분량 · 50분 · 냉장 5일

떡카롱

- 건식 멥쌀가루 50g
- 아몬드파우더 32g
- 슈거파우더 65g
- 달걀흰자 70g
- 설탕 75g
- 인절미 25개(만들기 128쪽)

버터크림

- 버터 100g
- 슈거파우더 50g
- 생크림 2큰술

도구 준비하기

볼

중간체

거품기

냄비

핸드믹서

고무주걱

짤주머니
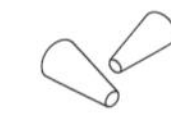
원형 깍지
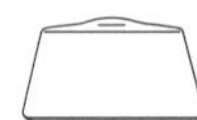
오븐팬
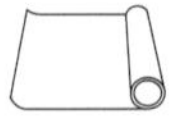
테프론시트

재료 준비하기

1 버터는 1시간 전 냉장실에서 꺼내 실온에 둔다.
2 건식 멥쌀가루, 아몬드파우더, 슈거파우더를 함께 중간체에 내린다.
3 인절미는 사방 2cm 크기로 썰고 볶은 콩가루를 묻힌다.

1

달걀흰자에 설탕을 넣고 섞은 후 중탕으로 50°C까지 데운다.

2

①을 핸드믹서의 고속으로 단단하게 휘핑해 머랭을 만든다.

3

체에 내린 가루 재료에 ②의 머랭을 넣고 주걱으로 거품을 꺼뜨려가며 적당한 농도가 될 때까지 섞는다.

오븐 예열

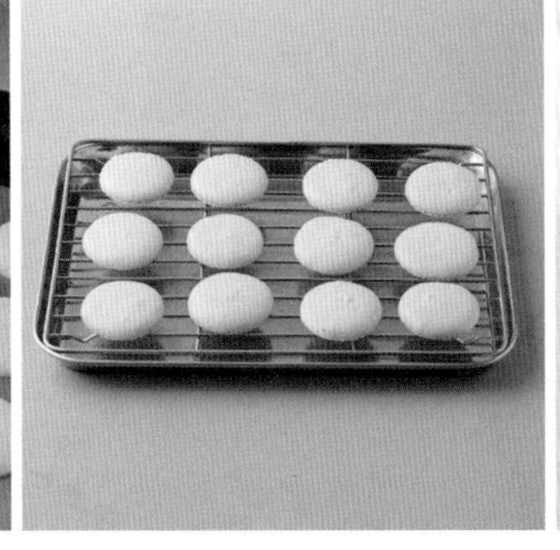

4

짤주머니에 지름 1cm 원형 깍지를 넣고
마카롱 반죽을 채운다.
테프론시트를 깐 오븐팬에
지름 3~4cm, 높이 1cm 원형으로 짠 후
겉면을 만졌을 때 반죽이 묻어나지
않을 만큼 30분 이상 충분히 말린다.

5

150°C로 예열한 오븐에서 12분간
구운 후 식힘망에 올려 식힌다.
* 쌀 반죽은 구운 후 두께가
조금 얇아진다.

6

볼에 버터, 슈거파우더, 생크림을
넣고 거품기로 부드럽게 휘핑한 후
짤주머니에 채운다.

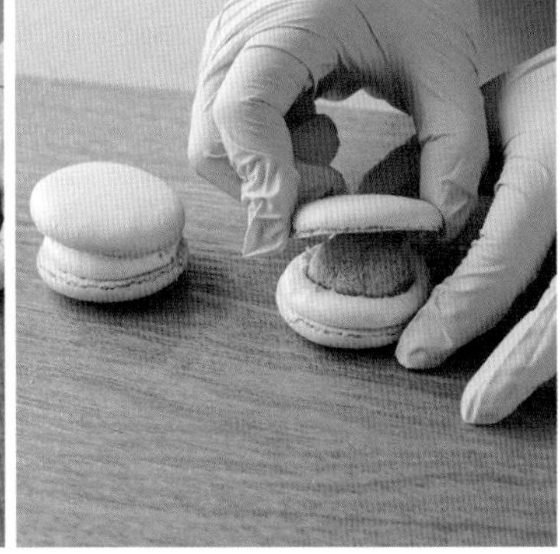

7

마카롱 한쪽 면에 ⑥의 버터크림을
동그랗게 짜고 중앙에 인절미를
얹는다.

8

다른 마카롱으로 살짝 눌러 덮는다.

다른 색의 마카롱을 만들고 싶다면?

가루 재료에 호박가루, 말차가루,
계핏가루 등 가루로 된
색내기 재료를 섞어 함께 체에 내린다.

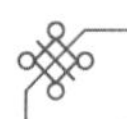

INDEX

ㄱㄴㄷ순

ㄱ

ㄷ

ㄹ

ㅁ

ㅂ

ㅇ

ㅈ

ㅊ

ㅋ

ㅌ

ㅍ

ㅎ

쌀가루별 · 고물과 앙금별 ⋆ 한꺼번에 넉넉히 준비해 놓고 활용하세요.

레시피팩토리 시그니처 시리즈 **함께 보면 좋은 책**

< 진짜 기본 요리책 완전개정판 > **레시피팩토리 지음 / 356쪽**

"저 같은 요린이한테 강추하는 책이에요.
네이버 카페가 있어서 요리하다가
궁금한 점은 언제든지 물어볼 수 있어요.
요리 도전에 대한 의지도 생겼답니다!"

- 온라인 서점 교보문고 ko****** 독자님

< 진짜 기본 요리책 : 응용편 > **레시피팩토리, 정민 지음 / 352쪽**

"간장맛 채소닭갈비, 강원도식 물닭갈비,
해물닭갈비, 까르보나라 닭갈비까지.
한 가지 메뉴를 여러 가지로 완전히 다르게,
집밥을 지루하지 않게 만들어 먹을 수 있어요."

- 온라인 서점 예스24 o*********7 독자님

< 진짜 기본 세계 요리책 > **김현숙 지음 / 356쪽**

"가장 대표적인 전 세계 요리들이
담겨 있어 흥미로운데다 따라 하기 쉬워
하나씩 만들어 보고 있어요.
정말 재밌는 책이에요."

- 온라인 서점 예스24 s******3 독자님

늘 곁에 두고 활용하는 소장 가치 높은 책을 만듭니다 레시피팩토리

홈페이지 www.recipefactory.co.kr

< 진짜 기본 베이킹책 > **레시피팩토리 지음 / 296쪽**

"제가 찾던 베이킹의 진짜 기본을
배울 수 있는 책이에요.
이 책 한 권만으로도 베이킹을 하기에는
충분할 것 같아요. 정말 감사합니다."

- 온라인 서점 교보문고 kc****** 독자님

< 진짜 기본 베이킹책 2탄 > **베이킹팀 굽ㄷa 지음 / 196쪽**

"1탄이 탄탄한 기본기를 알려준다면
2탄은 1탄을 발판 삼아 좀 더 트렌디하고
업그레이드 된 베이킹을 시도할 수 있어요.
소장가치 충분한 책이에요."

- 온라인 서점 알라딘 t****l 독자님

< 진짜 기본 청소책 > **두룸 정두미 지음 / 232쪽**

"평소 청소에 관심이 많았는데
진짜 완전 도움 됩니다. 이렇게 상세하면서
공간별, 물건별로 청소 방법이 정리된 책은
처음이에요. 청소에 유용한 제품 추천도 좋아요."

- 온라인 서점 예스24 s*******r 독자님

우리가 진짜
제대로 알고 싶은
전통 & 모던
한식 디저트 129가지

진짜 기본 한식 디저트책

1판 1쇄 펴낸 날 2025년 3월 21일

편집장 김상애
편집 내도우리
디자인 원유경
사진 박형인(studio TOM)
스타일링 신혜금
요리 어시스트 김혜란, 박유신, 박진희, 선영주, 신수영, 안미정, 장진영, 정서영, 황수향
일러스트 조라
기획 · 마케팅 엄지혜

편집주간 박성주
펴낸이 조준일

펴낸곳 (주)레시피팩토리
주소 서울특별시 용산구 한강대로 95 래미안용산더센트럴 A동 509호
대표번호 02-534-7011
팩스 02-6969-5100
홈페이지 www.recipefactory.co.kr
애독자 카페 cafe.naver.com/superecipe
출판신고 2009년 1월 28일 제25100-2009-000038호

제작 · 인쇄 (주)대한프린테크

값 32,000원

ISBN 979-11-92366-49-4

후원 고창마켓(noblegochang.com)

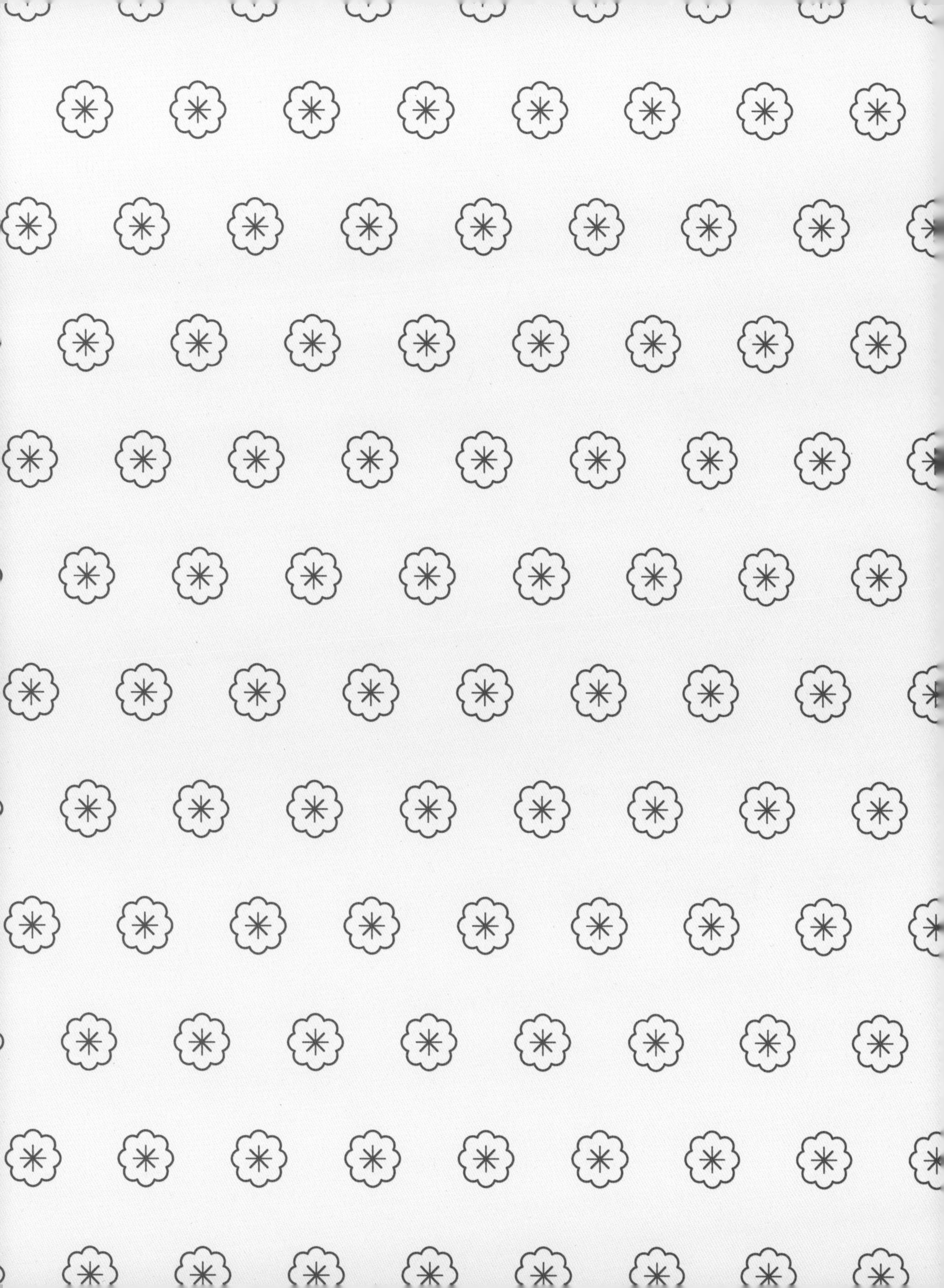

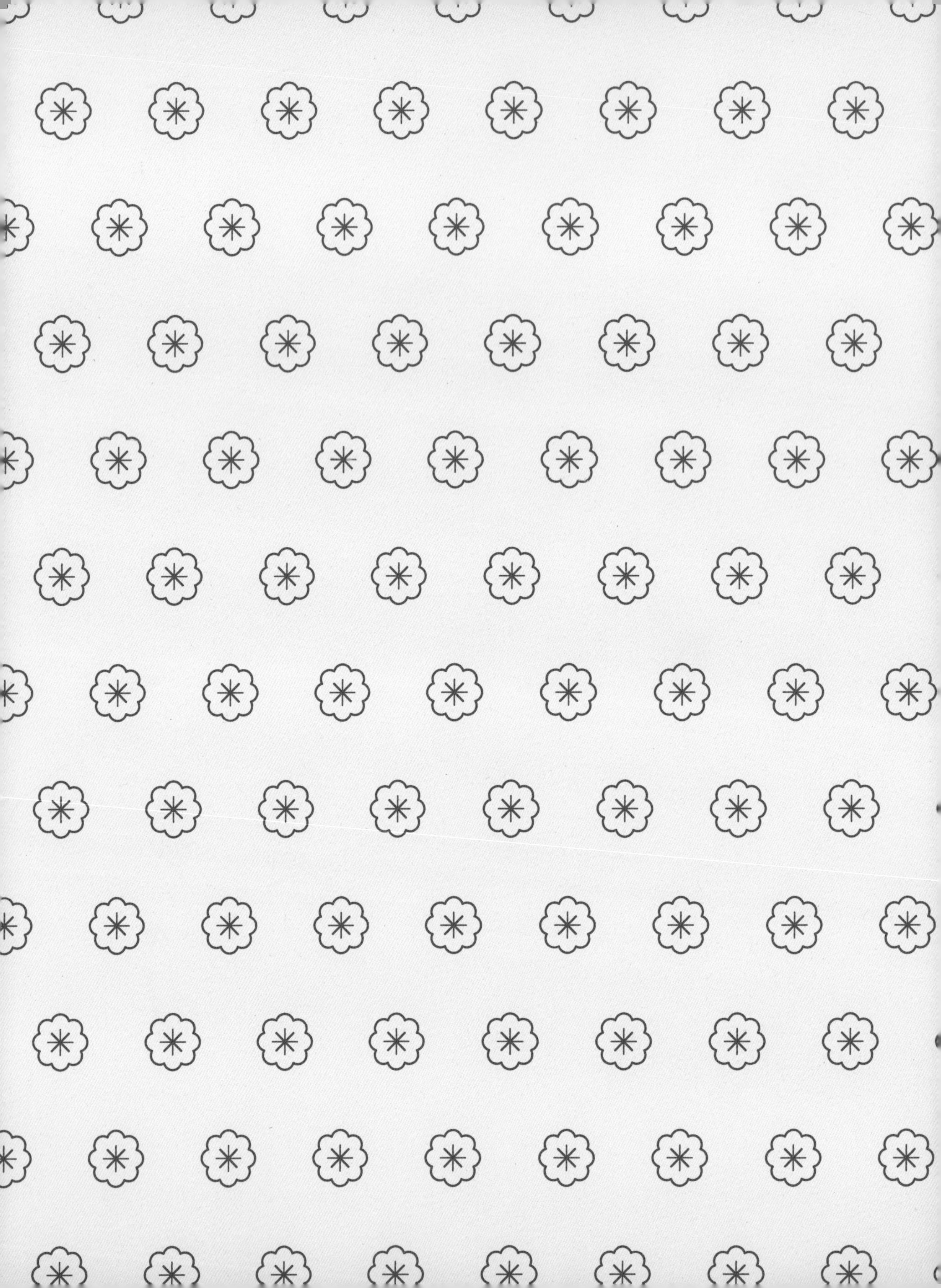